无线局域网技术项目化教程

主　审　曹华祝

主　编　李国庆　汪双顶　张迎春

副主编　杨剑涛　廖子泉　樊丁英　谭　英

李雪媚　王志平

電子工業出版社

Publishing House of Electronics Industry

北京 • BEIJING

内 容 简 介

本书主要依托于全国职业教育数字化资源共建共享联盟承担的“国家示范性职业学校数字化资源共建共享计划”计算机网络技术专业协作组成员完成的教学资源库建设项目，按照教育部计算机网络技术“十二五”教材规划目标要求、计算机及其相关专业的计算机网络教学大纲，本着“够用、实用、实践”的课程开发思想，完成本书任务的开发。

本书在内容上遵循“宽、新、浅、用”的原则，较全面地介绍了日常生活中组建无线局域网的基础知识和基本技能。全书共10个项目，内容包括懂一点无线局域网基础知识，了解无线局域网传输技术，掌握无线局域网传输协议，熟悉无线局域网组网技术，配置无线局域网组网设备，实施无线局域网组网（1），实施无线局域网组网（2），保护无线局域网组网安全，无线局域网组网设备安装检查，实施无线局域网地勘、工勘。

本书体例上，按照基于“工作过程”模式开始，在结构上采取“问题引入—知识讲解—知识应用”的方式，充分体现了项目教学和案例教学的思想，并以提示的方式对重点知识、常见问题和实用技巧等进行补充介绍，从而加深理解，强化应用，提高实际操作能力。

本书可作为职业院校计算机及相关专业基础课程的教材，也可作为计算机网络培训班的培训教材和计算机网络爱好者的自学参考书。

图书在版编目（CIP）数据

无线局域网技术项目化教程 / 李国庆，汪双顶，张迎春主编．—北京：电子工业出版社，2017.8

ISBN 978-7-121-28527-1

Ⅰ．①无… Ⅱ．①李… ②汪… ③张… Ⅲ．①无线电通信—局域网—高等职业教育—教材 Ⅳ．①TN92

中国版本图书馆CIP数据核字（2016）第069491号

策划编辑：施玉新
责任编辑：裴　杰
印　　刷：北京虎彩文化传播有限公司
装　　订：北京虎彩文化传播有限公司
出版发行：电子工业出版社
　　　　　北京市海淀区万寿路173信箱　邮编　100036
开　　本：787×1 092　1/16　印张：13.25　字数：390千字
版　　次：2017年8月第1版
印　　次：2023年2月第10次印刷
定　　价：34.00元

凡所购买电子工业出版社图书有缺损问题，请向购买书店调换。若书店售缺，请与本社发行部联系，联系及邮购电话：（010）88254888，88258888。

质量投诉请发邮件至zlts@phei.com.cn，盗版侵权举报请发邮件至dbqq@phei.com.cn。

本书咨询联系方式：（010）88254598，syx@phei.com.cn。

前　言

随着网络新技术的不断发展，社会经济建设与发展越来越依赖于计算机网络，特别是随着移动设备的飞速发展，带动了无线接入计划及无线通信技术蓬勃发展，新的无线网络技术不断涌现，成为近年来通信技术领域的最大亮点。各种无线接入网络技术的应用从家庭局域网到城域网，朝着移动化、宽带化和 IP 化方向发展。特别是日常生活中应用最为广泛的无线局域网网络技术也逐渐发展起来，并引起了人们广泛的注意，目前已在很多国家被广泛应用到家庭无线网络、校园无线网络、企业无线网络、城市数字化、政府应急通信、城市无线监控等领域。因此，加快培养无线局域网的安装、维护专业领域的应用型技能人才，越发重要且紧迫。

1．关于本书开发思想

本书主要依托于全国职业教育数字化资源共建共享联盟承担的“国家示范性职业学校数字化资源共建共享计划”计算机网络技术专业协作组成员完成的教学资源库建设项目，按照教育部计算机网络技术“十二五”教材规划目标要求、计算机及其相关专业的计算机网络教学大纲，本着“够用、实用、实践”的课程开发思想，完成本书任务的开发。

课程开发前期，在广泛调研和充分论证的基础上，结合当前应用最为广泛的操作平台和网络安全规范，并通过研究实践，而形成了适合职业教育改革和发展特点的教程。与国内已出版的同类书籍相比，本书更注重以能力为中心，以培养应用型和技能型人才为根本。

2．关于本书内容

全书以生活中各种无线局域网的组建和应用为主线，以生活和工作中遇到的无线局域网组网、维护、管理和地勘、工勘问题解决能力为目标，加强对无线局域网组网技术的了解，强化无线局域网组网技能及工勘、工建的技能锻炼，满足职业院校学生无线局域网网络组建和安装职业能力培养的教学需要。

区别于传统的组网技术的教材，本书针对职业院校的学生学习习惯和学习要求，本着“理论知识以够用为度，重在实践应用”的原则，以“理论+工具+分析+实施”为主要形式编写，依托全国职业教育数字化资源共建共享联盟承担的“国家示范性职业学校数字化资源共建共享计划”计算机网络技术专业协作组成员完成的教学资源库建设项目，主要以实用的无线局域网络认知、组网技术及工勘、工建为对象。针对日常使用无线局域网组网过程中遇到的不同的问题，进行了详细介绍。主要内容包括懂一点无线局域网基础知识，了解无线局域网传输技术，掌握无线局域网传输协议，熟悉无线局域网组网技术，配置无线局域网组网设备，实施无线局域网组网（1），实施无线局域网组网（2），保护无线局域网组网安全，无线局域网组网设备安装检查，实施无线局域网地勘、工勘等组建无线局域网网络的基础知识及技能训练。

3．关于课程资源、课程环境

本书作为计算机网络及其相关专业的核心专业课程，纳入课程的教学体系中。全书在使用过程中，根据各所学校教学计划安排要求，以 64 学时（4 节×16 教学周）作为建议教学比重和学时。

为有效保证本书课程教学资源长期提供，"国家示范性职业学校数字化资源共建共享计划"计算机网络技术专业协作组成员完成的教学资源库建设项目完成了本书相关配套的教学资源开发，集中存放本书涉及知识点、课程实施课件、电子教案、网络教学视频、试题库及相关的教学辅助资源等，保障课程的有效实施。

此外，为更好地实施课程中部分单元内容，还需要为本书提供一个可实施交换、路由及无线局域网技术的组网环境，包括二层交换机设备、三层交换机设备、模块化路由器设备、无线接入 AP 设备、无线控制器 AC 设备、测试计算机和若干双绞线（或制作工具）。

4．编写团队

本书由李国庆、汪双顶、张迎春担任主编，杨剑涛、廖子泉、樊丁英、谭英、李雪媚、王志平担任副主编，姚正刚、熊玉金参与编写。

编　者

目录

项目1　懂一点无线局域网基础知识

1.1　无线局域网概述

1.1.1　认识无线局域网

1. 无线局域网技术的定义

无线局域网（Wireless Local Area Networks，WLAN）是利用射频（Radio Frequency，RF）技术，取代先前的传输线缆介质所构成的无线的局域网络，如图 1-1-1 所示。

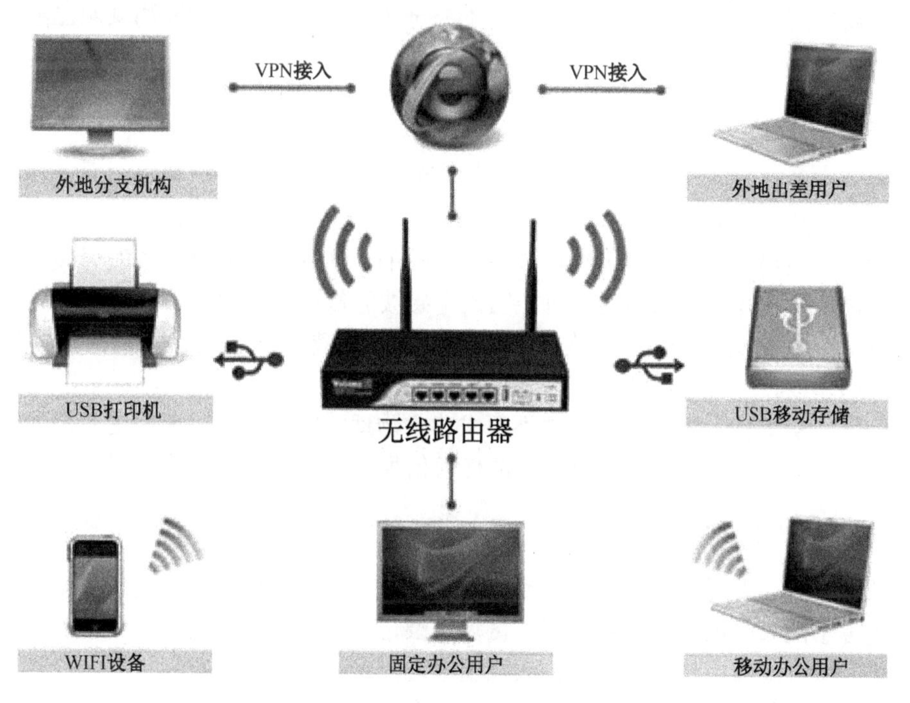

图 1-1-1　无线局域网

“无线局域网”定义中的“无线”规定了网络连接的方式，这种连接方式省去了有线局域网中的传输线缆，而是利用红外线、微波等无线技术进行信息传输。

“无线局域网”定义中的“局域网”定义了网络应用的范围，是相对于“广域网”而言。它是将小范围内的各种通信设备互联在一起的通信网络，这个范围可以是一个房间、一个建筑物内，也可以是一个校园或者几千千米的区域。

2. 无线局域网的优点

无线局域网（WLAN）利用电磁波在空中发送和接收数据，而无须线缆介质，与有线网络相比，WLAN 具有以下优点。

（1）灵活性和移动性。在有线网络中，网络设备的安放位置受网络位置的限制，而无线局域网在无线信号覆盖区域内的任何一个位置都可以接入网络。无线局域网最大的优点在于其移动性，连接到无线局域网的用户可以在移动的同时与网络保持连接。

（2）安装便捷。WLAN 的安装工作简单，不需要布线或开挖沟槽。相比有线网络的安装时间，WLAN 的安装时间很短。无线局域网可以免去或最大程度地减少网络布线的工作量，一般只需安装一个或多个接入点设备，就可以建立覆盖整个区域的局域网络。

（3）易于进行网络规划和调整。对于有线网络来说，办公地点或网络拓扑结构的改变通常意味着重新建网。网络重新布线是一个昂贵、费时、浪费和烦琐的过程，无线局域网可以避免或减少以上情况的发生。

（4）故障定位容易。有线网络一旦出现物理故障，尤其是由于线路连接不良而造成的网络中断，往往很难排查，而且检修线路需要付出很大的代价；无线网络则很容易定位故障点，只需更换故障设备即可恢复网络连接。

（5）易于扩展。无线局域网有多种配置方式，可以很快从只有几个用户的小型局域网扩展到上千用户的大型网络，并且能够提供移动节点间“漫游”等有线网络无法实现的功能。

由于无线局域网有以上优点，因此其发展十分迅速。最近几年，无线局域网已经在企业、医院、商店、工厂和学校等场合得到了广泛的应用。

3. 无线局域网的缺点

无线局域网在能够给网络用户带来便利和实用的同时，也存在着一些缺陷。无线局域网的不足之处体现在以下几个方面。

（1）性能。无线局域网是依靠无线电波进行传输的，这些电波通过无线发射装置进行发射，而建筑物、车辆、树木和其他障碍物都可能阻碍电磁波的传输，因此会影响网络的性能。

（2）速率。无线信道的传输速率与有线信道相比要低得多。无线局域网的最大传输速率为1Gb/s，只适用于个人终端和小规模网络应用。

（3）安全性。从本质上讲，无线电波不要求建立物理的连接通道，无线信号是发散的。从理论上讲，很容易监听到无线电波广播范围内的任何信号，造成通信信息的泄漏。

4. 无线局域网技术的应用

无线局域网技术（WLAN 技术）主要适用于无法使用传统布线方式、传统布线方式困难、布线破坏性很大等不能布线的地方；甚至有些区域需要建立临时通信，而且使用有线不便、成本较高或耗时很长；或者局域网的用户需要更大范围地进行移动运算的地方。

无线技术给人们带来的影响是无可争议的。如今每天约有数万人成为新的无线用户，全球范围内的无线用户数量目前已经超过 2 亿。

今天，无线局域网技术广泛地应用在生活的各个领域，主要表现在以下几方面。

（1）大楼之间：大楼之间建构网络连接，取代专线，简单又便宜。

（2）餐饮及零售：餐饮服务业可使用无线局域网络产品，直接从餐桌即可订餐并传送客人点餐内容至厨房、柜台；零售商促销时，可使用无线局域网络产品设置临时收银柜台。

（3）医疗：使用无线局域网络产品的手提式计算机取得实时信息，医护人员可藉此避免对伤患救治的延迟、不必要的纸上作业、单据循环的延迟及误诊等，从而提升对伤患照顾的质量。

（4）企业：当企业员工使用无线局域网络产品时，无论他们在办公室的哪个角落，只要有无线局域网络产品，就能随意地发送电子邮件、分享档案及上网浏览等。

（5）仓储管理：一般仓储人员的盘点事宜，通过无线网络的应用，能立即将最新的资料输入计算机仓储系统。

（6）货柜集散场：一般货柜集散场的桥式起重机，用于调动货柜时，可通过无线网络将实时信息传回办公室，以使相关作业顺利进行。

（7）监视系统：一般距离较远且需受监控现场控制的场所，由于布线困难，可藉由无线网络将远方的影像传回主控站。

（8）展示会场：诸如一般的电子展、计算机展，由于网络需求极高，而且布线又会让会场显得凌乱，因此若能使用无线网络，则是最好的选择。

1.1.2　无线网络分类

1. 无线个人局域网（WPAN）

无线个人局域网（Wireless Personal Area Network Communication Technologies，WPAN）是一种采用无线连接的个人局域网。它被用在诸如电话、计算机、附属设备及小范围（无线个人局域网的工作范围一般在 10m 以内）内的数字助理设备之间的通信，如图 1-1-2 所示。

图 1-1-2　无线个人局域网

无线个人局域网（WPAN）是为了实现活动半径小、业务类型丰富、面向特定群体、无线无缝的连接而提出的新兴无线通信网络技术。WPAN 能够有效地解决“最后的几米电缆”的问题，进而将无线联网进行到底。WPAN 的传输距离较短，支持无线个人局域网的技术包括蓝牙、ZigBee、超频波段（UWB）、IrDA、HomeRF 等，其中蓝牙技术在无线个人局域网中使用得最广泛。每一项技术只有被用于特定的用途、应用程序或领域时才能发挥最佳的作用。

在网络构成上，WPAN 位于整个网络链的末端，用于实现同一地点终端与终端间的连接，如连接手机和蓝牙耳机等。WPAN 所覆盖的范围一般在 10m 以内，必须运行在许可的无线频段。WPAN 设备具有价格便宜、体积小、易操作和功耗低等优点。

需要注意的是，一个 WPAN 中的所有设备，必须使用互相兼容的 WPAN（如蓝牙）无线网络技术。蓝牙无线网络通常不能与用于无线局域网的设备通信。

2. 移动宽带网络（WWAN）

无线广域网（Wireless Wide Area Network，WWAN）也称移动宽带网络，是一种提供广域互联网接入的高速数字蜂窝网络。与无线局域网（WLAN）相比，WWAN 覆盖的范围要大得多，一般传输距离为 100～1000 英尺。WWAN 技术可以使笔记本电脑或者其他的移动设备，在蜂窝网络覆盖范围内，无论在任何地方都能连接到互联网，如图 1-1-3 所示。

图 1-1-3　无线广域网（移动宽带网络）

无线广域网（移动宽带网络）需使用移动电话信号，移动宽带网络的提供和维护一般依靠特定的移动电话（蜂窝）服务提供商。只要可以获得服务提供商蜂窝电话服务的地方，就能连接该提供商提供的无线广域网。无线广域网服务提供商（Verizon Wireless，Sprint Nextel 等）提供宽带 WWAN 服务，其下载速度可以与 DSL 相媲美。计算机只要处于蜂窝数据传输服务区域内，就能保持移动宽带网络接入。

3. 无线局域网络（WLAN）

无线局域网络是指应用无线通信技术将计算机设备互联起来，构成可以互相通信和实现资源共享的网络体系。

利用无线电波作为信息传输的媒介构成的无线局域网（WLAN）与有线网络的用途十分类似，最大的不同在于传输媒介的不同，利用无线电技术取代网线，可以和有线网络互为备份，如图 1-1-4 所示。

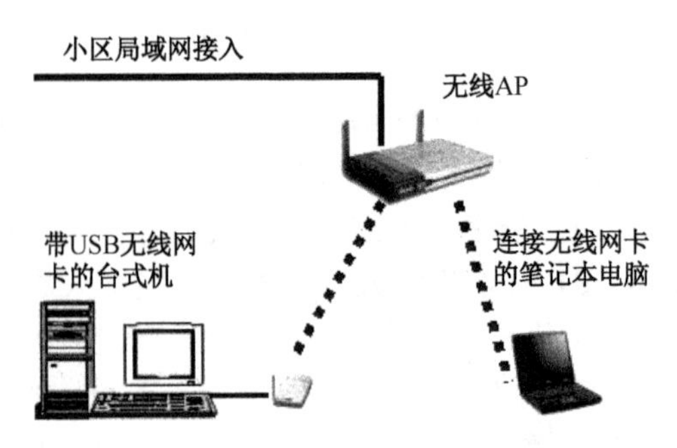

图 1-1-4　无线网络与有线网络可以互相备份

无线局域网的本质特点是：不再使用通信电缆将计算机与网络连接起来，而是通过无线的方式连接，从而使网络的构建和终端的移动更加灵活。

4. 无线城域网络（WMAN）

无线城域网（WMAN）主要解决城域网接入问题，覆盖范围为几千米到几十千米，除提供固定的无线接入外，还提供移动性接入能力，包括多信道多点分配系统（Multichannel Multipoint Distribution System，MMDS）、本地多点分配系统（Local Multipoint Distribution System，LMDS）和高性能城域网（High Performance MAN，ETSI HiperMAN）技术。无线城域网的推出满足日益增长的宽带无线接入（BWA）市场需求，如图 1-1-5 所示。

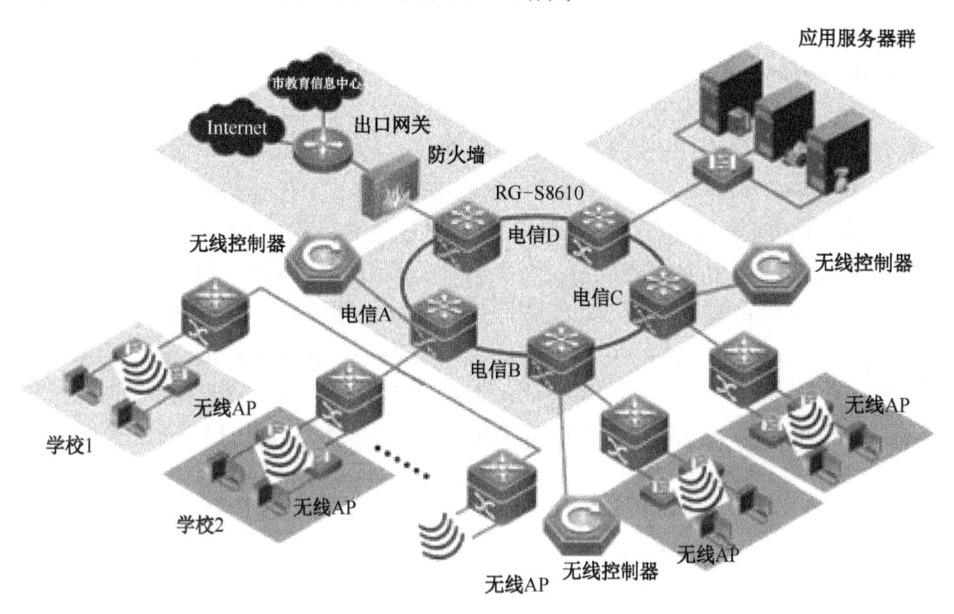

图 1-1-5　无线城域网

1.1.3　无线局域网相关组织与标准

1. Wi-Fi 联盟

Wi-Fi（Wireless Fidelity）联盟（全称为国际 Wi-Fi 联盟组织）是一个商业联盟，总部位于美国德州奥斯汀（Austin），拥有 Wi-Fi 商标，负责 Wi-Fi 认证与商标授权工作。

Wi-Fi 联盟成立于 1999 年，主要目的是在全球范围内推行 Wi-Fi 产品的兼容认证，发展 IEEE 802.11 标准的无线局域网技术。目前，该联盟成员单位超过 200 家，其中 42%的成员单位来自亚太地区，中国区会员也有 5 个。

Wi-Fi 是 Wi-Fi 联盟商标可作为产品的品牌认证，Wi-Fi 在无线局域网的范畴为“无线相容性认证”，实质上是一种商业认证，同时也是一种无线联网的技术，是一个建立于 IEEE 802.11 标准的无线局域网络（WLAN）设备，是目前应用最为普遍的一种短程无线传输技术。基于两套系统的密切相关，也常有人把 Wi-Fi 称为 IEEE 802.11 标准的同义词术语，Wi-Fi 标识如图 1-1-6 所示。

图 1-1-6　Wi-Fi 标识

2. CAPWAP 标准

CAPWAP（Control And Provisioning of Wireless Access Points Protocol Specification）是指控制的无线接入点和配置协议，由 IETF（互联网工程任务组）标准化组织于 2009 年 3 月定义。

CAPWAP 包括 CAPWAP 协议和无线 BINDING 协议两部分。第一部分是一个通用的隧道协议，完成 AP 获取 AC 的 IP 地址等基本协议功能，与具体的无线接入技术无关；第二部分是提供具体和某个无线接入技术相关的配置管理功能。第一部分规定了各个阶段需要做什么事，第二部分具体到在各种接入方式下，应该怎样完成这些事。

通过 CAPWAP 标准协议，实现不同厂商的无线控制器和无线 AP 可以互相通信，不用再局限于相同厂商。

3. WAPI 标准

WAPI（Wireless LAN Authentication and Privacy Infrastructure）无线局域网鉴别和保密基础结构，是一种安全协议，同时也是中国无线局域网安全强制性标准。

WAPI 和红外线、蓝牙、GPRS、CDMA1X 等协议一样，都是无线传输协议的一种，WAPI 只是无线局域网（WLAN）中的一种传输协议，它与 IEEE 802.11 传输协议是同一领域的技术。

当前全球无线局域网领域仅有的两个标准，分别是美国行业标准组织提出的 IEEE 802.11 系列标准（俗称 Wi-Fi，包括 802.11a/b/g/n/ac 等）和中国提出的 WAPI 标准。

WAPI 是我国首个在计算机宽带无线网络通信领域自主创新并拥有知识产权的安全接入技术标准。本方案已由国际标准化组织 ISO/IEC 授权的机构 IEEE Registration Authority（IEEE 注册权威机构）正式批准发布，分配了用于 WAPI 协议的以太类型字段，这也是我国在该领域唯一获得批准的协议。WAPI 同时也是我国无线局域网强制性标准中的安全机制。WAPI 标识如图 1-1-7 所示。

图 1-1-7　WAPI 标识

与 Wi-Fi 的单向加密认证不同，WAPI 双向均认证，从而保证传输的安全性。

WAPI 安全系统采用公钥密码技术，鉴别服务器 AS 负责证书的颁发、验证与吊销等，无线客户端与无线接入点 AP 上都安装有 AS 颁发的公钥证书，作为自己的数字身份凭证。

当无线客户端登录至无线接入点 AP 时，在访问网络之前必须通过鉴别服务器 AS 对双方进行身份验证。根据验证的结果，持有合法证书的移动终端才能接入持有合法证书的无线接入点 AP。

1.2　认识无线局域网设备

1.2.1　认识无线局域网

无线局域网（WLAN）可独立存在，也可与有线局域网共同存在并进行互联。

常见的 WLAN 组网设备包括无线客户端（STA）、无线网卡、天线、无线接入点（AP）、无线控制器（AC）、无线交换机（WS）。

下面分别介绍每种设备在无线局域网中的作用。

1. 无线客户端（STA）

无线客户端（wireless station）是指可以无线连接的计算机或终端。通常将无线客户端（STA）定义为包含无线网卡和无线客户端软件的任何设备。此客户端软件允许硬件参与 WLAN。属于 STA

的设备包括PDA、笔记本电脑、台式计算机、打印机、投影仪和Wi-Fi电话，如图1-2-1所示。

图1-2-1　各种STA设备

2. 无线网卡

无线网卡作为无线网络的接口，实现与无线网络的连接，作用类似于有线网络中的以太网网卡。无线网卡根据接口类型的不同，主要分为三种类型，即PCMCIA接口无线网卡、PCI接口无线网卡和USB接口无线网卡，如图1-2-2所示。它们的作用简介如下。

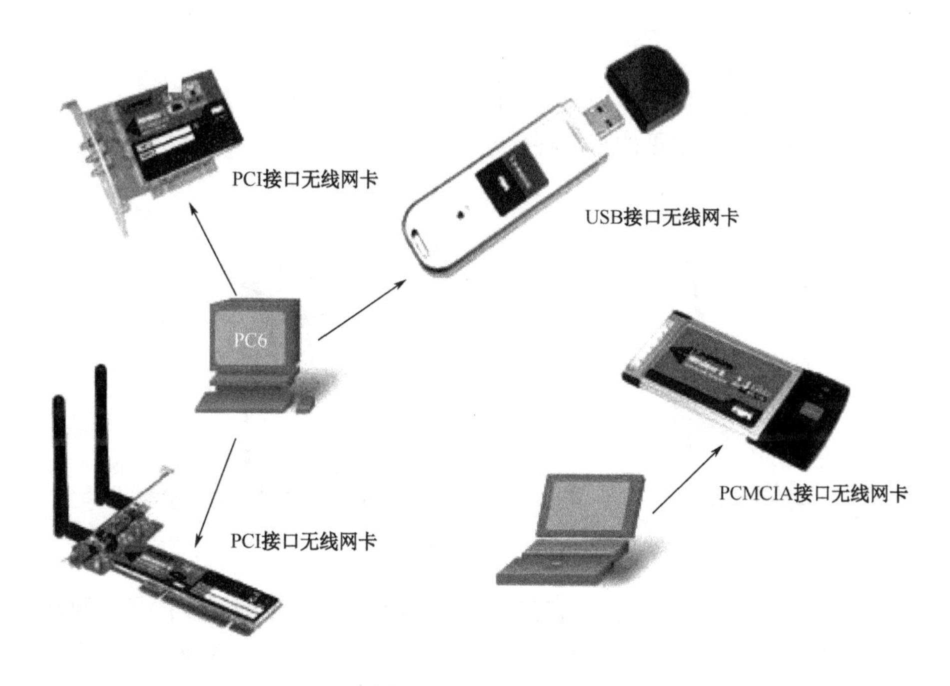

图1-2-2　无线网卡

（1）台式计算机专用的PCI接口无线网卡：PCI接口无线网卡适用于台式计算机使用，安装起来相对要复杂些。

（2）笔记本电脑专用的 PCMCIA 接口无线网卡：PCMCIA 接口无线网卡仅适用于笔记本电脑，支持热插拔，可以非常方便地实现移动式无线接入。

（3）USB 接口的无线网卡：这种网卡不管是台式计算机还是笔记本电脑，只要安装了驱动程序都可以使用，支持热插拔，而且安装简单，即插即用。目前 USB 接口的无线网卡受到了大量用户的青睐。

3. 无线天线

天线用于发送和接收无线信号，提高无线设备输出的信号强度。所以无论是无线客户端（STA）还是无线接入点（AP）、无线网桥都要用天线。

当无线工作站与无线接入点（AP）或其他无线工作站相距较远时，随着信号的减弱，传输速率会明显下降，或者根本无法实现通信。此时，就必须借助于天线对所接收或发送的信号进行增益。发射天线的基本功能之一是把从 AP 取得的能量，向周围空间辐射出去；基本功能之二是把大部分量朝所需的方向辐射，如图 1-2-3 所示。

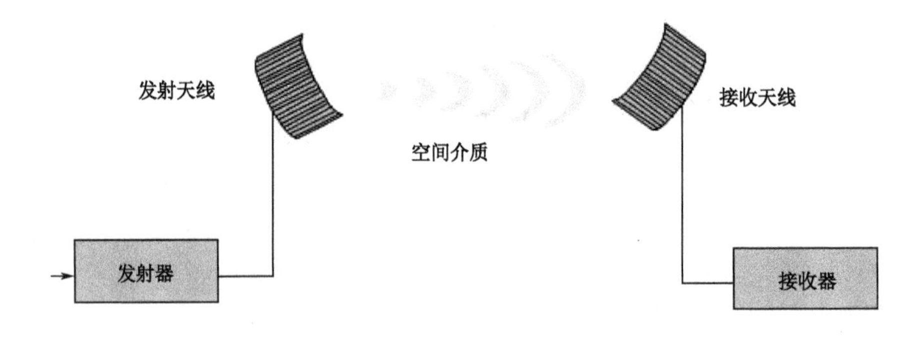

图 1-2-3　天线工作原理

天线输出获得的信号强度提升称为增益，增益越高，传输距离则越远。

无线天线有许多种类型，常见的有两种：一种是无线室内天线；另一种是室外无线天线，如图 1-2-4 所示。

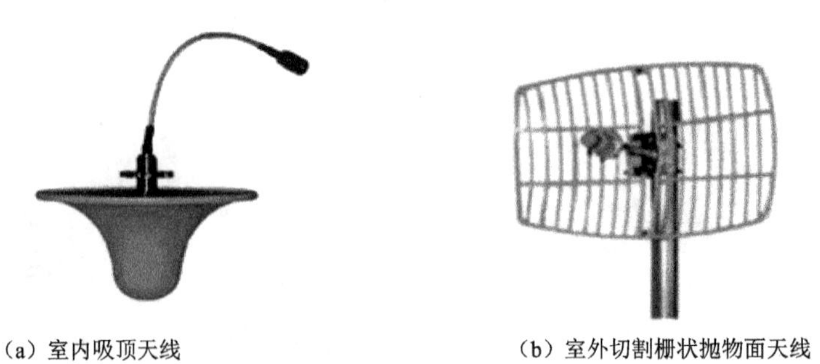

（a）室内吸顶天线　　（b）室外切割栅状抛物面天线

图 1-2-4　常见的两种无线天线

室外无线天线的类型比较多，常见的有两种：一种是锅状的定向天线；另一种则是棒状的全向天线。其中，天线可按照其发射信号的方式分为两类：一类为全向天线；另一类为定向天线。全向天线朝所有方向均匀发射信号，常用于无线接入点（AP），如图 1-2-5 所示。而定向天线将信号强度集中到一个方向发射。定向天线通过将所有信号集中到一个方向，可以实现远距离传输，常用于桥接某些应用，如图 1-2-6 所示。

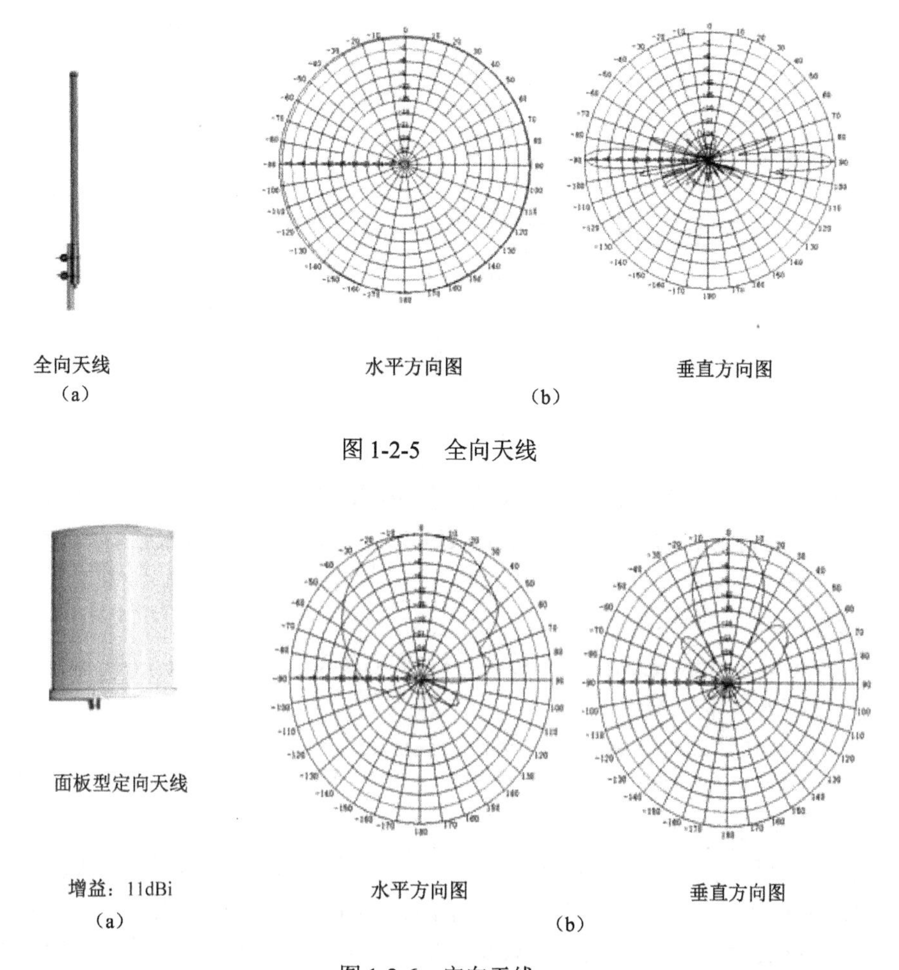

图 1-2-5　全向天线

图 1-2-6　定向天线

4. *无线接入点* AP（Access Point）

无线接入点将无线客户端（或工作站）连接到有线LAN。客户端设备通常不能直接相互通信，而是通过无线接入点(AP)进行通信的，如图 1-2-7 所示。无线接入点（AP）的作用是提供无线终端的接入功能，类似于以太网中的集线器。当网络中增加一台无线 AP 之后，即可成倍地扩展网络覆盖直径。

另外，无线接入点（AP）也可使网络中容纳更多的网络设备。通常情况下，一台 AP 最多可以支持 30 台计算机的接入，推荐数量为 25 台以下。

图 1-2-7　无线接入点 AP

1）AP 工作模式

无线 AP 基本上都拥有一个以太网接口，用于实现与有线网络的连接，从而使无线终端能够访问有线网络或 Internet 的资源，如图 1-2-8 所示。

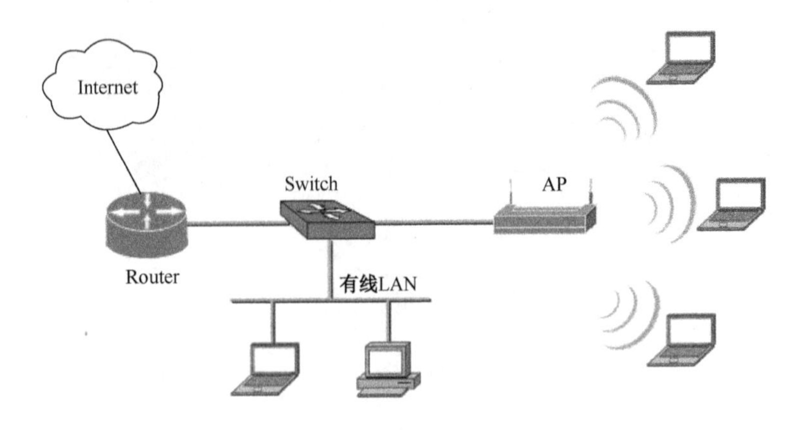

图 1-2-8 AP 工作模式

无线 AP 主要用于使用宽带的家庭、大楼内部及园区内部，典型距离覆盖几十米至上百米。大多数无线 AP 还带有接入点客户端模式（AP client），可以和其他 AP 进行无线连接，延展网络的覆盖范围。

2）AP 分类

通常 AP 分为两类：一类是生活中常见的一种集成的 AP，业内称为“胖”AP；另一类是纯接入设备 AP，业内称为“瘦”AP。

“胖”AP 除接入功能之外还包含路由器、交换机功能，一体化设备一般是无线网络的核心，普遍应用于 SOHO 家庭网络或小型无线局域网，可以直接对其进行配置管理，部署无线网络，无线终端可以通过 AP 直接访问 Internet，如图 1-2-8 所示。

在无线交换机应用之前，WLAN 通过“胖”AP 连接无线网络，使用安全软件、管理软件和其他数据来管理无线网络。这种“胖”AP 安装困难，而且价格昂贵，并且需要的 AP 越多，管理费用就越高，价格也越贵。由于每台 AP 只能支持 10 到 20 台计算机的接入，因此大型企业如果要部署无线网络，可能需要几百台 AP 让无线网络覆盖所有用户。

总之，这种方案对于大多数用户来说，耗资巨大，单台 AP 覆盖范围太小。此外由于大型场所的无线网络往往是由多台 AP 覆盖，不方便统一管理，STA 也不能在多台 AP 之间漫游。

“瘦”AP 只负责无线客户端的接入，通常作为无线网络扩展使用，与其他 AP 或主 AP 连接，以扩大无线网络的覆盖范围。在部署无线网络时，需要有专门的管理设备对其发送控制信息，这种管理设备称为无线控制器（Wireless Access Point Controller），如图 1-2-9 所示。

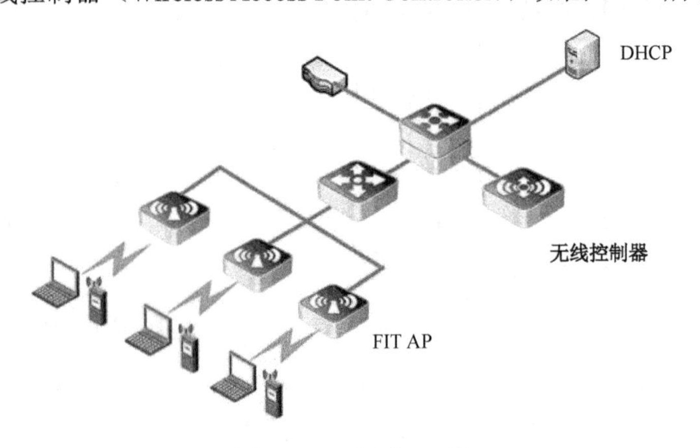

图 1-2-9 “瘦”AP 图

5. 无线控制器 AC

无线控制器（Wireless Access Point Controller）是一种重要的无线局域网络组网设备，用来集中化控制无线 AP，是一个无线局域网的核心，如图 1-2-10 所示。

图 1-2-10　无线控制器 AC

安装在无线局域网核心的无线控制器 AC 设备，负责管理无线局域网中的所有无线 AP（“瘦”AP），对“瘦”AP 管理包括下发配置、修改相关配置参数、射频智能管理、接入安全控制等。

无线控制器 AC 适用于大中型无线网络、支持大数量 AP 环境，无线漫游并进行负载均衡、支持最多大数量的并发用户、支持 CAPWAP 协议（专门用于和 AP 通信）、支持用户计费及认证功能。

在传统的无线网络中，没有集中管理的控制器设备，所有的 AP 都通过交换机连接起来，每台 AP 单独负担无线电射频 RF、通信、身份验证、加密等工作，因此需要对每一台 AP 进行独立配置，难以实现全局的统一管理和集中的 RF、接入和安全策略设置。

而在基于无线控制器的新型解决方案中，无线控制器能够出色地解决这些问题，在该方案中，所有的 AP 都减肥（“瘦”AP），每台 AP 只负责 RF 和通信的工作，其作用就是一个简单的、基于硬件的 RF 底层传感设备，所有“瘦”AP 接收到的 RF 信号，经过 IEEE 802.11 的编码之后，随即通过不同厂商制定的加密隧道协议通过以太网络并传送到无线控制器，进而由无线控制器集中对编码流进行加密、验证、安全控制等更高层次的工作。

因此，基于“瘦”AP 和无线控制器的无线网络解决方案，具有统一管理的特性，并能够出色地完成自动 RF 规划、接入和安全控制策略等工作。

1.2.2　了解 POE 交换机

1. POE 交换机

POE（Power Over Ethernet）技术是指在现有以太网布线架构上，为一些基于 IP 的终端（如 IP 电话机、无线局域网接入点 AP、网络摄像机等）传输数据信号的同时，还能为此类设备提供直流供电的技术。POE 技术在确保现有结构化布线安全的同时，保障现有网络的正常运行，最大限度地降低成本。

POE 交换机就是支持网线供电的交换机，不但可以实现普通交换机的数据传输，还能同时对网络终端进行供电。交换机端口支持的输出功率达 15.4W，符合 IEEE 802.3af 标准，通过网线供电的方式为标准的 POE 终端设备供电，免去额外的电源布线，如图 1-2-11 所示，POE 交换机能为 IP 设备（如无线 AP 等）供电。

POE 又被称为基于局域网的供电系统（Power over LAN，PoL）或有源以太网（Active Ethernet），有时也被称为以太网供电，这是利用现存标准以太网传输电缆的同时，传送数据和电功率的最新标准规范，并保持了与现存以太网系统和用户的兼容性。

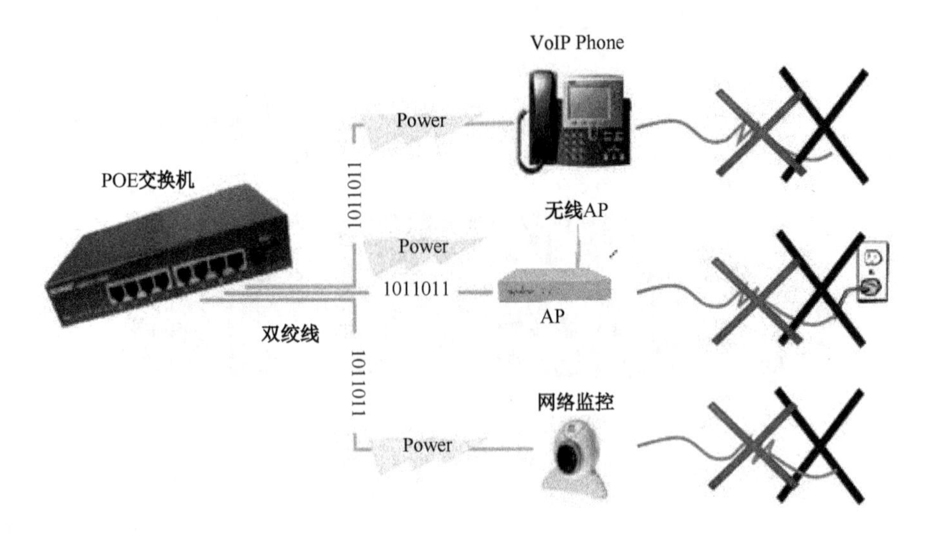

图 1-2-11　POE 交换机为 IP 设备供电

POE 技术能在确保现有结构化布线安全的同时，保证网络的正常运行，最大限度地降低成本。

2. POE 技术的优点

在传统的网络建设中，所有的终端设备都采用电力网络直接供电，成本高昂，而且线缆部署安装也很复杂，布线杂乱。而 POE 只需要安装和支持一条电缆，不仅简单而且节省空间，并且设备可以随意移动，特别适用于部署无线网络，给无线接入点 AP 或 IP 电话等设备供电，整个网络只需一台 UPS 防止意外断电，其他受电设备能够持续工作，如图 1-2-12 所示。

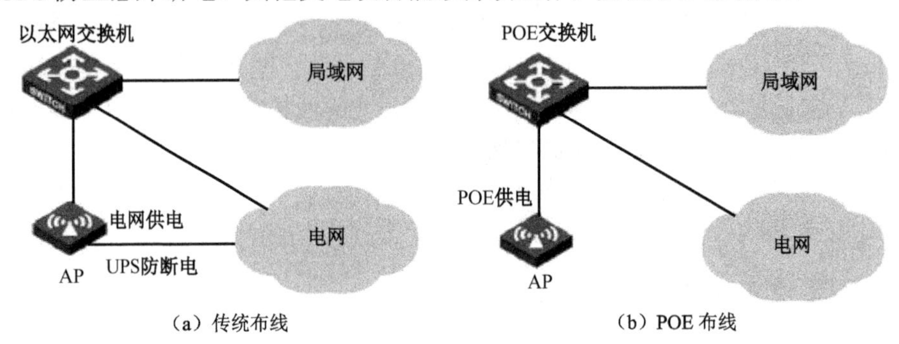

（a）传统布线　　（b）POE 布线

图 1-2-12　传统布线与 POE 布线的比较

POE 技术适应了目前无线技术、数字化网络的发展，是因为 POE 技术除了安装简单、操作方便之外，还有以下优点。

（1）节约成本。许多带电设备，如视频监控摄像机等，都需要安装在难以部署 AC 电源的地方，POE 技术使其不再为安装昂贵电源耗费时间、空间和费用。

（2）管理方便。像数据传输一样，POE 可以通过简单网络管理协议 SNMP 来监督和控制这些设备。

（3）供电安全。POE 供电端设备只需为需要供电的设备供电，只有连接了需要供电的设备，以太网电缆才会有电压存在，因而消除了线路上漏电的风险。

（4）兼容性好。用户可以自动、安全地在网络上混用原有设备和 POE 设备，这些设备与现在以太网电缆共存。

（5）适应面广。无线局域网中，POE 可以简化射频测试任务，无线接入点 AP 能够更轻松地移动和接入。

3. POE 标准及应用

POE 早期应用没有标准，采用空闲供电的方式。IEEE 在 1999 年开始制定的 IEEE 802.3af 标准，是基于以太网供电系统的 POE 新标准，它在 IEEE 802.3 标准的基础上增加了通过网线直接供电的相关标准。2003 年获批的是现有以太网供电标准，也是 POE 应用的主流技术标准。

IEEE 802.3at 标准应大功率终端的需求而产生，是在 IEEE 802.3af 标准的基础上，提供更大的供电需求，满足新的需求。利用现行的 4-Pair（四对线）技术加上双边供电要达到 60～100W 功率，使用 5 类或 6 类线即可。

一个典型的 POE 系统应为：在配线柜里保留以太网交换机设备，用一个带电源供电集线器（Midspan HUB）给局域网的双绞线提供电源。在双绞线的末端，该电源用来驱动电话、无线接入点、相机和其他设备。为避免断电，可以选用一个 UPS，如图 1-2-13 所示。

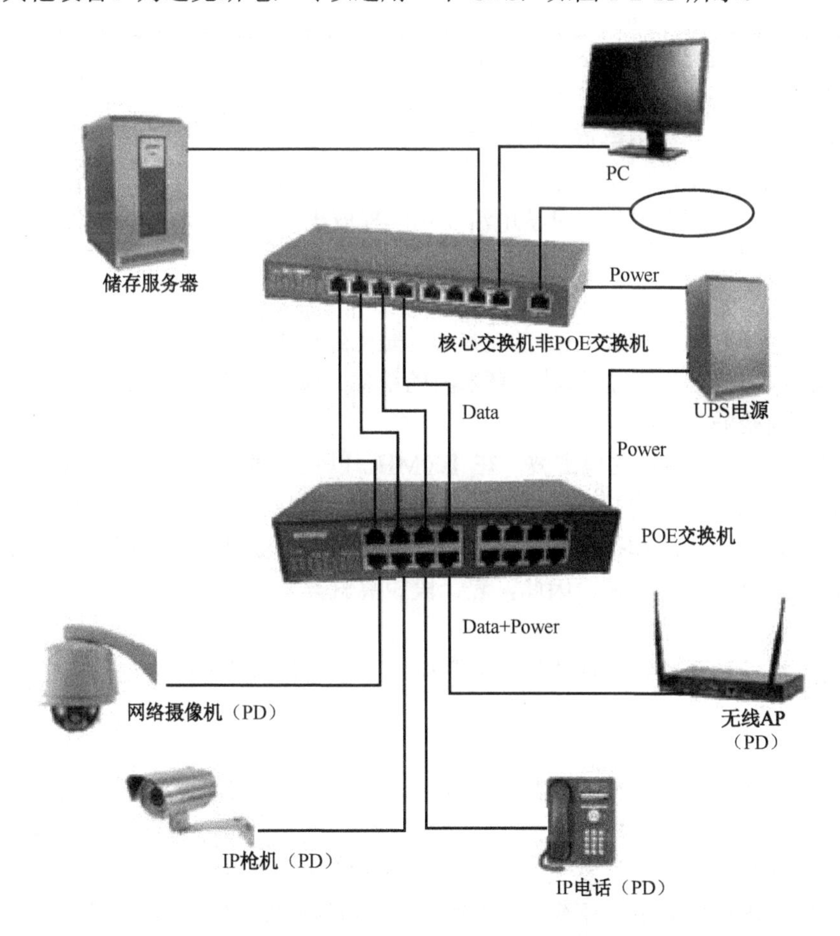

图 1-2-13　一个典型的 POE 系统

市面上的 POE 交换机，由于厂家不同、型号不同，因此具体的性能和配置也不同，主要有百兆和千兆交换机，能提供多个 10/100/1000M 支持 IEEE 802.3af 标准的 POE 端口，每个端口最高输出功率为 30W。在交换机的接口模式下，使用“poe enable”命令可以开启该端口下的 POE 供电功能。

开启 POE 供电功能后，该端口即可通过网线为无线 AP、网络摄像头、IP 电话机、掌上电脑等 POE 终端设备供电，传输距离可达 100m，安装简单，即插即用，非常适合无线城市、安防监控等行业使用。

1.2.3 了解无线传输介质

1. 无线传输介质的定义

可以在自由空间内利用电磁波发送和接收信号进行的通信称为无线传输。地球上的大气层为大部分无线传输提供了物理通道，这些通道被称为无线传输介质。利用无线电磁波在自由空间的传播可以实现多种无线通信。

在自由空间内传输的电磁波，根据频谱可将其分为无线电波、微波、红外线、激光等，信息被加载在电磁波上进行传输。无线传输所使用的频段很广，人们现在已经利用了好几个波段进行通信。紫外线和更高的波段目前还不能用于通信。无线通信的方法有无线电波、微波、蓝牙和红外线。

2. 无线电波

无线电波是指在自由空间（包括空气和真空）内传播的射频频段的电磁波。无线电技术是通过无线电波传播声音或其他信号的技术。

无线电技术的原理：导体中电流强弱的改变会产生无线电波。利用这一现象，通过调制器可将信息加载于无线电波之上。当电波通过自由空间传播到达收信端，电波引起的电磁场变化又会在导体中产生电流。通过解调器将信息从电流变化中提取出来，就达到了信息传递的目的。

3. 微波

微波是指频率为300MHz～300GHz的电磁波，是无线电波中一个有限频带的简称，即波长为1mm～1m的电磁波，是分米波、厘米波、毫米波的统称。微波频率比一般的无线电波频率高，通常也称为“超高频电磁波”。

微波是频率为 10^8～10^{10}Hz 的电磁波。在 100MHz 以上，微波就可以沿直线传播，因此可以集中于一点。通过抛物线状天线把所有的能量集中于一小束，便可以防止他人窃取信号和减少其他信号的干扰，但是发射天线和接收天线必须精确地对位。由于微波沿直线传播，如果微波塔相距太远，地面障碍物就会挡住去路。因此，隔一段距离就需要一个中继站，微波塔越高，传的距离越远。

微波通信被广泛应用于长途电话通信、监听电话、电视传播和其他方面。

4. 红外线

红外线是太阳光线中众多不可见光线中的一种，由德国科学家霍胥尔于1800年发现，又称为红外热辐射。他将太阳光用三棱镜分解开，在各种不同颜色的色带位置上放置了温度计，试图测量各种颜色的光的加热效应。结果发现，位于红光外侧的那支温度计升温最快。因此得出结论：太阳光谱中，红光的外侧必定存在看不见的光线，这就是红外线。红外线也可以当作传输的媒介。太阳光谱上红外线的波长大于可见光线，波长为0.75～1000μm。

红外线是频率为 10^{12}～10^{14}Hz 的电磁波。红外线可分为三部分：近红外线，波长为 0.75～1.50μm；中红外线，波长为1.50～6.0μm；远红外线，波长为6.0～1000μm。无导向的红外线被广泛用于短距离通信。电视、录像机使用的遥控装置都利用了红外线 装置。

红外线通信有两个最突出的优点。

（1）不易被人发现和截获，保密性强。

（2）几乎不会受到电气、天电、人为干扰，抗干扰性强。

此外，红外线通信机体积小、重量轻、结构简单、价格低廉。但是它必须在直视距离内通信，且传播受天气的影响。在不能架设有线线路，而使用无线电又怕暴露自己的情况下，使用红外线通信是比较好的。

红外线传输有一个主要缺点：不能穿透坚实的物体。但正是由于这个原因，一个房间内的红外系统不会对其他房间内的系统产生串扰，因此红外系统防窃听的安全性要比无线电系统好。正因为如此应用红外系统不需要得到政府的许可。

1.2.4　了解 WLAN 天线

当计算机与无线 AP 或其他计算机相距较远时，随着信号的减弱，或者传输速率明显下降，或者根本无法实现与 AP 或其他计算机之间通信，此时，就必须借助无线天线对所接收或发送的信号进行增益（放大）。

1. 天线类型

无线天线有多种类型，常见的有两种：一种是室内无线天线；另一种是室外无线天线。室外天线的类型比较多，常用的有两种：一种是锅状的定向天线；另一种是棒状的全向天线。

室内无线天线的优点是方便灵活，缺点是增益小，传输距离短；室外无线天线的优点是传输距离远，比较适合远距离传输。

无线设备本身的天线都有一定距离的限制，当超出这个限制的距离时，就要通过这些外接天线来增强无线信号，达到延伸传输距离的目的。

这里要涉及两个概念，简介如下。

（1）频率范围。它是指天线工作的频段。这个参数决定了它适用于哪个无线标准的无线设备。例如，IEEE 802.11a 标准的无线设备就需要频率为 5GHz 的天线来匹配，所以在购买天线时一定要认准这个参数对应的相应产品。

（2）增益值。此参数表示天线功率放大倍数，数值越大表示信号的放大倍数就越大，也就是说当增益数值越大，信号越强，传输质量就越好。

2. 认识天线

1）室内无线天线

（1）全向天线。室内全向天线适用于需要广泛覆盖信号的无线路由、AP 设备，它可以将信号均匀地分布在中心点周围 360° 全方位区域，适用于链接点距离较近、分布角度范围大，且数量较多的情况。室内全向天线如图 1-2-14 所示。

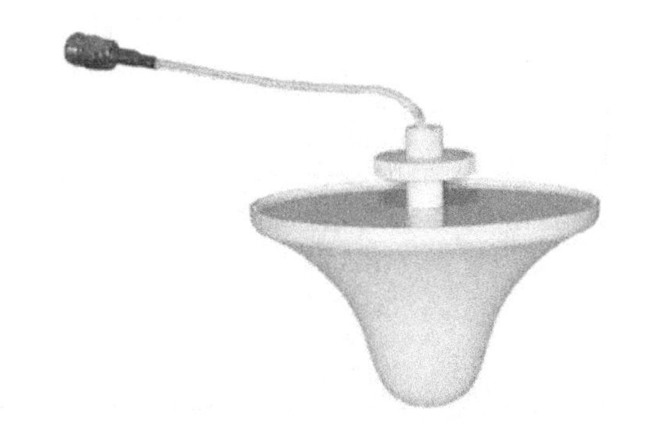

图 1-2-14　室内全向天线

（2）室内定向天线

室内定向天线适用于室内，它因为能量聚集能力最强，信号的方向指向性也极好。在使用的时候应该使它的指向方向与接收设备的角度方位相对集中。室内定向天线如图 1-2-15 所示。

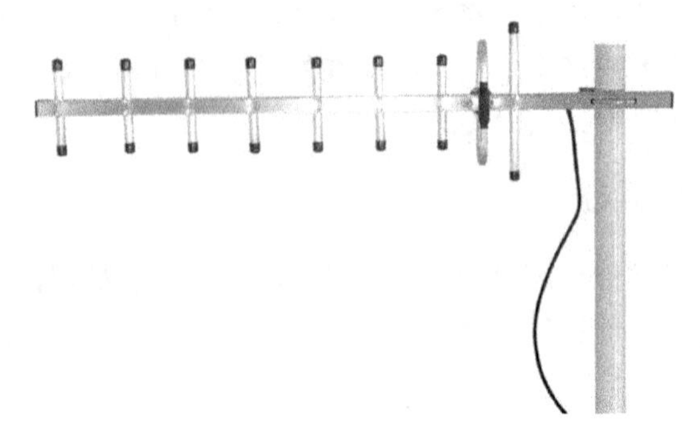

图 1-2-15　室内定向天线

2）室外无线天线

室外定向双极化扇区天线，同时具备垂直与水平极化，标准 N 型接头。

（1）无线圆极化天线，如图 1-2-16 所示。

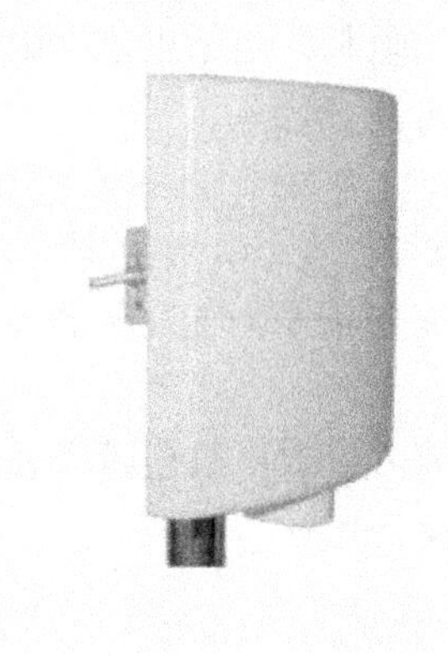

图 1-2-16　无线圆极化天线

（2）室外无线双频天线，如图 1-2-17 所示。

图 1-2-17　室外无线双频天线

项目 2　了解无线局域网传输技术

2.1　无线局域网传输信号基础

无线信号是能够在空气中进行传输的电磁波，无线信号不需要任何物理介质，它在真空环境中也能够传输，就如同在办公室大楼内的空气中传输一样。无线电波不仅能够穿透墙体，还能够覆盖比较大的范围，所以无线技术成为一种组建网络的通用方法。

WLAN 运行的微波频段为 2.4G～2.4835GHz，所有的电磁波都以光速传播，这个速度可以被精确地称为电磁波速度。所有的电磁波都遵循公式：

频率×波长＝光速

各种电磁波之间的主要区别就是频率。如果电磁波频率低，它的波长就长；如果电磁波的频率高，它的波长就短。波长是指正弦波的两个相邻波峰之间的距离。

下面详细介绍电磁波的传输基础知识。

2.1.1　无线传输的电磁波

1. 电磁波的定义

电磁波由同相振荡且互相垂直的电场与磁场在空中以波的形式移动，其传播方向垂直于电场与磁场构成的平面，有效地传递能量和动量。电磁辐射可以按照频率分类，从低频率到高频率，包括无线电波、微波、红外线、可见光、紫外线、X 射线和伽马射线等。

人眼可接收到的电磁辐射，波长为 400～700nm，称为可见光，如图 2-1-1 所示。只要自身温度大于绝对零度的物体，都可以发射电磁辐射。电磁波向空中发射或泄漏的现象，称为电磁辐射。

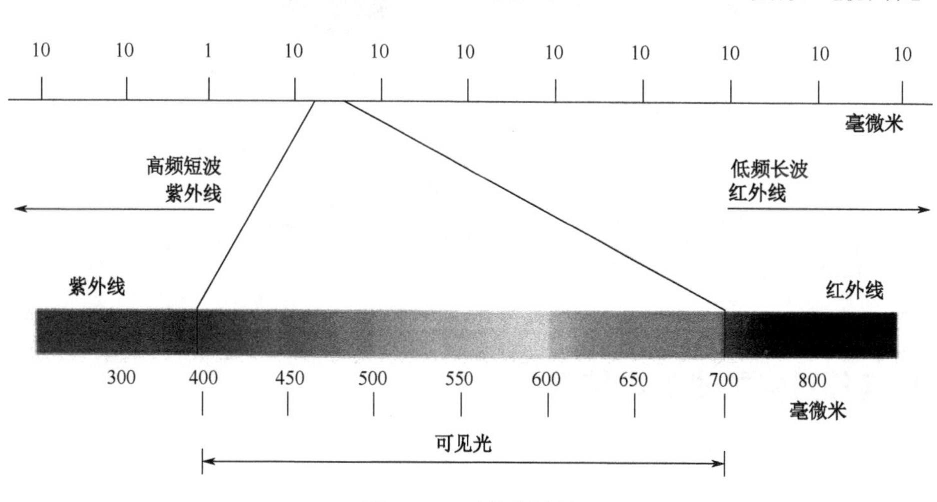

图 2-1-1　可见光波长

2. 电磁波的产生

电磁波是电磁场的一种运动形态。电与磁可以说是一体两面，变化的电场会产生磁场（即电流会产生磁场），变化的磁场也会产生电场。变化的电场和变化的磁场构成了一个不可分离的统一的场，这就是电磁场；而变化的电磁场在空间的传播形成了电磁波；电磁的变动就如同微风轻拂水面产生水波一样，因此被称为电磁波，通常称为电波。

3. 电磁波的性质

电磁波频率低时，主要借助有形的导电体才能传递。原因是在低频的电振荡中，磁、电之间的相互变化比较缓慢，其能量几乎全部返回原电路，而没有能量辐射出去；电磁波频率高时既可以在自由空间内传递，又可以束缚在有形的导电体内传递。

在自由空间内传递的原因是：在高频率的电振荡中，磁、电互变甚快，能量不可能全部返回原电路，于是电能、磁能随着电场与磁场的周期变化，以电磁波的形式向空间传播出去，不需要介质也能向外传递能量，这就是一种辐射。举例来说，太阳与地球之间的距离非常遥远，但在户外时，仍然能感受到太阳的光与热，这就如同是“电磁辐射借由辐射现象传递能量”原理一样。

电磁波频率的单位也是赫兹（Hz）。但常用的单位是千赫（kHz）和兆赫（MHz）。

4. 电磁波传输特征

电磁波的传播不需要介质，同频率的电磁波，在不同介质中的传播速度不同。不同频率的电磁波，在同一种介质中传播时，频率越大折射率越大，速度越小。而且电磁波只有在同种均匀介质中才能沿直线传播，若同一种介质是不均匀的，电磁波在其中的折射率也不一样，在这样的介质中就会沿曲线传播。

电磁波通过不同介质时，会发生折射、反射、衍射、散射及吸收等。电磁波的传播不仅有沿地面传播的地面波，而且还有从空中传播的空中波。波长越长其衰减就越少，电磁波的波长越长也越容易绕过障碍物继续传播。机械波和电磁波都能发生折射、反射、衍射、干涉等现象，因为所有的波都具有波动性。衍射、折射、反射、干涉都具有波动性，如图 2-1-2 所示。

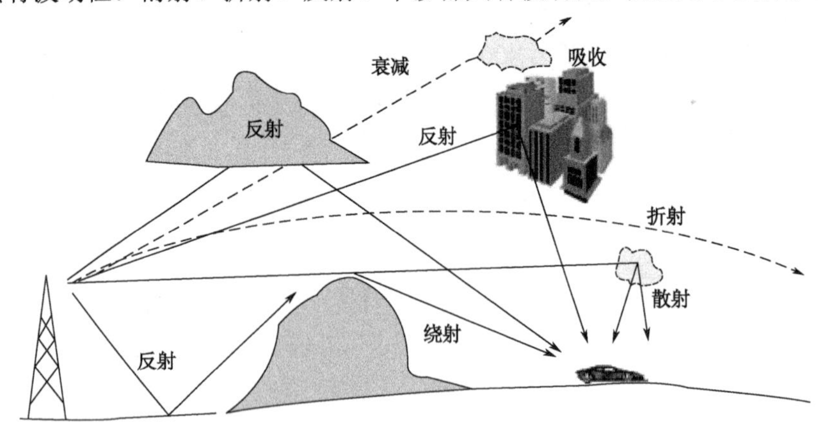

图 2-1-2　所有的波都具有波动性

2.1.2　无线局域网射频 RF 技术

1. 射频（RF）的定义

射频（Radio Frequency，RF），是指可以辐射到空间的电磁频率，频率范围为 300kHz～300GHz。

射频简称 RF 射频，也称射频电流，它是一种高频交流变化电磁波的简称。每秒变化小于 1000 次的交流电称为低频电流，大于 10000 次的交流电称为高频电流，而射频就是这样一种高频电流。高频（大于 10kHz）；射频（300kHz～300GHz）是高频的较高频段；微波频段（300MHz～300GHz）又是射频的较高频段。

2. 射频技术应用环境

电流流过导体，导体周围会形成磁场；交变电流通过导体，导体周围会形成交变的电磁场，称为电磁波。在电磁波频率低于 100kHz 时，电磁波会被地表吸收，不能形成有效地传输；但电磁波频率高于 100kHz 时，电磁波可以在空气中传播，并经大气层外缘的电离层反射，形成远距离传输能力，把具有远距离传输能力的高频电磁波称为射频。

射频技术在无线通信领域中被广泛使用，有线电视系统就是采用射频传输方式。射频技术多用于无线通信产品，如网络基站、手机、笔记本电脑等。

3. 射频计算单位

射频常用计算单位通常使用绝对功率的 dB 表示，此外表示射频信号的绝对功率还可以用 dBm、dBW 表示，它们与 mW、W 的换算关系如下。

例如，信号功率为 XW，利用 dBm 表示时其大小为：

$$p(\text{dBm})=10\log(\frac{X-4000(\text{mW})}{1(\text{mW})})$$

$$p(\text{dBW})=10\log(\frac{X(\text{W})}{1(\text{W})})$$

所以 1W 等于 30dBm，等于 0dBW。其中：1mW 等于 0dBm。

绝对功率的 dB 表示射频信号的相对功率，常用 dB 和 dBc 两种形式表示。其区别在于：dB 是任意两个功率的比值的对数表示形式；而 dBc 是某一频点输出功率和射频输出功率的比值的对数表示形式。例如，30dBm-0dBm=30dB。

2.1.3 无线局域网连接技术

1. 无线接入过程

在无线网络中，当工作站 STA 接入无线局域网时，需要经过扫描（Scanning）、接入（Joining）、认证（Authentication）、关联（Association）四个阶段，如图 2-1-3 所示。

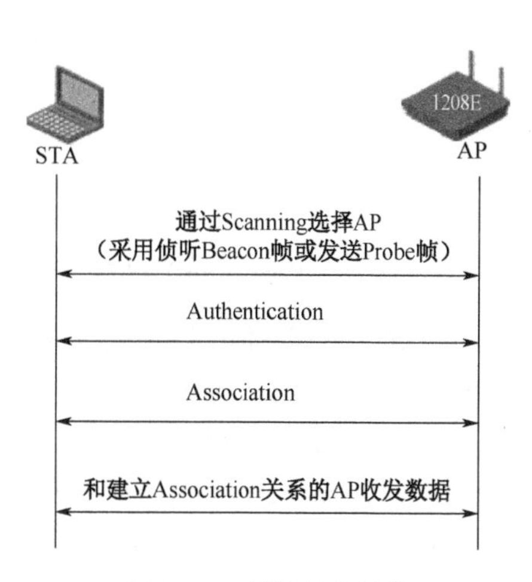

图 2-1-3 无线接入过程

首先，STA（工作站）启动初始化、开始正式使用 AP 传送数据帧前，要经过四个阶段才能够接入 802.11MAC 层负责客户端与 AP 之间的通信。其功能包括扫描、接入、认证、加密、漫游和同步等，即：

（1）扫描阶段（Scanning）。

（2）接入（Joining）。

（3）认证阶段 （Authentication）。

（4）关联（Association）。

其中：

① 扫描阶段（Scanning）是 STA 的无线网络能自动“听”，以确定附件是否存在一个无线局域网系统。通过扫描（Scanning）之后，STA 可以得到多个可以加入的无线局域网的信息。

② 接入（Joining）是 STA 内部需要决定应与哪一个无线局域网结合。

③ 接入（Joining）之后则为与 AP 之间的认证阶段 （Authentication）和关联（Association）两个动作。

④ 扫描阶段（Scanning）发生在其他动作之前，因为客户端 STA 需要靠扫描阶段（Scanning）来寻找无线局域网资源。无线的连接实际上就是 STA 与 AP 之间的无线握手过程。

2. 无线接入阶段

无线局域网中的工作站 STA 在接入无线局域网时，具体的原理和实现过程经过以下四个阶段。

（1）STA 通过广播无线信息标（Beacon），在网络中寻找 AP。

（2）当网络中的 AP 收到了 STA 发出的广播信息标帧之后，无线 AP 也发送广播信息标帧，用来回应 STA。

（3）当 STA 收到 AP 的回应之后，STA 向目标 AP 发起请求帧。

（4）无线 AP 响应 STA 发出的请求，如果有符合 STA 连接的条件，给予应答，即向 STA 发出响应帧，否则不予理睬，如图 2-1-4 所示。

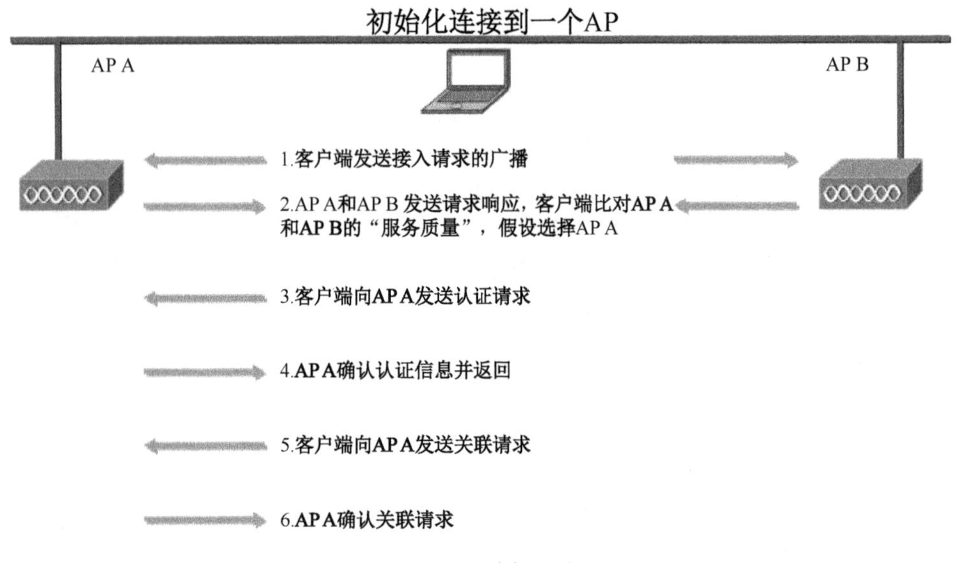

图 2-1-4　无线接入阶段

3. 扫描（Scanning）过程

MAC 层设备使用 Scanning 来搜索 AP，STA 搜索并连接一台 AP；当 STA 漫游时，寻找连接一台新的 AP，STA 会在每个可用的信道上进行搜索。

扫描（Scanning）过程可以分为主动扫描和被动扫描。在无线网络连接中，STA 发现 AP 之后，AP 每隔 100ms 发出无线信标，无线信息标中包括 SSID 及与 AP 相关的多种参数信息。

STA 首先通过主动或被动扫描进行接入，在通过认证和关联两个过程之后，才能建立真正连接。

1）被动扫描（Passive Scanning）

被动扫描的特点是：找到时间较长，但 STA 节电。

通过侦听 AP 定期发送的 Beacon 帧来发现网络，该帧提供了 AP 及所在 BSS 相关信息：“我在这里”。

2）主动扫描（Active Scanning）

主动扫描的特点是：能迅速找到。

STA 依次在 13 个信道发出 Probe Request 帧，寻找与 STA 所属有相同 SSID 的 AP，若找不到相同 SSID 的 AP，则一直扫描下去。

4. 接入（Joining）过程

当 STA 通过扫描（Scanning）过程得到多个无线信息标之后，STA 需要考虑应加入到哪一个无线局域网中的动作。

接入（Joining）过程是发生在 STA 内部的动作，无线局域网协议 IEEE 802.11 并未考虑点的优先级别，而是由厂商自行决定。许多厂商都以无线信号的好坏作为标准，也有很多厂商是以 STA 的多个 SSID 的顺序作为首选标准。

5. 认证（Authentication）过程

当 STA 找到与其有相同 SSID 的 AP 时，在 SSID 匹配的 AP 中，根据收到的 AP 信号强度，选择一个信号最强的 AP，然后进入认证阶段。只有身份认证通过的站点才能进行无线接入访问，如图 2-1-5 所示。

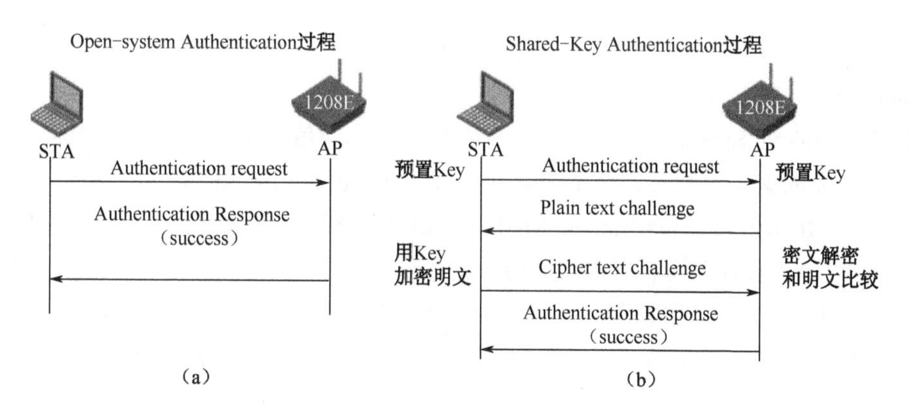

图 2-1-5　认证过程

AP 提供以下认证方法。

（1）开放系统身份认证（open-system authentication）。

（2）共享密钥认证（shared-key authentication）。

（3）WPA PSK 认证（Pre-shared key）。

（4）802.1X EAP 认证。

6. 关联过程（Association）

当 AP 向 STA 返回认证响应信息，身份认证获得通过后，进入关联阶段。

（1）STA 向 AP 发送关联请求。

（2）AP 向 STA 返回关联响应。

至此，接入过程完成，STA 初始化完毕，可以开始向 AP 传送数据帧，如图 2-1-6 所示。

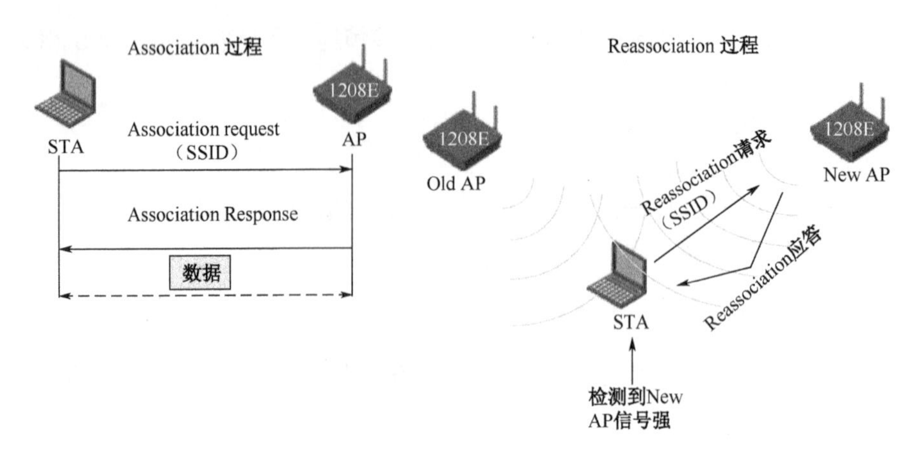

图 2-1-6　接入过程完成

2.1.4　无线局域网传输技术

无线局域网 WLAN 是一种能支持较高数据传输速率（1M～600Mb/s），采用微蜂窝、微蜂窝结构，自主管理的计算机局域网络。其关键技术大致有 3 种，直接序列扩频调制技术（DSSS: Direct Sequence Spread Spectrum）、补码键控（CCK：Complementary Code Keying）技术、分组二进制卷积（PBCC：Packet Binary Convolutional Code）和正交频分复用技术（OFDM：Orthogonal Frequency Division Mustiplexing）。

每种传输技术皆有其特点，目前扩频调制技术正成为主流，而 OFDM 技术由于其优越的传输性能已成为人们关注的新焦点。

扩展频谱（Spread Spectrum）技术是一种常用的无线通信技术，简称展频技术。展频技术的无线局域网络产品依据美国联邦通信委员会（Federal Communications Committee，FCC）规定工业、医疗、科学（Industrial Scientific and Medical，ISM）的频率范围为 902M～928MHz 及 2.4G～2.484GHz 两个频段，所以并没有所谓使用授权的限制。

展频技术主要分为“跳频技术”及“直接序列”两种方式。而此两种技术是在第二次世界大战中军队所使用的技术，其目的是希望在恶劣的战争环境中，依然能保持通信信号的稳定性及保密性。

1．跳频技术（FHSS）

跳频技术（Frequency-Hopping Spread Spectrum，FHSS），是指用伪随机码序列进行频移键控，使载波频率不断跳变而扩展频谱的一种方法。跳频技术在同步且同时的情况下，收发两端以特定形式的窄频载波来传送信号。对于一个非特定的接受器，FHSS 所产生的跳动信号对它而言，也只能是脉冲噪声。

FHSS 所展开的信号可以特别设计，来规避噪声或 One-to-Many 的非重复的频道，并且这些跳频信号必须遵守 FCC 的要求，使用 75 个以上的跳频信号且跳频至下一个频率的最大时间间隔（Dwell Time）为 400ms，如图 2-1-7 所示。其中，图 2-1-7（a）为基带信号；图 2-1-7（b）为扩频码；图 2-1-7（c）为扩频后的基带信号；图 2-1-7（d）为发送信号相位；图 2-1-7（e）为接收端解扩后的基带信号；图 2-1-7（f）为接收端输出信号。

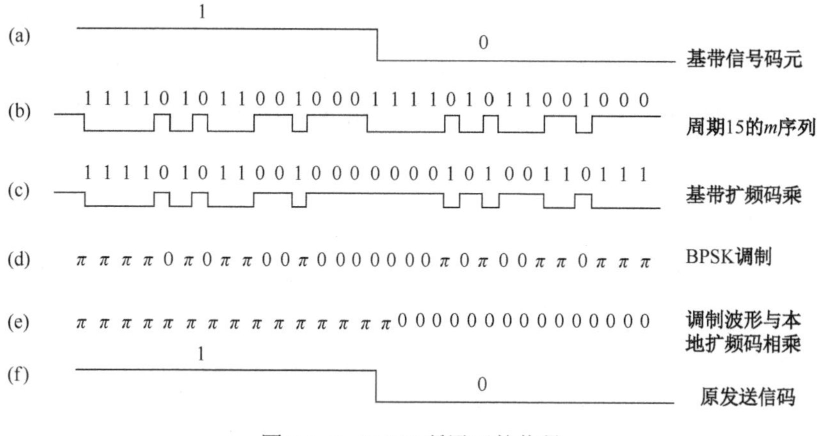

图 2-1-7 FHSS 所展开的信号

2. 直接序列展频技术（DSSS）

直接序列展频技术（Direct Sequence Spread Spectrum，DSSS）是将原来的信号“1”或“0”，利用 10 个以上的 chips 来代表“1”或“0”位，使得原来较高功率、较窄的频率变成具有较宽频的低功率频率。而每个 bit 使用多少个 chips 称为 Spreading chips。

一个较高的 Spreading chips 可以增加抗噪声干扰，而一个较低 Spreading Ration 可以增加用户的使用人数。

基本上，在 DSSS 的 Spreading Ration 是相当少，几乎所有 2.4GHz 的无线局域网络产品所使用的 Spreading Ration 都少于 20。而在 IEEE 802.11 的标准内，其 Spreading Ration 大约为 100，如图 2-1-8 所示。

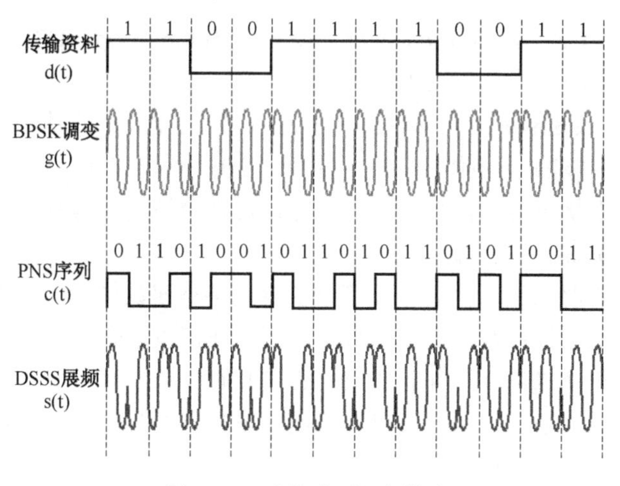

图 2-1-8 直接序列展频技术

3. FHSS 和 DSSS 调变差异

无线局域网在性能和能力上的差异，主要取决于是用 FHSS 还是 DSSS 来实现，以及所采用的调变方式。然而，调变方式的选择并不是完全随意的，像 FHSS 一样并不强求某种特定的调变方式，而大部分既有的 FHSS 都是使用某些不同形式的 GFSK。但是 IEEE 802.11 草案规定要求使用 GFSK。至于 DSSS 则使用可变相位调变（如 PSK、QPSK、DQPSK），可以得到最高的可靠性及表现高数据速率性能。

在抗噪声能力方面，采用 QPSK 调变方式的 DSSS 与采用 FSK 调变方式的 FHSS 相比，可以发现这两种不同技术的无线局域网拥有各自的优势。FHSS 系统之所以选用 FSK 调变方式是因为 FHSS 和 FSK 内在架构的简单性，FSK 无线信号可使用非线性功率放大器，但这却是以作用范围和抗噪声能力为代价的。而 DSSS 系统需要稍为贵一些的线性放大器，但却可以获得更多的回馈。

4. DSSS 和 FHSS 的优劣

截至目前，若以现有的产品参数作比较，可以看出 DSSS 技术在需要最佳可靠性的应用中具有较佳的优势，而 FHSS 技术在需要低成本的应用中占有优势。但真正需要注意的是厂商在 DSSS 和 FHSS 展频技术中的选择，必须根据产品在市场的定位而定，因为它可以解决无线局域网络的传输能力及特性，包括抗干扰能力、使用距离范围、频宽及传输资料的大小。

一般而言，DSSS 由于采用全频带传输资料，速度较快，未来可开发出更高传输频率的潜力也较大。DSSS 技术适用于固定环境中或对传输品质要求较高的应用，因此，无线厂房、无线医院、网络社区、分校联网等应用，大都采用 DSSS 无线技术产品。

FHSS 则大都用于需快速移动的端点，如移动电话在无线传输技术部分即采用 FHSS 技术；由于 FHSS 传输范围较小，因此在相同的传输环境下，所需要的 FHSS 技术设备比 DSSS 技术设备多，在整体价格上，也会比较高。

以目前企业需求来说，高速移动端点应用较少，而且多数企业注重传输速率及传输的稳定性，所以未来无线网络产品发展应以 DSSS 技术为主流。

5. 其他信号传输技术

1）正交频分复用技术（OFDM）

正交频分复用技术（Orthogonal Frequency Division Multiplexing，OFDM）实际上是多载波调制（Multi Carrier Modulation，MCM）的一种。

OFDM 是 HPA 联盟（HomePlug Powerline Alliance）工业规范的基础，它采用一种不连续的多音调技术，将被称为载波的不同频率中的大量信号合并为单一的信号，从而完成信号传输。由于这种技术具有在杂波干扰下传输信号的能力，因此常常会被用在容易受外界干扰或者抵抗外界干扰能力较差的传输介质中。

OFDM 主要思想是：将信道分为若干正交子信道，将高速数据信号转换为并行的低速子数据流，调制到每个子信道上进行传输。正交信号可以通过在接收端采用相关技术来分开，这样可以减少子信道之间的相互干扰（ISI）。由于每个子信道上的信号带宽小于信道的相关带宽，因此每个子信道上可以看成平坦性衰落，从而可以消除码间串扰，而且每个子信道的带宽仅为原信道带宽的一小部分，信道均衡变得相对容易。

OFDM 有非常广阔的发展前景，已成为第四代移动通信的核心技术。IEEE 802.11a/g 标准为了支持高速数据传输都采用了 OFDM 调制技术。

2）单载波调制技术（PBCC）

PBCC 调制技术是由德州仪器（TI）公司提出的，已作为 IEEE 802.11g 标准的可选项被采纳。PBCC 也称单载波调制，但与 CCK 不同，它采用了更为复杂的信号星座图。PBCC 采用 8PSK 调制方式，而 CCK 使用 BPSK/QPSK 调制方式；另外 PBCC 使用卷积码，而 CCK 使用区块码。因此，它们的解调过程是不同的。PBCC 可以完成更高速率的数据传输，其传输速率为 11、22、33Mb/s。

2.1.5　无线局域网传输调制技术

1. 调制技术的定义

调制技术是把基带信号变换成传输信号的技术。它将模拟信号抽样量化后，以二进制数字信号“1”或“0”对光载波进行通断调制，并进行脉冲编码调制（PCM）。数字调制的优点是抗干扰能力强，中继时噪声及色散的影响不积累，因此可实现长距离传输。它的缺点是需要较宽的频带，设备也较复杂。

基带信号是原始的电信号，一般是指基本的信号波形，在数字通信中则指相应的电脉冲。在无线遥测遥控系统和无线电技术中调制就是用基带信号控制高频载波的参数（振幅、频率和相位），使这些参数随基带信号变化。用来控制高频载波参数的基带信号称为调制信号。

2. 调制方式

调制方式按照调制信号的性质分为模拟调制和数字调制两类。

1）模拟调制

模拟调制原理一般指调制信号和载波都是连续波的调制方式。它有调幅（AM）、调频（FM）和调相（PM）3 种基本形式。

（1）调幅（AM）。是指用调制信号控制载波的振幅，使载波的振幅随着调制信号变化。经过调幅的电波称为调幅波。调幅波的频率仍是载波频率，调幅波包络线的形状反映调制信号的波形。调幅系统实现简单，但抗干扰性差，传输时信号容易失真。

（2）调频（FM）。是指用调制信号控制载波的振荡频率，使载波的频率随着调制信号变化。经过调频的电波称为调频波。调频波的振幅保持不变，调频波的瞬时频率偏离载波频率的量与调制信号的瞬时值成比例。调频系统实现稍复杂，占用的频带远较调幅波宽，因此必须工作在超短波波段，抗干扰性能好，传输时信号失真小，设备利用率也较高。

（3）调相（PM）。是指用调制信号控制载波的相位，使载波的相位随着调制信号变化。经过调相的电波称为调相波。调相波的振幅保持不变，调相波的瞬时相角偏离载波相角的量与调制信号的瞬时值成比例。在调频时相角也有相应的变化，但这种相角变化并不与调制信号成比例。在调相时频率也有相应的变化，但这种频率变化并不与调制信号成比例。在模拟调制过程中已调波的频谱中除载波分量外，在载波频率两旁还各有一个频带，因调制而产生的各频率分量就在这两个频带内。

2）数字调制

为了使数字信号在有限带宽的高频信道中传输，必须对数字信号进行载波调制。

理论上，数字调制与模拟调制在本质上没有区别，它们都属于正弦波调制。但是，数字调制是调制信号为数字型的正弦波调制，而模拟调制则是调制信号为连续型的正弦波调制。

数字调制一般是指调制信号是离散的，而载波是连续波的调制方式。数字调制有 4 种基本形式：振幅键控（ASK）、移频键控（FSK）、移相键控（PSK）和差分移相键控（DPSK）。它们分别对应于用载波（正弦波）的幅度、频率和相位来传递数字基带信号，可以看成是模拟线性调制和角度调制的特殊情况。在数字通信的 4 种基本形式（ASK、FSK、PSK、DPSK）中，就频带利用率和抗噪声性能（或功率利用率）两个方面来看，都是 PSK 系统最佳。所以 PSK 在中、高速数据传输中得到了广泛的应用。

（1）振幅键控（ASK）。是指用数字调制信号控制载波的通断。例如，在二进制中，发“0”时不发送载波，发“1”时发送载波。有时也把代表多个符号的多电平振幅调制称为振幅键控。振幅键控实现简单，但抗干扰能力差。

（2）移频键控（FSK）。是指用数字调制信号的正负控制载波的频率。当数字信号的振幅为正值时载波频率为 f1，当数字信号的振幅为负值时载波频率为 f2。有时也把代表两个以上符号的多进制频率调制称为移频键控。移频键控能区分通路，但抗干扰能力不如移相键控和差分移相键控。

（3）移相键控（PSK）。是指用数字调制信号的正负值控制载波的相位。当数字信号的振幅为正值时，载波的起始相位取“0”；当数字信号的振幅为负值时，载波的起始相位取“180°”。有时也把代表两个以上符号的多相制相位调制称为移相键控。移相键控抗干扰能力强，但在解调时需要有一个正确的参考相位，即需要相干解调。

（4）差分移相键控（DPSK）。是指利用数字调制信号前后码元之间载波相对相位的变化来传递信息。在二进制中通常规定：传送“1”时后一码元相对于前一码元的载波相位变化为“180°”，而传送“0”时前后码元之间的载波相位不发生变化。

因此，解调时只需看载波相位的相对变化。而无需看它的绝对相位。只要相位发生 180° 跃变，就表示传输“1”。若相位无变化，则传输的是“0”。差分移相键控抗干扰能力强，且不要求传送参考相位，因此实现较简单。

2.1.6 无线局域网传输过程的干扰

1. 工业级设备的干扰

我国 WLAN 网络使用的 2.4GHz 频段为公共频段，不需要授权即可直接使用。因此，其他非 WLAN 网络的设备，如微波炉、无绳电话、蓝牙设备及其他无线 LAN 设备，使用该频道进行信息传输时，均会对 WLAN 网络产生频率干扰。

其中，对 WLAN 网络干扰最为严重的设备是 2.4GHz 频段的无绳电话，其次为 3m 内的微波炉，再次是蓝牙设备，及笔记本电脑和 PDA。

使用 2.4GHz 频段的设备中，蓝牙等小功率设备对 WLAN 网络的影响很小，可以忽略；微波炉等大功率设备对 WLAN 网络的影响较大。在网络设计时，应注意远离此类设备。如图 2-1-9 所示的是微波炉对 WLAN（802.11b）传输速率影响的曲线图。

从图中可以看出，WLAN 网络设备靠近干扰源时，传输速率迅速下降。

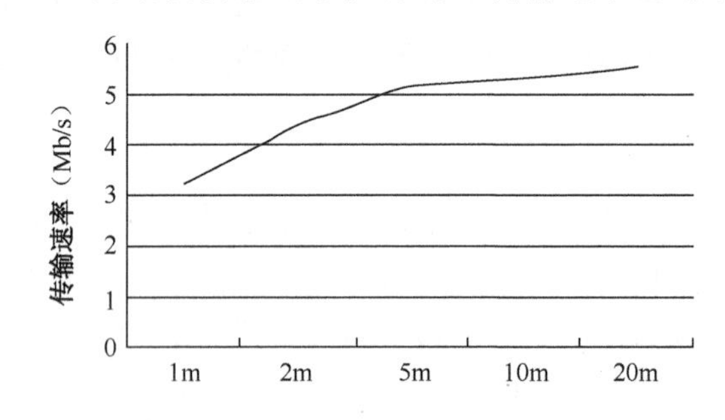

图 2-1-9 微波炉对 WLAN 网络传输速率影响的曲线图

2. 同道干扰

WLAN 网络采用的是直接序列扩频技术的扩频码，不同的设备使用相同的扩频码，因此相邻小区不能使用相同频率，否则将造成同频干扰。如图 2-1-10 和图 2-1-11 所示的是相距 40m 的 2 台使用 IEEE 802.11b 协议标准工作的 AP，分别使用 1、6 信道和 1、1 信道时的网络吞吐量。

Group/Pair	平均（Mb/s）	最小（Mb/s）	最大（Mb/s）
All Pairs	10.941	1.136	6.504
Pair 1	5.988	1.970	6.504
Pair 2	5.024	1.136	5.517
总计	10.941	1.136	6.504

（a）

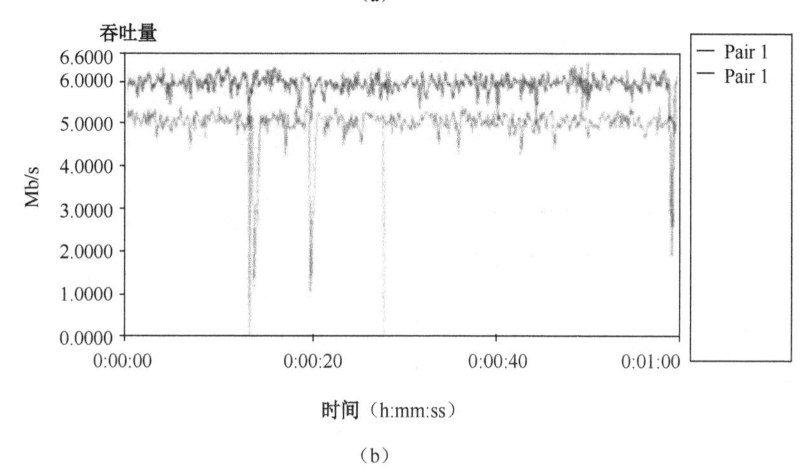

（b）

图2-1-10　2台AP分别使用1、6信道

Group/Pair	平均（Mb/s）	最小（Mb/s）	最大（Mb/s）
All Pairs	5.769	0.134	6.400
Pair 1	4.700	0.473	6.400
Pair 2	1.102	0.134	5.298
总计	5.769	0.134	6.400

（a）

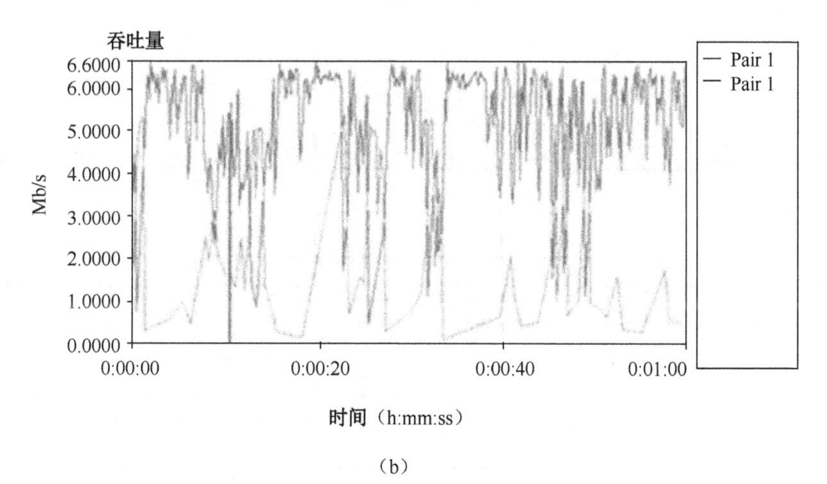

（b）

图2-1-11　2台AP均使用1、1信道

在使用非干扰频段时，2台AP总吞吐量可以接近11Mb/s；在同频时，总吞吐量不足6Mb/s。此时2台AP与非干扰情况下1台AP的吞吐量接近。

所以，在有限范围内，单纯采用增加AP的办法是无法提高网络容量的。

3. 邻道干扰

两信道中心频率小于 25MHz 时，信道之间存在重叠区域，会有部分干扰，如图 2-1-12 所示的是 2 台 AP 信道间隔分别为 0～5 时的总吞吐量曲线。

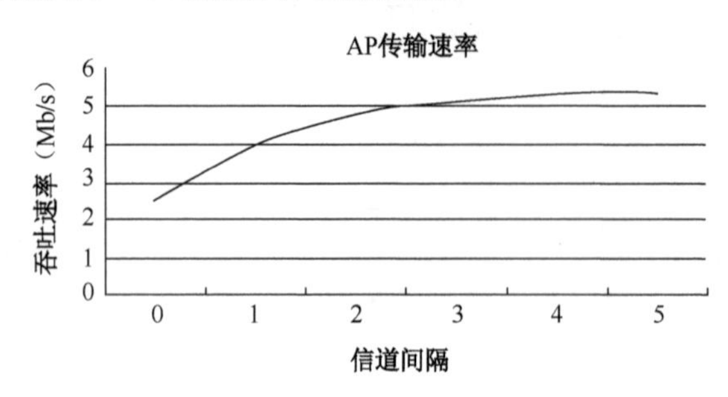

图 2-1-12　2 台 AP 信道间隔分别为 0～5 时的总吞吐量曲线

使用邻频，可以增加可用频点数，但会引入干扰。因此，在工程施工上，一般仍采用 1、6、11 三个互相不干扰的信道。

4. 障碍物干扰

无线信号本身对环境的依赖性比较强，无线信号会随着距离的增加而减弱。当电磁波穿越无线区域的障碍物时，振幅将会大幅减小，接收信号将急剧下降。经过一段普通夹板墙时，信号将衰减 4dB；经过一堵砖墙时，信号将衰减 8～15dB；经过钢筋混凝土，信号衰减得会更加厉害，如图 2-1-13 所示。

●2.4GHz 电磁波对于各种建筑材质的穿透损耗的经验值如下。

→隔墙的阻挡（砖墙厚度 100～300mm）：20～40dB；

→楼层的阻挡：30dB 以上；

→木制家具、门和其他木板隔墙的阻挡：2～15dB；

→厚玻璃（12mm）：10dB。

图 2-1-13　电磁波的穿透损耗经验值

电磁波的穿越性能和频率相关，当发射功率不足够大时，易在建筑物后形成无线网络覆盖盲区，如表 2-1-1 所示。

表 2-1-1　障碍物对无线网络信号衰减的影响

障碍物	衰减程度	举例
开阔地	无	自助餐厅、庭院
木制品	少	内墙、办公室隔断、门、地板
石膏	少	内墙（新的石膏比老的石膏对无线信号的影响大）
合成材料	少	办公室隔断
煤渣砖块	少	内墙、外墙
石棉	少	天花板
玻璃	少	没有色彩的窗户
玻璃中金属网	中等	门、隔断
金属色彩的玻璃	少	带有色彩的窗户
人的身体	中等	人群

续表

障　碍　物	衰减程度	举　例
水	中等	潮湿的木头、玻璃缸、有机体
砖块	中等	内墙、外墙、地面
大理石	中等	内墙、外墙、地面
陶瓷制品	高	陶瓷瓦片、天花板、地面
纸	高	一卷或者一堆纸
混凝土	高	地面、外墙、承重墙
防弹玻璃	高	安全栅
镀银	非常高	镜子
金属	非常高	办公桌、办公隔断、电梯、文件柜、通风设备

在以上几种常见的障碍物中，金属对无线网络信号的衰减最强，基本上不考虑无线信号穿越金属制品后，还能进行有效覆盖。

5. 无线传输多径干扰

在无线通信领域，多径是指无线信号从发射天线，经过多个路径，抵达接收天线的传输现象。反射波可能会对直射波产生衰减也可能会增强直射信号。当直射波和反射波的路径不同而造成半个波长倍数的延迟时（相位相反），将使信号抵消掉。

大气层对电波的散射、电离层对电波的反射和折射，以及山峦、建筑等地表物体对电波的反射都会造成多径传输。

6. 抗干扰措施

抗干扰有以下几项措施。

（1）在进行设备选型时，选择抗干扰性能较强的设备。

（2）为了避免对 WLAN 网络的频率造成干扰，首先应做好 WLAN 网络的频率规划及其使用。

（3）对于使用 3 台以上 AP，采用空间间隔频率复用方法覆盖的开阔空间，若出现同频干扰时，需重新规划 AP 的布局，根据需要可对 AP 的发射功率进行调整，使得同频 AP 之间有足够的空间及功率间隔。

（4）对于其他非 WLAN 网络设备的干扰可采取以下措施进行解决。

① 通过 WLAN 网管系统，及时发现受干扰的 AP，分析潜在的 RF 干扰，做 RF 测试。

② 阻止干扰，采用协商或行政手段关掉相应设备。

③ 提供足够的 WLAN 网络覆盖，增强 WLAN 网络信号。

④ 正确选择配置参数，对跳频系统改变跳频模式，或者改变信道频率。

⑤ 应用新的 802.11a WLAN，现在常见的干扰为 2.4GHz 频段，可采用 IEEE 802.11a 标准使用 5GHz 频段。

2.1.7　无线局域网传输技术指标

在无线通信技术的学习和工作中，总是接触到如 dBm、dBi、dBd、dB、dBc 等概念，容易发生混淆，而且导致计算结果错误，下面分别进行简单阐述和说明。

1. dB

dB 是用于表示功率相对比值。dB 是一个表征相对值，纯粹比值，只表示两个量相对大小关系，没有单位。当计算 A 功率相对于 B 功率时，就需要用到这个单位。其计算公式如下：

$$10\times\lg(\text{A 功率/B 功率})$$

需要注意的是，A、B 功率之间的单位要统一，即 W 或 mW。

例如，一个增益为 17dBi 的天线比一个增益为 15dBi 的天线，增益要大 2dB；又如，一个发射功率为 20W 的基站比一个发射功率为 10W 的基站，发射功率大 3dB。如甲功率比乙功率大一倍，那么 10lg（甲功率/乙功率）=10lg2=3dB。

也就是说，甲的功率比乙的功率大 3dB。反之，如果甲的功率是乙的功率的一半，则甲的功率比乙的功率小 3dB。

2. dBi 和 dBd

dBi 和 dBd 是表示天线功率增益的量，两者都是一个相对值，但参考基准不一样。dBi 的参考基准为全方向性天线，dBd 的参考基准为偶极子，所以两者略有不同。

一般认为，表示同一个增益，用 dBi 表示，比用 dBd 表示要大 2.15。

对于一增益为 16dBd 天线，其增益折算成单位为 dBi 时，则为 18.15dBi（一般忽略小数位，为 18dBi）。

3. dBc

dBc 也是一个表示功率相对值的单位，与 dB 的计算方法完全一样。

一般来说，dBc 是相对于载波（Carrier）功率而言，在许多情况下，用来度量与载波功率的相对值，如用来度量干扰（同频干扰、互调干扰、交调干扰、带外干扰等）及耦合、杂散等的相对量值。

在采用 dBc 的地方，原则上也可以使用 dB 替代。

4. dBm

dBm 是一个表示功率绝对值的值（也可以认为是以 1mW 功率为基准一个比值），计算公式为：

10lg（功率值/1mW）

如果功率 P 为 1mW，折算为 dBm 后为 0dBm。对于 40W 的功率，按 dBm 单位进行折算后的值应为：

10lg（40W/1mW)=10lg（40000）=10lg4+10lg10000=46dBm。

5. dBW

与 dBm 一样，dBW 是一个表示功率绝对值的单位（也可以认为是以 1W 功率为基准一个比值），计算公式为：

10lg（功率值/1W）

dBW 与 dBm 之间的换算关系为 0dBW=10lg1 W = 10lg1000 mW = 30dBm。

如果功率 P 为 1W，折算为 dBW 后为 0dBW。

总之，dB、dBi、dBd、dBc 是两个量之间的比值，表示两个量间的相对大小；而 dBm、dBW 则是表示功率绝对大小的值。

在 dB、dBm、dBW 计算中，要注意基本概念，用一个 dBm（或 dBW）减另外一个 dBm（dBW）时，得到的结果是 dB，如 30dBm - 0dBm = 30dB。

一般来讲，在工程中，dBm（或 dBW）和 dBm（或 dBW）之间只有加减，没有乘除。而用得最多的是减法：dBm 减 dBm 实际上是两个功率相除，信号功率和噪声功率相除就是信噪比（SNR）。

2.2　无线局域网传输信道

2.2.1　无线传输信道

1. 无线信道的定义

无线信道又称无线频段（Channel），是以无线信号作为传输媒介的数据信号传送通道。IEEE 802.11 工作组划分了两个独立的频段，2.4 GHz 频段和 4.9/5.8 GHz 频段。每个频段又划分为若干信道。

在进行无线网络安装时，一般使用无线自带的管理工具，设置连接参数，无论哪种无线网络安装和配置，一般最主要的设置项目包括网络模式（集中式还是对等式无线网络）、SSID、信道、传输速率等四项，可见信道是无线设备正常工作的必选内容之一，如图 2-2-1 所示。

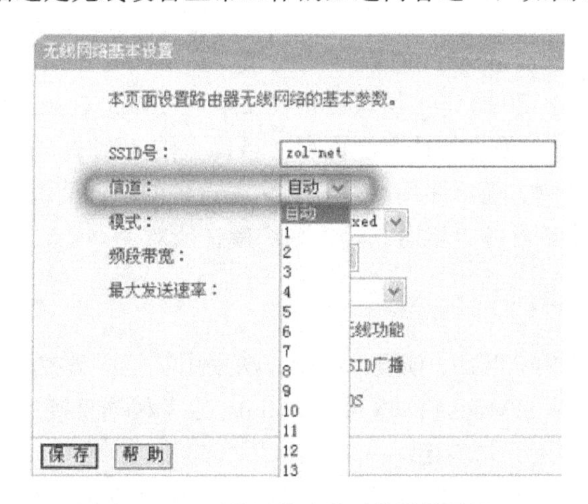

图 2-2-1　无线网络安装时信道的设置

2. 信道的数量及影响

IEEE 802.11b/g 标准工作在 2.4GHz 频段，频率范围为 2.4G～2.4835GHz，共 83.5MB 带宽，每条子信道宽度为 22MHz。一般在此频段上划分出 11～13 个信道可供选择，以防止传输的无线信号在传输过程中受到干扰。

但它们并不是独立的信道，相互之间有复用和重叠的技术问题，相邻的多个信道存在频率重叠（如 1 信道与 2、3、4、5 信道有频率重叠），如图 2-2-2 所示。

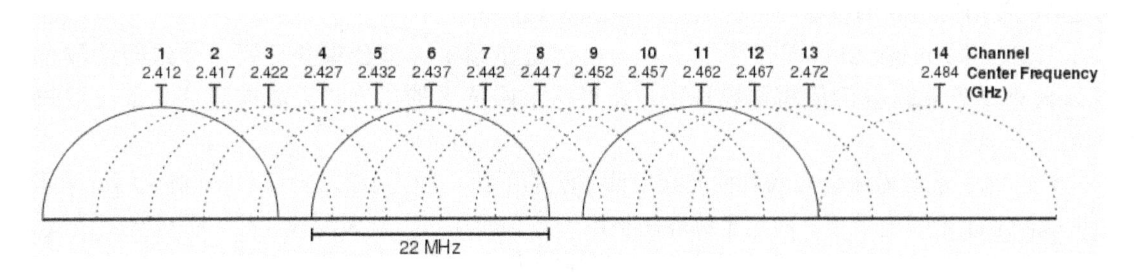

图 2-2-2　2.4 GHz Wi-Fi 信道与带宽示意图

信道的作用如同有线中的RJ45的网线功能一样，无线传输信道一共有11或13条可用信道。考虑到相邻的2台无线AP之间有信号重叠区域，必须保证这部分区域所使用的信号信道不能互相覆盖。具体地说：信号互相覆盖的无线AP，必须使用不同的信道，否则很容易造成各台无线AP之间的信号相互之间产生干扰，从而导致无线网络的整体性能下降。

不过，每条信道都会干扰相邻的信道，计算下来，也只有3条无干扰的、有效使用信道，整个频段内只有3条（1、6、11）互不干扰信道，因此在使用无线设备时，一定要注意频段分割，如图2-2-3所示。

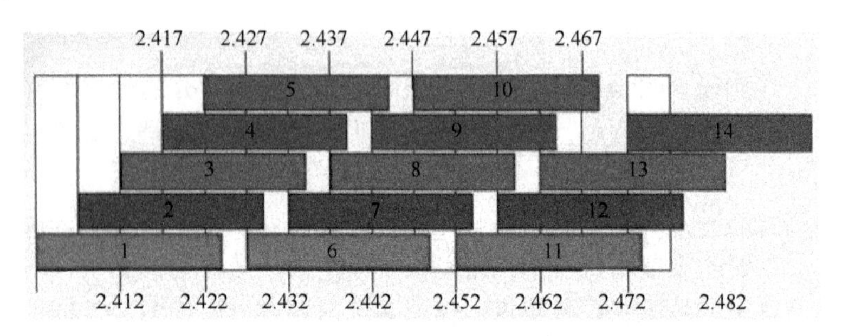

图2-2-3　3条（1、6、11）互不干扰信道

大家知道，常用的IEEE 802.11b/g协议工作在2.4G～2.4835GHz频段，这些频段被分为11条或13条信道。当在无线AP信号覆盖范围内有2台以上的AP时，需要为每台AP设定不同的频段，以免共用信道发生冲突。而很多用户使用的无线设备的默认信道设置都是Channel为“1”，当2台以上的这样的无线AP设备“相遇”时，冲突就在所难免。

3. 信道带宽

（1）IEEE 802.11b。采用2.4GHz频段，调制方法采用补偿码键控（CKK），共有3条不重叠的传输信道。传输速率能够从11Mbps自动降到5.5Mbps，或者根据直接序列扩频技术调整到2Mbps和1Mbps，以保证设备正常运行与稳定。

（2）IEEE 802.11a。扩充了标准的物理层，规定该层使用5GHz的频段。该标准采用OFDM调制技术，共有12条非重叠的传输信道，传输速率范围为6Mbps～54Mbps。不过此标准与IEEE 802.11b标准并不兼容。支持该层的无线AP及无线网卡，在市场上较少见。

（3）IEEE 802.11g。该标准共有3条不重叠的传输信道。虽然同样运行于2.4GHz频段，但向下兼容IEEE 802.11b，由于使用了与IEEE 802.11a标准相同的调制方式OFDM（正交频分复用），因此能使无线局域网达到54Mbps的数据传输率。

综上可以看出，无论是IEEE 802.11b还是IEEE 802.11g标准，都只支持3条不重叠的传输信道，只有信道为1、6、11或13时不冲突，如图2-2-4所示。但使用信道3的设备，会干扰信道1和信道6，使用信道9的设备会干扰信道6和信道13……

在IEEE 802.11b/g协议工作环境下，可用信道在频率上都会重叠交错，导致网络覆盖的服务区只有3条非重叠的信道可以使用，结果这个服务区的用户，只能共享这3条信道的数据带宽。

此外，这3条信道还会受到其他无线电信号源的干扰，因为IEEE 802.11b/g协议标准采用最常用的2.4 GHz无线电频段。而这个频段还被用于各种应用，如蓝牙无线连接、手机甚至微波炉，这些应用在这个频段产生的干扰可能会进一步限制WLAN用户的可用带宽。

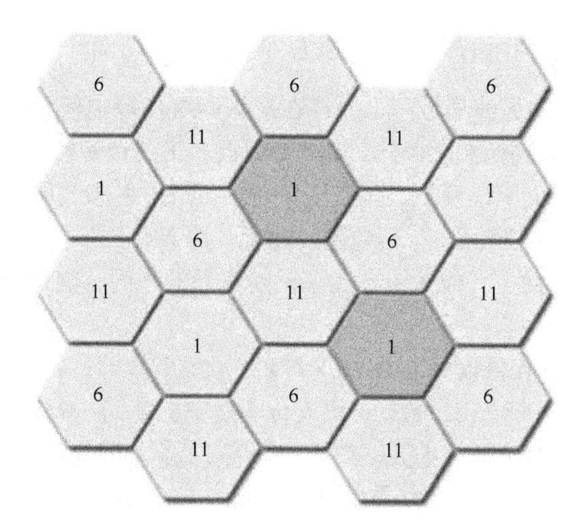

图 2-2-4　3 条不重叠的传输信道示意图

2.2.2　无线局域网传输频段

WLAN 信道是法律所规定的 IEEE 802.11 无线网络应该使用的无线信道。

IEEE 802.11 工作组划分了两个独立的频段，2.4 GHz 频段和 4.9/5.8 GHz 频段。每个频段又划分为若干信道。每个国家自己制定政策如何使用这些频段。

1. 2.4 GHz（IEEE 802.11b/g）频段

2.4GHz 频段为各国共同的 ISM 频段，这里的 ISM 频段（Industrial Scientific Medical Band）分别是工业的（Industrial）、科学的（Scientific）和医学的（Medical），顾名思义 ISM 频段就是各国挪出某一段频段，主要开放给工业、科学和医学机构使用，应用这些频段无须许可证或费用，只需要遵守一定的发射功率（一般低于 1W），并且不要对其他频段造成干扰即可。因此无线局域网（IEEE 802.11b/IEEE 802.11g）、蓝牙、ZigBee 等无线网络，均可工作在 2.4GHz 频段上。各国详细的频道划分标准如表 2-2-1 所示。

表 2-2-1　各国详细的频道划分标准

信　道	频率（MHz）	中　国	美国、加拿大	欧　洲	日　本
1	2412（2401～2423）	是	是	是	是
2	2417	是	是	是	是
3	2422	是	是	是	是
4	2427	是	是	是	是
5	2432（2421～2443）	是	是	是	是
6	2437（2426～2448）	是	是	是	是
7	2442	是	是	是	是
8	2447	是	是	是	是
9	2452（2442～2464）	是	是	是	是
10	2457	是	是	是	是
11	2462（2451～2473）	是	是	是	是
12	2467（2456～2478）	是	否	是	是
13	2472（2461～2483）	是	否	是	是
14	2484	否	否	否	802.11b only

2. 5GHz（IEEE 802.11a/ IEEE 802.11h/ IEEE 802.11j）频段

基于 IEEE 802.11 标准的无线局域网，允许在局域网络环境中使用可以不必授权的 ISM 频段中的 2.4GHz 频段进行无线连接，但由于该频段受到很多工业级别的设备干扰，因此有些无线厂商尝试避开该频段，而采用无明确开放、承受着风险的 5GHz 射频波段。

5GHz 频段是新的无线协议标准， 其频率、速度、距离及抗干扰性能都比 2.4GHz 频段强很多，因为是新频段，所以干扰少，传输快，又因无线信号的不同，支持 2.4GHz 频段的设备一般搜不到。

IEEE 802.11 的第二个分支协议标准 IEEE 802.11a 承受着风险，将 IEEE 802.11 协议带入了不同的频段——5GHz 频段，并把 IEEE 802.11 协议传输速率提高到 54Mbps。

IEEE 802.11a 工作在更加宽松的 5GHz 频段，拥有 12 条非重叠信道，而 IEEE 802.11b/ IEEE 802.11g 只有 11 条，并且仅有 3 条是非重叠信道（Channel 1、Channel 6、Channel 11 或 Channel 13）。所以 IEEE 802.11g 在协调邻近接入点的特性上不如 IEEE 802.11a。

由于 IEEE 802.11a 协议标准使用 12 条非重叠信道，能给接入点提供更多的选择，因此它能有效降低各条信道之间的冲突。但事物的两面性在 IEEE 802.11a 协议标准上表现无遗，IEEE 802.11a 协议标准也正因为频段较高，使得 IEEE 802.11a 协议标准的传输距离大打折扣，其使用该协议标准的无线 AP 设备的网络覆盖范围，也只有使用 IEEE 802.11b/ IEEE 802.11g 协议标准设备的一半左右，或者更低。

2.2.3 蜂窝式的无线覆盖

无线网络的应用模式多种多样，其中最常用的就是微蜂窝覆盖和漫游，也就是通过多台 AP 的协同工作，有效地扩大无线网络的覆盖面积，如图 2-2-5 所示。

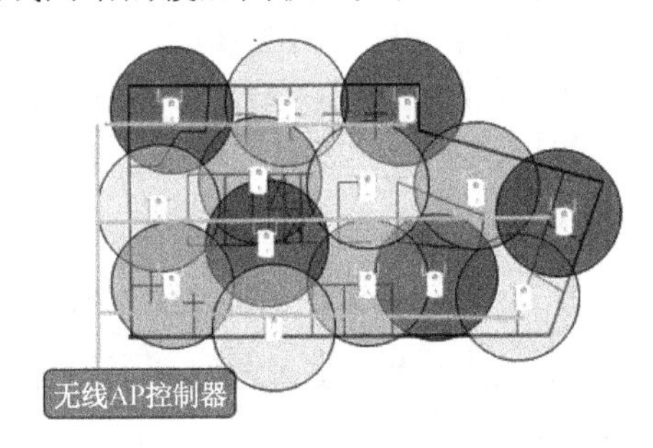

图 2-2-5 多台 AP 协同工作

无线网络的微蜂窝覆盖漫游技术，十分类似于移动电话的蜂窝系统，移动用户在不同的基站覆盖的区域内任意漫游，随着空间位置的变换，无线信号的连接会由一个基站自动切换到另外一个基站，如图 2-2-6 所示。整个漫游过程对用户是透明的，虽然提供连接服务的基站发生了切换，但对用户的服务却不会被中断。

1. 蜂窝网络的定义

蜂窝网络或移动网络（Cellular network）是一种移动通信硬件架构，把移动电话的服务区分为一个个正六边形的子区，每个子区设一个基站，形成了酷似“蜂窝”形状的结构，如图 2-2-7 所示，因此把这种移动通信方式称为蜂窝移动通信方式。

蜂窝网络可分为模拟蜂窝网络和数字蜂窝网络，主要区别于传输信息方式。

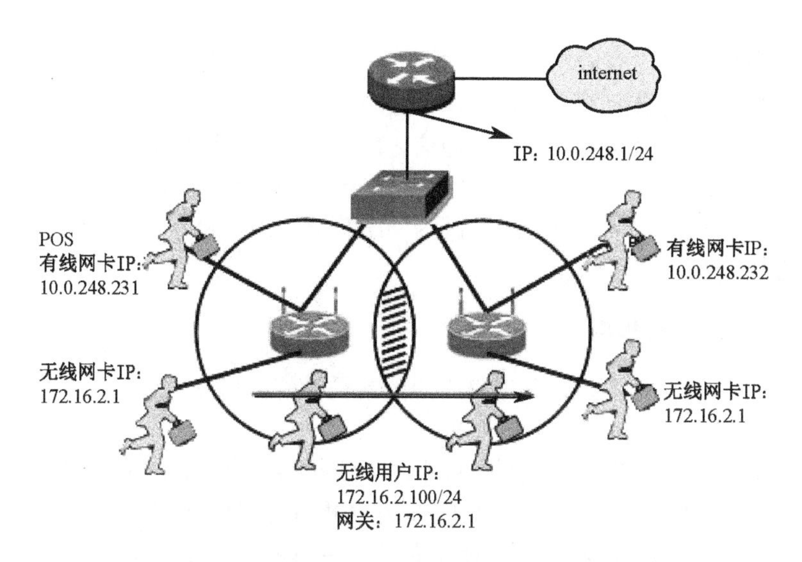

图 2-2-6　无线信号随空间位置的变换自由切换

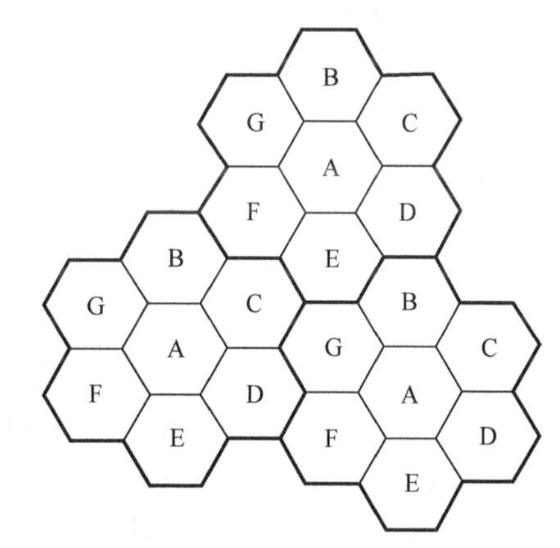

图 2-2-7　“蜂窝”结构示意图

2. 蜂窝网络组成

蜂窝网络是将一块大的区域划分为多个小的蜂窝，使用多个小功率发射器代替一个大功率发射器。

蜂窝通常使用正六边形来表示。为什么是正六边形而不是圆？

顶点到几何中心等距的多边形中，能够完整（无重叠）地覆盖某一区域可能的几何形状有正方形、等边三角形和正六边形三种形状。在正方形、等边三角形和正六边形中，正六边形的面积最大，如图 2-2-7 所示。

蜂窝网络组成主要有移动站、基站子系统、网络子系统三部分。

移动站就是网络终端设备，如笔记本电脑、手机或一些智能移动设备 PDA 等；基站子系统包括移动基站（大铁塔）、无线收发设备（AP）、专用网络（光纤）、无线的数字设备等；基站子系统可以看作是无线网络与有线网络之间的转换器。

3. 蜂窝网络优点

无线蜂窝网在提高无线网络的覆盖率方面起到关键性作用。

在宽带无线蜂窝网络中，可采用网状结构来实现低成本高效率的大面积覆盖。网状结构的优点很多，如网络出故障时提供有效地迂回路由，确保通信畅通无阻。与专线或菊花链相比更具弹性和可靠性，而且网络具有自配置、自组织和自愈的能力。

蜂窝网络允许节点或接入点与其他节点通信，而不需要路由到中心交换点，从而消除了集中式的故障，提供自我恢复和自我组织的功能。今天的无线局域蜂窝网络采用基于 IEEE 802.11a/b/g 标准，但是它们可以扩展到任何射频技术。因为网络智能保留在每一个接入点，所以不需要集中式交换机，只需要智能接入点。

4. 无线局域网的蜂窝网络覆盖技术

无线网络的应用模式多种多样，其中最常用的就是微蜂窝覆盖和漫游，也就是通过多台 AP 的协同工作，有效地扩大无线网络的覆盖面积。

在具有一定数量用户或是需要建立一个稳定的无线网络平台时，一般会采用以单台 AP 为中心的模式，将有限的“信息点”扩展为“信息区”，这种模式也是无线局域网最为普通的构建模式。

通过 AP 进行覆盖虽然可以解决多点访问，但是单台 AP 的覆盖范围也十分有限，同时由于受到各种障碍物的影响，会产生一定的信号衰减，因此在较大区域内（如展览场或大型办公区域）利用无线对等网或单台 AP 的组网模式不能满足更广泛空间的需求。

为了扩大无线网络的覆盖范围，通过多台 AP 的协同工作，可以有效地扩大无线网络的覆盖面积，达到较大活动空间的无线漫游目的。

5. 蜂窝网络覆盖 AP 不足之处

目前，大多数 WLAN 都在使用 2.4GHz 频率波段，穿透性和衍射能力很差，现代建筑质量提高，对室内形成较强屏蔽，造成 AP 蜂窝大小被限制在一定范围内，使得 WLAN 覆盖面积有限。

一般安装在蜂窝网络中 AP 设备的无阻碍传输距离只有 30～50m，如果用户移动过快或超出该范围，就会失去与网络的连接。WLAN 用户往往被束缚在局部空间内，一旦超越单台 AP 的覆盖范围，就会无法继续通信，难以享受移动过程中的灵活性。

6. WLAN 的无线蜂窝网络覆盖类型

基于单台 AP 的上述限制，当需要进行大面积无线覆盖时，在理论上有两种解决思路。

（1）增加 AP 数量，一般使用多台 AP 协同工作，从而有效地扩大 WLAN 的覆盖面积。

（2）延伸单台 AP 信号的覆盖范围。一般通过把 AP 的信号，经由天馈线系统传输出去，达到此目的。这里所谓的天馈线系统，即由天线、馈线、功率分配器和耦合器、连接器等元器件组成的水平分布系统，在该系统上可传递无线信号。

因此在无线网络建设中，采用多种无线 AP 覆盖方式，如图 2-2-8 所示。下面介绍两种常用覆盖方式。

1）纯 AP 多蜂窝覆盖

纯 AP 多蜂窝覆盖是将多台 AP 形成的各自的无线信号覆盖区域进行交叉覆盖，各覆盖区域之间无缝连接。所有 AP 通过双绞线与有线骨干网络相连，形成以固定有线网络为基础，无线覆盖为延伸的大面积服务区域。所有无线终端通过就近的 AP 接入网络，访问整个网络资源。

微蜂窝覆盖极大地扩展了单台 AP 的覆盖范围，从而突破了无线网络覆盖半径的限制，用户可以在 AP 群覆盖的范围内漫游，而不会和网络失去联系，通信也不会中断，如图 2-2-9 所示。

纯 AP 多蜂窝覆盖是最常用的一种无线信号覆盖方式。就理论值而言，一台无线 AP 在无障碍物的环境下，可覆盖半径为 100m 的范围。但无线 AP 的穿透性和衍射能力很差，一旦遇到障碍物，信号强度就会衰减。信号分布极不均匀，越靠近 AP，信号越强；反之，则越差。因此，若需对某个大范围的区域进行无线信号覆盖，只能通过使用多蜂窝式结构覆盖，达到大范围无线射频信号覆盖的目的。

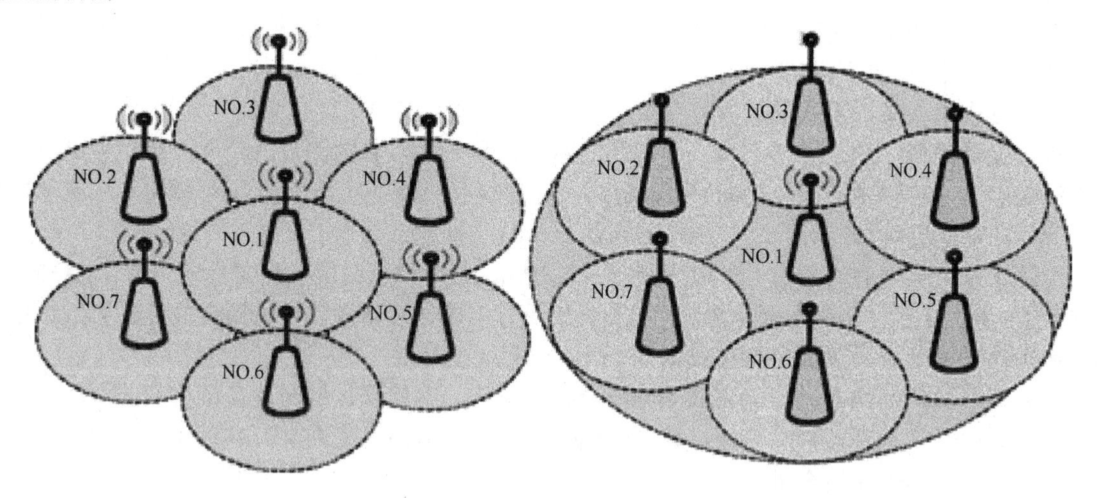

图 2-2-8　多种无线 AP 覆盖方式

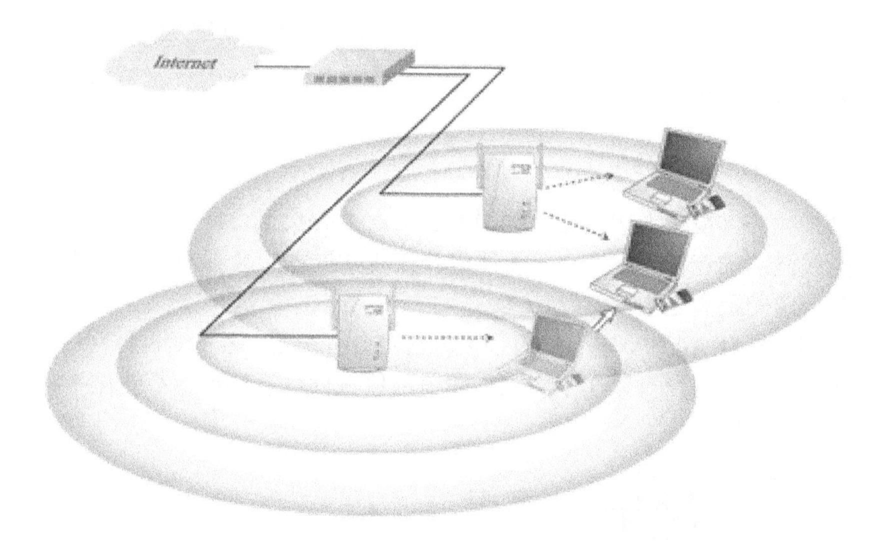

图 2-2-9　纯 AP 多蜂窝覆盖

纯 AP 多蜂窝覆盖实现起来相对简便、快捷，但存在下述缺点。

（1）易受 WLAN 高频和低功率的限制。在室内覆盖时，建筑格局的多样性和复杂性，将对 AP 信号覆盖的效果产生很大影响。

（2）由于目前主流的 IEEE 802.11b/g 协议 AP 的频点范围为 2.4G～2.4835G 频段，只有 3 个完全不重叠的频点。如果无法将相邻 AP 的频点错开，就会出现同频干扰；如果干扰严重，将影响正常的数据通信。

可见，此种覆盖方式较适合结构规整的小型区域，如学校、仓库、机场、医院、办公室、会展中心等不便于布线的环境，快速简便地建立起区域内的无线网络，用户可以在区域内的任何地点进行网络漫游，从而解决了有线无法解决的问题，为用户带来了最大的便利。

2）室外大功率 AP 定向覆盖

在室外无线覆盖的应用中，“室外大功率 AP+定向天线”是使用较多的一种覆盖方式。

室外型 AP 普遍具有发射功率大、覆盖范围广的特性。定向天线具有发射角度较窄、增益高和有效减少多径干扰的特性。两者结合，能较好地满足点对点的远距离无线信号覆盖。对于某些特殊内部结构的建筑，“室外大功率 AP+定向天线”是一种性价比较高的覆盖方式。

例如，采用该接入方式的某大学校区内的一幢 50 年代砖墙结构式的 5 层建筑物。由于老式建筑物墙厚，对无线信号吸收非常大。若采用传统的室内 AP 多蜂窝覆盖方式，需要部署大量的 AP 设备，建设成本太高，工程量较大，对于信道的部署较难把握。

该楼又是类似“筒子”楼结构（即规则的四方形楼宇，南北两侧为办公室，且都有窗户，中间为一走廊）。在其前后方建筑物的相应高度，放置大功率 AP 和定向天线，无线信号从玻璃窗进入房间，即可对整幢楼进行全方位的信号覆盖。

经测试，在南侧房间的信号一般为-60～-70dBm，在走廊里的信号也大于-75dBm，这样可以保证 IEEE 802.11 的 11Mbps 全速率，且 AP 天线反方向信号衰落较快，波瓣宽度能量比较集中。整幢楼覆盖效果理想，降低了实施成本。

但它在建筑物结构复杂、无相邻楼宇时，并不适用。室外 AP 同时覆盖楼宇间的空间，因此要考虑室外信道的合理规划和天线位置，避免信号干扰。另外，雨天会影响室外 AP 效果，因而覆盖时要留 5～10dBm 的余量。

通常情况下，纯 AP 多蜂窝覆盖方式较适用于建筑形状较为规则的小型室内场所，如会议室、教室等。室外大功率 AP 定向覆盖方式较适用于类似“筒子”楼结构的建筑。

2.2.4 无线局域网漫游

1. 无线漫游（Roaming）的定义

在网络跨度很大的大型企业中部署无线局域网时，某些员工可能需要完全的移动通信能力，这就必须采用无线漫游的连接方案。由于无线电波在传播过程中会不断衰减，导致无线 AP 的通信范围被限定在一定的距离之内。

当网络环境存在多台 AP 时，它们的信号覆盖范围会有一定的重合，再用网线把多台 AP 用网线连接起来，无线客户端用户可以在不同 AP 覆盖的区域内任意移动，都能保持网络连接，这就是无线漫游，如图 2-2-10 所示。

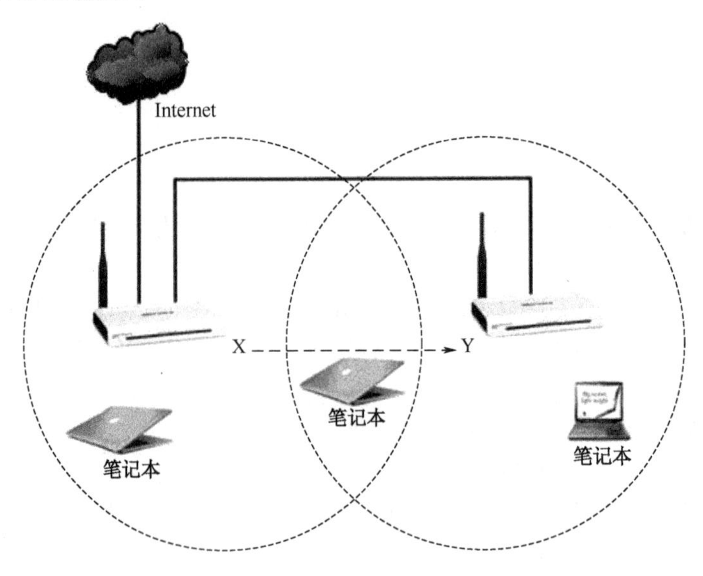

图 2-2-10 无线漫游示意图

在漫游过程时，无线网卡能够自动发现附近信号强度最大的 AP，并通过这台 AP 收发数据，保持不间断的网络连接。相信大家都用过手机，手机从一个基站的覆盖范围移动到另一个基站的覆盖范围时，能提供不间断无缝通话能力，这就是利用了无线漫游功能。

其实，无线局域网的漫游功能与手机的漫游功能原理上完全一样。

2. WLAN 漫游涉及术语

HA：一台无线终端首次向漫游组内的某台无线控制器进行关联，该无线控制器即为它的 HA。

FA：与无线终端正在连接，且不是 HA 的无线控制器，该无线控制器即为它的 FA。

可快速漫游终端：一个关联到漫游组可支持快速漫游服务的无线终端。

漫出终端：在漫游组中，一台漫游无线终端正连接到 HA 之外的无线控制器，该无线终端相对 HA，被称为漫出终端。

漫入终端：在漫游组中，一台漫游无线终端正连接到 HA 之外的某台无线控制器 FA 上，该无线终端相对当前 FA，被称为漫入终端。

AC 内漫游：一台无线终端从无线控制器的一台 AP 漫游到同一台无线控制器内的另一台 AP 中，即称为 AC 内漫游。

AC 间漫游：一台无线终端从无线控制器的一台 AP 漫游到另一台无线控制器内的 AP 中，即称为 AC 间漫游。

AC 间快速漫游：如果一台终端可以采用 IEEE 802.1x（RSN）认证方式，则该终端具有 AC 间快速漫游能力。

3. WLAN 漫游类型

WLAN 漫游解决方案支持以下 2 种漫游类型。

（1） AC 内漫游。AC 内漫游主要在同一台 AC 内部实现，在同一台 AC 内实现无线终端设备的漫游，如图 2-2-11 所示。

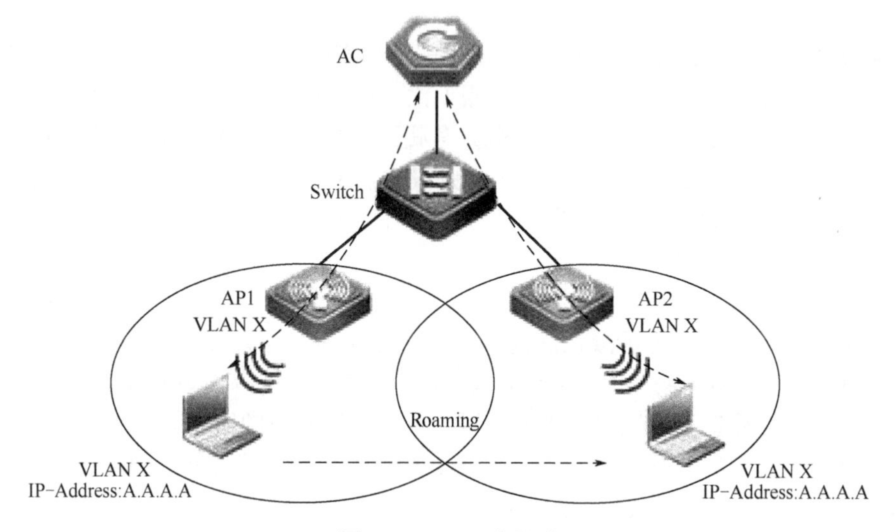

图 2-2-11　AC 内漫游

（2） AC 间漫游。AC 间的无线漫游主要在不同的 AC 之间漫游实现，在不同的 AC 之间实现无线终端设备的漫游又可以分为以下 3 种不同的类型，实现的效果如图 2-2-12 所示。

① 从 HA 到 FA。

② 从 FA1 到 FA2。

③ 从 FA 到 HA。

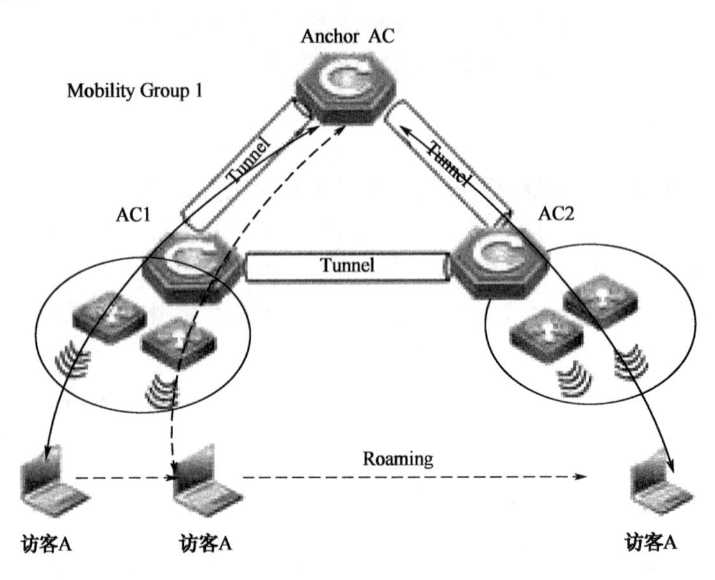

图 2-2-12　AC 间漫游

4. 无线漫游的具体配置方法

1）无线 AP 的配置

由于无线漫游必须由多台 AP 组成，因此要事先分配好每台 AP 的 IP 地址，并保证所有 AP 的 IP 地址在同一网段，必须设置相同的 ESSID。

为了保证无线局域网络的安全，还可以对 AP 进行 WEP 加密，但是所有 AP 加密的方式和加密的密码必须相同；还必须关掉广播 SSID。有必要的话还可以设置 MAC 地址过滤，防止非法客户端通过无线网络入侵有线骨干网络。

为了实现漫游，必须把多台 AP 的信号覆盖范围互相重叠。如果覆盖范围重叠的 AP 之间使用有信号重叠的信道，它们在信号传输时就会互相干扰，从而降低了网络性能和效率。因此各台 AP 覆盖区域所占信道之间，必须遵循一定的规范。有相互重叠的区域的 AP，不能选用同一信道。

IEEE 802.11b 协议工作在 2.4G～2.4835GHz 频段的信道上，一共存在着相互重叠的 11 条信道，在这 11 条信道中只有 3 条信道是不重叠的，分别是信道 1、6、11。利用这 3 条信道蜂窝式覆盖最合适。

2）放置无线 AP 位置原则

无线 AP 的位置，应当尽可能放在高处。无线信号是直线传输的，每遇到一个障碍物，无线信号就会被衰减一部分。将无线 AP 置于相对较高的位置时，可以有效地避开 AP 与网卡之间的固定或移动障碍物，从而保证无线网络的覆盖范围，保障无线网络的通畅。如果 AP 的高度不够，仅靠配备大增益天线的效果非常有限，应当保证无线 AP 与客户端之间不要超过两堵墙，否则就要考虑增加 AP 数量，以保证无线信号的强度。

要实现无线漫游，要求各台 AP 之间无缝连接，必须使相邻 AP 的覆盖区域有少量重叠，重叠区域的大小取决于区域中的用户数量和网络使用率，要尽可能避免无线信号盲区。

项目 3　掌握无线局域网传输协议

3.1　了解无线局域网传输协议

3.1.1　IEEE 802.11 传输协议简介

由于 WLAN 是基于计算机网络与无线通信技术，在计算机网络结构中，逻辑链路控制（LLC）层及其之上的应用层，对网络的不同物理层的要求可以相同，也可以不同。因此，WLAN 标准主要是针对物理层和媒质访问控制层（MAC）传输控制，涉及所使用的无线频率范围、空中接口通信协议等技术规范与技术标准。

在 1997 年，IEEE 组织发布了 IEEE 802.11 协议，这也是在无线局域网领域内的第一个被国际上认可的协议。该标准定义了物理层和媒质访问控制层（MAC）协议的规范，允许无线局域网及无线设备制造商在一定范围内建立互操作网络设备。

在 1999 年 9 月，IEEE 组织又提出了 IEEE 802.11b "High Rate" 协议，用来对 IEEE 802.11 协议进行补充。IEEE 802.11b 是在 IEEE 802.11 的 1Mbps 和 2Mbps 速率上又增加了 5.5Mbps 和 11Mbps 两个新的网络吞吐速率。利用 IEEE 802.11b，移动用户能够获得同以太网一样的性能、网络吞吐率、可用性。这个基于标准的技术使得管理员可以根据环境选择合适的局域网技术来构建自己的网络，满足他们的商业用户和其他用户的需求。

IEEE 802.11 协议主要工作在 ISO 协议的最低两层上，并在物理层上进行了一些改动，加入了高速数字传输的特性和连接的稳定性。

3.1.2　IEEE 802.11 传输协议标准

IEEE 802.11 是第一代无线局域网标准之一。该标准定义了物理层和媒质访问控制层（MAC）协议的规范，允许无线局域网及无线设备制造商在一定范围内建立互操作网络设备。

在以后应用的过程中，又陆续推出了相关的系列无线局域网传输协议标准。

1. IEEE 802.11

1990 年，IEEE 802 标准化委员会成立 IEEE 802.11WLAN 标准工作组。

IEEE 802.11 是在 1997 年 6 月由大量的局域网及计算机专家审定通过的标准，该标准定义了物理层和媒质访问控制层（MAC）规范。物理层定义了数据传输的信号特征和调制，定义了两个 RF 传输方法和一个红外线传输方法，RF 传输标准是跳频扩频和直接序列扩频，工作在 2.4G～2.4835GHz 频段。

IEEE 802.11 是 IEEE 最初制定的一个无线局域网标准，主要用于解决办公室局域网和校园网中用户与用户终端的无线接入，业务主要限于数据访问，速率最高只能达到 2Mbps。由于它在速率和传输距离上都不能满足人们的需要，因此 IEEE 802.11 标准很快被 IEEE 802.11b 标准所取代。

2. IEEE 802.11b

1999 年 9 月 IEEE 802.11b 被正式批准，该标准规定 WLAN 工作频段为 2.4G～2.4835GHz，数据传输速率达到 11Mbps，传输距离控制为 50～150 英尺。该标准是对 IEEE 802.11 标准的一个补充，采用补偿编码键控调制方式，其传输速率可以根据实际情况在 11Mbps、5.5Mbps、2Mbps、1Mbps 的不同速率间自动切换，改变了 WLAN 的设计状况，扩大了 WLAN 的应用领域。

IEEE 802.11b 工作于 2.4GHz 频段，其带宽最高可达 11Mbps，比 IEEE 802.11 标准快 5 倍，扩大了无线局域网的应用领域。另外，也可根据实际情况采用 5.5Mbps、2 Mbps 和 1 Mbps 带宽，实际的工作速度约为 5Mbps，与普通的 10Base-T 规格有线局域网几乎处于同一水平。作为公司内部的设施，可以基本满足使用要求。IEEE 802.11b 使用的是开放的 2.4GHz 频段，不需要申请就可使用，既可作为对有线网络的补充，也可独立组网，从而使网络用户摆脱网线的束缚，实现真正意义上的移动应用。

IEEE 802.11b 已成为当前主流的 WLAN 标准，被多数厂商所采用，所推出的产品广泛应用于办公室、家庭、宾馆、车站、机场等众多场所，但是由于许多 WLAN 的新标准的出现，例如，IEEE 802.11a 和 IEEE 802.11g 更是倍受业界关注。

3. IEEE 802.11a

1999 年，IEEE 802.11a 标准制定完成，该标准规定 WLAN 工作频段为 5.15G～5.825GHz，该标准也是 IEEE 802.11 的一个补充，扩充了标准的物理层，采用正交频分复用（OFDM）的独特扩频技术，QFSK 调制方式，数据传输速率达到 54Mbps，传输距离控制为 10～100m。

IEEE 802.11a 标准是 IEEE 802.11b 的后续标准，其设计初衷是取代 IEEE 802.11b 标准，然而，工作于 2.4GHz 频段不需要执照，该频段属于工业、教育、医疗等专用频段，是公开的。而工作于 5.15～8.825GHz 频段需要执照，一些公司仍没有表示对 IEEE 802.11a 标准支持，一些公司更加看好最新混合标准 IEEE 802.11g。

4. IEEE 802.11g

目前，IEEE 推出最新版本 IEEE 802.11g 认证标准，该标准提出拥有 IEEE 802.11a 的传输速率，安全性较 IEEE 802.11b 好，采用 2 种调制方式，含 IEEE 802.11a 中采用的 OFDM 与 IEEE 802.11b 中采用的 CCK，与 IEEE 802.11a 和 IEEE 802.11b 兼容。

IEEE 802.11g 标准从 2001 年 11 月就开始草拟，IEEE 802.11g 可以提供与 IEEE 802.11a 相同的 54Mbps 数据传输速率，但是它还可以提供一种重要的优势是对 IEEE 802.11b 设备的向后兼容。这意味着 IEEE 802.11b 客户端可以与 IEEE 802.11g 接入点配合使用，而 IEEE 802.11g 客户端也可以与 IEEE 802.11b 接入点配合使用。因为 IEEE 802.11g 和 IEEE 802.11b 都工作在无须许可的 2.4GHz 频段，所以对于那些已经采用了 IEEE 802.11b 无线基础设施的企业来说，移植到 IEEE 802.11g 将是一种合理的选择。

虽然 IEEE 802.11a 较适用于企业，但 WLAN 运营商为了兼顾现有 IEEE 802.11b 设备投资，选用 IEEE 802.11g 的可能性极大。

5. IEEE 802.11i

IEEE 802.11i 标准是结合 IEEE 802.1x 中的用户端口身份验证和设备验证，对 WLAN 的 MAC 层进行修改与整合，定义了严格的加密格式和鉴权机制，以改善 WLAN 的安全性。IEEE 802.11i 新修订标准主要包括两项内容："Wi-Fi 保护访问"（Wi-Fi ProtectedAccess，WPA）技术和"强健安全网络”（RSN）。Wi-Fi 联盟计划采用 IEEE 802.11i 标准作为 WPA 的第二个版本，并于 2004 年初开始实行。

IEEE 802.11i 标准在 WLAN 网络建设中是相当重要的，数据的安全性是 WLAN 设备制造商和 WLAN 网络运营商应该首先考虑的头等工作。

6. IEEE 802.11e/f/h

IEEE 802.11e 标准对 WLAN 的 MAC 层协议提出改进，以支持多媒体传输及所有 WLAN 无线广播接口的服务质量保证 QOS 机制。

IEEE 802.11f 定义了访问节点之间的通信，支持 IEEE 802.11 的接入点互操作协议（IAPP）。

IEEE 802.11h 用于 IEEE 802.11a 的频谱管理技术。

详细的 IEEE 802.11 传输标准的参数信息，如表 3-1-1 所示。

表 3-1-1 IEEE 802.11 传输标准

无线标准	802.11	802.11a	802.11b	802.11g	802.11n	蓝 牙
推出时间	1997 年	1999 年	1999 年	2002 年	2006 年	1994 年
工作频段	2.4GHz	5GHz	2.4GHz	2.4GHz	2.4GHz 和 5 GHz	2.4GHz
最高传输速率	2Mbps	54Mbps	11Mbps	54Mbps	108Mbps 以上	2Mbps
实际传输速率	低于 2Mbps	31Mbps	6Mbps	20Mbps	大于 30Mbps	低于 1Mbps
传输距离	100m	80m	100m	150m 以上	100m 以上	10～30m
主要业务	数据	数据、图像、语音	数据、图像	数据、图像、语音	数据、语音、高清图像	语音、数据
成本	高	低	低	低	低	低

3.1.3 IEEE 802.11n 传输协议

IEEE 802.11n 是对 IEEE 802.11 系列无线局域网标准的修正规格。

它的目标在于改善先前的两项无线网络标准，包括 IEEE 802.11a 与 IEEE 802.11g 在网络流量上的不足。它的最大传输速度理论值为 600Mb/s，与先前的 54Mb/s 相比有大幅提升，传输距离也会增加。

IEEE 802.11n 增加了对于 MIMO 的标准，使用多个发射器和接收天线来提升网络更高的数据传输速率，并使用了空时分组编码来增加传输范围。

1. IEEE 802.11n 协议特点

在传输速率方面，IEEE 802.11n 可以将 WLAN 的传输速率由目前 IEEE 802.11a 及 IEEE 802.11g 提供的 54Mbps，提高到 300Mbps 甚至高达 600Mbps。无线局域网速度的提升，得益于将 MIMO（多入多出）与 OFDM（正交频分复用）技术相结合的 MIMO-OFDM 技术应用到无线局域网的传输过程中，从而大大提高了无线传输质量，也使传输速率得到极大提升。

在覆盖范围方面，IEEE 802.11n 采用智能天线技术，通过多组独立天线组成的天线阵列，可以动态调整波束，保证让 WLAN 用户接收到稳定的信号，并可以减少其他信号的干扰。因此其覆盖范围可以扩大好几平方公里，使 WLAN 移动性极大提高。

在兼容性方面，IEEE 802.11n 采用了一种软件无线电技术，它是一个完全可编程的硬件平台，使得不同系统的基站和终端都可以通过这一平台的不同软件实现互通和兼容，这使得 WLAN 的兼容性得到极大改善。这意味着 WLAN 不但能实现 IEEE 802.11n 设备的向前后兼容，而且可以实现 WLAN 与无线广域网络的结合，如 3G。

2. IEEE 802.11n 传输核心：MIMO-OFDM

OFDM 调制技术是将高速率的数据流调制成多个较低速率的子数据流，再通过已划分为多个子载体的物理信道进行通信，从而减少 ISI（码间干扰）机会。

MIMO（多入多出）技术是在链路的发送端和接收端都采用多副天线，将多径传输变为有利因素，从而在不增加信道带宽的情况下，成倍地提高通信系统的容量和频谱利用率，以达到 WLAN 系统速率的提升。

IEEE 802.11n 在传输信号过程中，将 MIMO 与 OFDM 技术相结合，就产生了 MIMO-OFDM 技术，它通过在 OFDM 传输系统中采用阵列天线实现空间分集，提高了信号质量，并增加了多径的容限，使无线网络的有效传输速率有质的提升。

3.2 认识无线局域网通信模型

3.2.1 无线传输的电磁波

1. IEEE 802.11 协议栈分层模型

IEEE 802.11 是 IEEE 802 标准委员会制订的无线局域网信道接入协议，IEEE 组织最早于 1990 年成立了 WLAN 标准工作委员会，并于 1997 年制定出全球第一个无线局域网标准 IEEE 802.11，主要定义了 WLAN 的物理层和媒质访问控制 MAC 层协议的规范。

物理层定义了工作在 2.4GHz 的 ISM 频段上的两种展频调频方式和一种红外传输的方式，总数据传输速度设计为 2Mb/s。两台设备之间的通信可以采用点对点（Ad-Hoc）模式进行，也可以在基站（Base Station，BS）或者访问点（Access Point，AP）的协调下进行。

为了在不同的通信环境下取得良好的通信质量，WLAN 采用 CSMA/CA （Carrier Sense Multi Access/Collision Avoidance）硬件沟通方式。

1999 年 IEEE 组织又发布了 IEEE 802.11 的新版本（代替 97 版本）及两个增加的物理层标准 802.11a 和 IEEE 802.11b。此后，IEEE 组织又成立了多个任务组对 IEEE 802.11 不断进行扩充和增强，使得 IEEE 802.11 发展成为一系列协议。

网络层	
802-2 LLC逻辑链路控制层	数据链路层
802.11 MAC层	
802.11 物理层	物理层

图 3-2-1 IEEE 802.11 协议栈分层模型

如图 3-2-1 所示，IEEE 802.11 协议栈位于 OSI 开放系统互联 7 层模型的最下面 2 层，即物理层和数据链路层中的 MAC 子层，通过 802.2LLC 协议与网络层相连，分为物理层和数据链路层。其中，数据链路层又分为 LLC 逻辑链路控制层和 802.11MAC 层。

802.11 的物理层标准主要包括 IEEE 802.11a、IEEE 802.11b、IEEE 802.11g 及 IEEE 802.11n 协议等。

2. 802.11 MAC 层功能介绍

1）MAC 层概述

由于无线局域网环境中，多个终端共享同一传输无线媒质，因此需要一种 MAC 协议来控制各台终端对同一无线传输媒质的访问。

802.11 MAC 层采用与以太网类似的 CSMA 载波监听多路访问技术，来控制对传输媒质的访问。在 CSMA 载波监听多路访问技术中没有中心控制点，而是由各台终端自己负责侦听传输媒质的空闲与否，来决定是否可以传输帧。这样，当有 2 台以上终端侦听到传输信道空闲而发送数据帧时，就会发生冲突。冲突发生后，在以太网传输中，采用冲突检测的方法来解决发生冲突的问题。

但在无线局域网环境下，冲突的检测存在一定的问题，这个问题称为“Near/Far”现象。这是由于在检测冲突时，设备必须能够一边接收数据信号，一边传输数据信号，而这在无线网络系统中根本无法办到。因此，在 802.11 MAC 中采用了冲突避免（Collision Avoidance）的方法，利用确认（ACK）信号来避免冲突的发生。也就是说，只有当发送端收到返回的确认（ACK）信号后，才确认送出的数据已经正确到达目的地。

为了解决这个问题，在 802.11 MAC 层上引入了 Request to Send/Clear to Send（RTS/CTS）选项，当这个选项打开后，一台发送工作站传送一个 RTS 信号，随后等待 AP 回送 CTS 信号。由于所有终端都能够侦听到 AP 发出的信号，因此 CTS 能够让它们停止传送数据，这样发送端就可以发送数据和接受确认（ACK）信号，而不会造成数据的冲突。

2）802.11 MAC 层主要功能

基于 IEEE 802.11 协议的 WLAN 设备的大部分无线功能，都是建立在基于 802.11MAC 层之上的。

802.11 MAC 层主要负责客户端的设备与 AP 之间的通信，实现扫描、认证、接入、加密、漫游和同步的功能。

基于 IEEE 802.11 协议的 802.11 MAC 层的报文主要分为三类：数据帧、控制帧和管理帧。

各种类型的帧的主要功能简介如下。

（1）数据帧：用户的数据报文。

（2）控制帧：协助发送数据帧的控制报文，如 RTS、CTS、ACK 等。

（3）管理帧：负责 STA 和 AP 之间的能力级的交互、认证、关联等管理工作，如 Beacon、Probe、Authentication 及 Association 等。

3）802.11 MAC 层工作原理

首先，在设备接入无线网络区域后，工作站通过 802.11MAC 层的 Scanning 功能搜索附近存在的 AP 设备；接下来，在工作站选定了 AP 设备后，向其发起 Authentication 过程；通过工作站和 AP 接入设备之间的 Authentication 后，工作站发起 Association 过程；最后，工作站和 AP 设备通过 Association 后，二者之间的逻辑链路就已经建立起来，可以互相收发数据报文，实现通信，如图 3-2-2 所示。

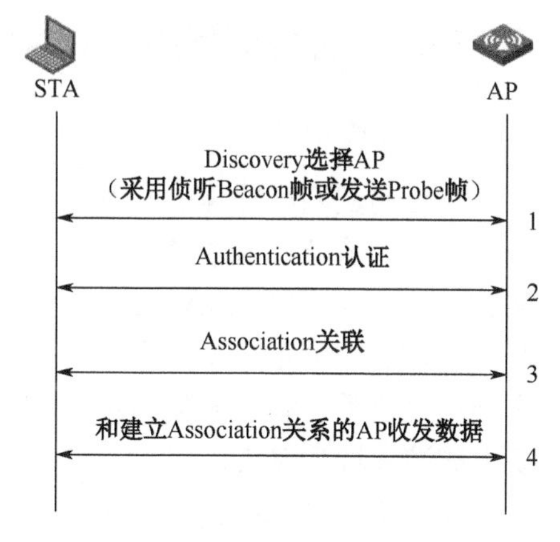

图 3-2-2　802.11MAC 层工作原理

4）802.11MAC 层接入过程的三个阶段

STA（工作站）启动初始化、开始正式使用 AP 传送数据帧前，要经过三个阶段才能够接入（802.11MAC 层负责客户端与 AP 之间的通信，功能包括扫描、接入、认证、加密、漫游和同步等）：扫描阶段（Scanning）→认证阶段（Authentication）→关联阶段（Association）。

（1）Scanning。802.11 MAC 层使用 Scanning 来搜索 AP，STA 搜索并连接一个 AP，当 STA 漫游时寻找连接一个新的 AP，STA 会在每个可用的信道上进行搜索。

其中，在 Passive Scanning 工作模式下（特点：找到时间较长，但 STA 节电）：通过侦听 AP 定期发送的 Beacon 帧来发现网络，该帧提供了 AP 及所在 BSS 相关信息：“我在这里”……而在 Active Scanning 工作模式下（特点：能迅速找到）：STA 依次在 13 条信道发出 Probe Request 帧，寻找与 STA 所属有相同 SSID 的 AP，若找不到相同 SSID 的 AP，则一直扫描下去。

（2）Authentication。当 STA 找到与其有相同 SSID 的 AP，在 SSID 匹配的 AP 中，根据收到的 AP 信号强度，选择一个信号最强的 AP，然后进入认证阶段。只有身份认证通过的站点才能进行无线接入访问，如图 3-2-3 所示。

AP 提供以下认证方法。

① 开放系统身份认证（open-system authentication）。

② 共享密钥认证（shared-key authentication）。

③ WPA PSK 认证（Pre-shared key）；

④ 802.1X EAP 认证。

（3）Association。

当 AP 向 STA 返回认证响应信息，身份认证获得通过后，进入关联阶段。工作过程如下。

① STA 向 AP 发送关联请求。

② AP 向 STA 返回关联响应。

至此，接入过程才完成，STA 初始化完毕，开始向 AP 传送数据帧，如图 3-2-4 所示。

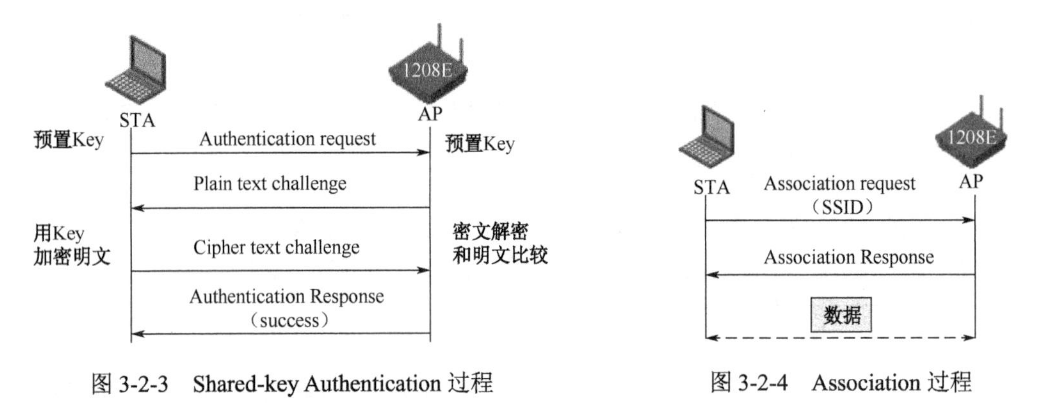

图 3-2-3 Shared-key Authentication 过程　　图 3-2-4 Association 过程

3.2.2 无线局域网 CSMA/CA 传输协议

1. CSMA/CA 的定义

无线局域网标准 802.11 协议的 MAC 层和 802.3 协议的 MAC 层的通信过程非常相似，都是在一个共享媒介之上支持多个用户共享资源，由发送者在发送数据前先进行网络可用性检测。在 802.3 协议中，由 CSMA/CD（Carrier Sense Multiple Access with Collision Detection）协议来完成调节。这个协议解决在以太网（Ethernet）上各工作站如何在有线的线缆上进行有线信号传输的问题，它利用“侦听”和“避免”两项措施，实现 2 台以上的网络设备在需要进行数据传输时，减少网络上的冲突现象发生。

在 802.11 无线局域网协议中，冲突的检测存在一定的问题，这个问题称为“Near/Far”现象。这是由于在检测冲突时，设备必须能够一边接收数据信号，一边传输数据信号，而这在无线网络系统中根本无法办到。

鉴于这个差异，在无线局域网的 802.11 协议中，对 CSMA/CD 协议进行一些调整，采用新的协议 CSMA/CA（Carrier Sense Multiple Access with Collision Avoidance）进行冲突检测。CSMA/CA 利用确认（ACK）信号来避免冲突发生。也就是说，只有当客户端收到网络上返回的确认（ACK）信号后，才确认送出的数据已经正确到达目的地。

2. CSMA/CA 工作原理

CSMA/CA 协议实际上就是在发送数据帧之前，先对信道进行预约。尽管协议经过了精心设计，但冲突仍然会发生。为了尽量减少冲突，802.11 标准设计了独特的 MAC 子层。

（1）首先检测信道是否使用，如果检测出信道空闲，则等待一段随机时间后，才发出数据。

（2）接收端如果正确收到此帧，则经过一段时间后，向发送端发送确认帧 ACK。

（3）发送端收到 ACK 帧，确定数据正确传输，在经过一段时间后，会出现一段空闲时间。

3. CSMA/CA 工作流程

CSMA/CA 协议的工作流程如下。

（1）送出数据前，侦听媒介状态，如果侦听出媒介空闲，则等待一段时间后，才送出数据。由于每台设备采用的随机时间不同，因此可以减少冲突的机会。

（2）送出数据前，先送一段小小的请求传送报文（Request to Send，RTS）给目标端，等待目标端回应（Clear to Send，CTS）报文后，才开始传送。利用 RTS-CTS 握手（handshake）程序，确保接下来传送资料时，不会被碰撞。同时由于 RTS-CTS 封包都很小，让传送的无效开销变小。

CSMA/CA 通过这两种方式提供无线网络的共享访问，这种延时的 ACK 机制在处理无线网络问题时非常有效。然而不管是对于 802.11 还是对于 802.3 来说，这种方式都增加了额外的负担，所以无线局域网的 802.11 协议和类似的以太网（Ethernet）的 802.3 协议，总是在传输性能上稍逊一筹。

4. CSMA/CA 和 CSMA/CD 区别

CSMA/CD 带有冲突检测的载波监听多路访问，可以检测冲突，但无法“避免”。CSMA/CA 带有冲突避免的载波监听多路访问，发送包的同时不能检测到信道上有无冲突，尽量“避免”。

两者的主要区别是：

（1）两者的传输介质不同，CSMA/CD 用于总线式以太网，而 CSMA/CA 则用于无线局域网的 802.11a/b/g/n 协议等。

（2）检测方式不同，CSMA/CD 通过电缆中电压的变化来检测，当数据发生碰撞时，电缆中的电压就会随着发生变化；而 CSMA/CA 采用能量检测（ED）、载波检测（CS）和能量载波混合检测 3 种检测信道空闲的方式。

3.2.3 无线局域网拓扑结构

无线局域网无论采用哪一种传输技术，其拓扑结构都有中心拓扑和无中心拓扑两种基本类型：一种类似于对等网的 Ad-Hoc 模式；另一种则是类似于有线局域网中星形结构的 Infrastructure 模式。

1. Ad-Hoc（点对点）对等结构

802.11 一种组网方式称为 Ad-Hoc 组网方式，也称对等网络方式，Ad-Hoc（点对点）对等结构。相当于有线网络中的多机（一般最多是 3 台机）直接通过网卡互联，中间没有集中接入设备[没有无线接入点（AP）]，信号直接在两个通信端点对点传输，如图 3-2-5 所示。

在有线网络中，因为每个连接都需要专门的传输介质，所以在多台计算机互联中，一台计算机可能要安装多块网卡。在 WLAN 中，没有物理传输介质，而是以电磁波的形式发散传播的，所以在 WLAN 中的对等连接模式中，各用户无须安装多块 WLAN 网卡，相比有线网络来说，组网方式要简单得多。

Ad-Hoc 对等结构网络通信中没有一个信号交换设备，网络通信效率较低，所以仅适用于较少数量的无线节点互连（通常是在 5 台主机以内）。同时由于这一模式没有中心管理单元，因此这种网络在可管理性和扩展性方面受到一定的限制，连接性能也不是很好。而且各无线节点之间只能单点通信，不能实现交换连接，就像有线网络中的对等网一样。这种无线网络模式通常只适用于临时的无线网络应用环境，如小型会议室、SOHO 家庭无线网络等。

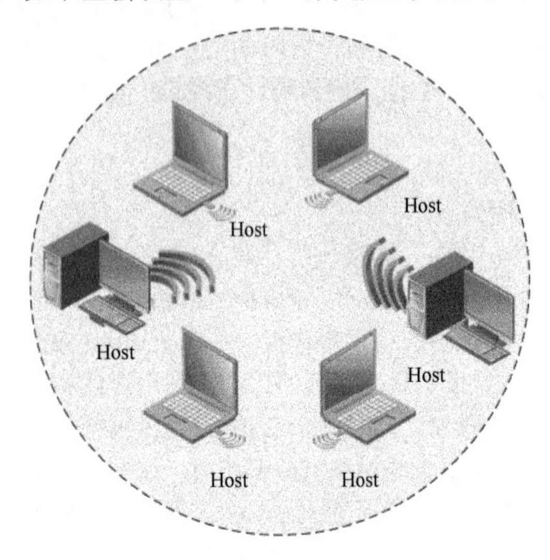

图 3-2-5 Ad-Hoc（点对点）对等结构示意图

此外，为了达到无线连接的最佳性能，所有主机最好都使用同一品牌、同一型号的无线网卡，并且要详细了解一下相应型号的网卡是否支持 Ad-Hoc 网络连接模式，因为有些无线网卡只支持下面将要介绍的基础结构（Infrastructure）模式，当然绝大多数无线网卡是同时支持这两种网络结构模式的。

在这种组网方式中，由一台 WLAN 终端与另外一台或多台 WLAN 终端直接通信。由于在这种组网方式中，没有 AP 站点，因此无法接入有线网络，只能独立使用。需要说明的是，在对等网络组网方式中，必须有一台 WLAN 终端能够同时看到网络中所有其他的 WLAN 终端，否则网络中断。

由于这种网络模式的连接性能有限，因此这种方案的实际效果可能会差一些。

2. 基础结构模式

Infrastructure（基础结构）模式与有线网络中的星形交换模式相似，也属于集中式结构，其中无线 AP 相当于有线网络中集线器，起着集中连接无线节点和数据交换的作用。

通常无线 AP 都提供了一个有线以太网接口，用于与有线网络设备的连接，如以太网交换机。Infrastructure 模式网络如图 3-2-6 所示。

在这种组网横式中，由一台 AP 和多台 WLAN 终端覆盖的区域称为基本服务集（basic service set，BSS），组成一个 BSS 基本服务区。在 BSS 基本服务区内，各台 WLAN 终端都需要通过 AP 来进行通信。

当有多个 BSS 时，可以通过 DS（Distributed System）互联将多个 BSS 的 AP 互联，形成一个 ESS 扩展服务区。

在 ESS 扩展服务区中，WLAN 终端既可以与其他的 WLAN 终端进行通信，也可以在同一 ESS 扩展服务区的不同 BSS 基本服务区之间进行漫游。此外，ESS 扩展服务区可以通过 Portal 与其他外部网络相连。

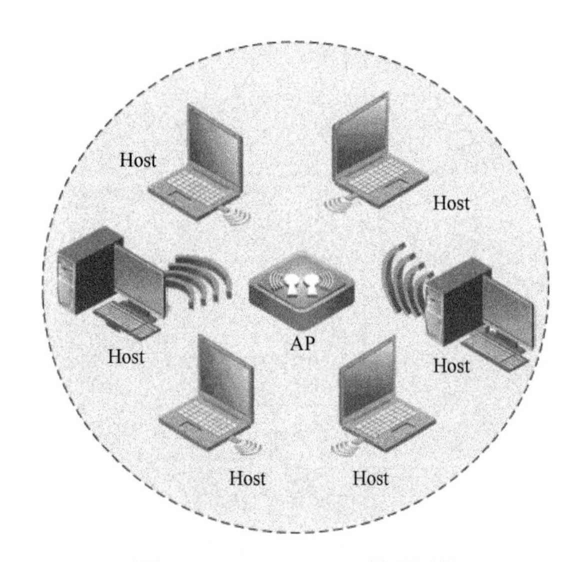

图 3-2-6　Infrastructure 模式网络

基础结构网络也使用非集中式 MAC 协议。但由于有中心网络拓扑的稳定性差，因此 AP 的故障容易导致整个网络瘫痪。

Infrastructure 模式的特点主要表现在网络易于扩展、便于集中管理、能提供用户身份验证等优势，另外数据传输性能也明显高于 Ad-Hoc 模式。在 Infrastructure 模式中，AP 和无线网卡还可针对具体的网络环境调整网络连接速率，以发挥相应网络环境下的最佳连接性能。在实际的应用环境中，连接性能往往受到多方面因素的影响，所以实际连接速率要远低于理论速率。

3. 多 AP 模式

多 AP 模式是指由多台 AP 及连接它们的分布式系统 DSS 组成的基础结构模式。

每台 AP 都是一个独立的 BSS，多个 BSS 组成一个扩展服务集（extended service set，ESS）。ESS 服务集内所有 AP 共享同一个扩展服务集标示符（extended service set identifier，ESSID）。

相同的 ESSID 之间可以漫游，不同 ESSID 的无线网络形成不同的逻辑子网。多 AP 模式也称多蜂窝结构。各个蜂窝之间建议有 15%的重叠范围，便于无线工作站的漫游。

漫游时必须进行不同 AP 接入点之间的切换。切换可以通过交换机以集中的方式控制，也可以通过移动节点、监测节点的信号强度来控制（非集中控制方式）。在有线不能到达的地方，可以采用多蜂窝无线中继结构。但这种结构中要求蜂窝之间要有 50%的信号重叠。同时客户端的使用效率会下降 50%。

4. 无线网桥模式

利用一对无线网桥连接两个有线或者无线局域网网段。使用放大器和定向天线可以使覆盖距离增大到 50km，如图 3-2-7 所示。

5. AP client 客户端模式

将部分 AP 设置为 AP client 模式，远端 AP 作为终端访问中心 AP。

AP client 模式主要应用在室外，相当于点对多点的连接方式。区别在于：中心接入点把远端局域网看成一个无线终端的接入，不限制接入远端 AP client 模式的无线接入点连接的局域网络数量和网络连接方式。

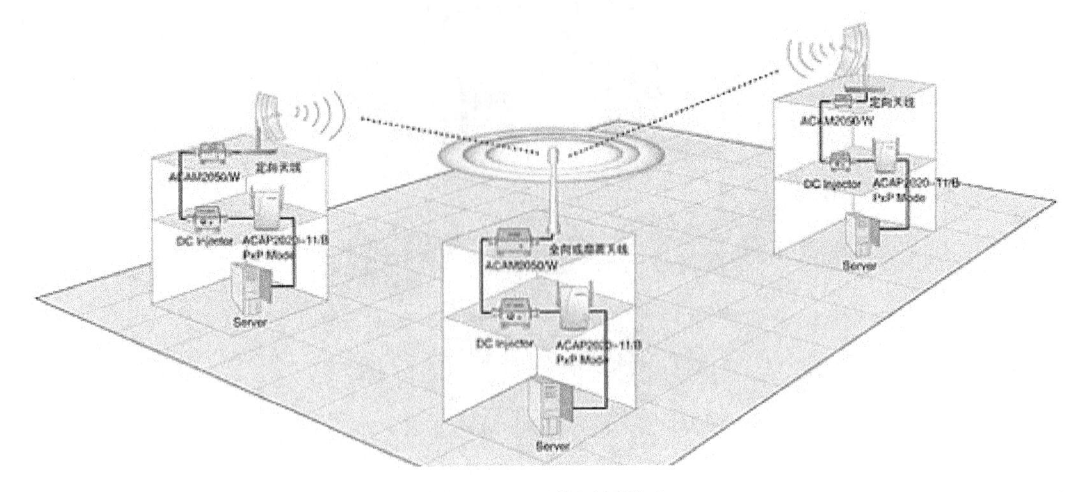

图 3-2-7　无线网桥模式

3.2.4　无线局域网 802.11 协议的组成元素

1. WLAN 服务集的定义

服务集（Service set，SS）是无线局域网中的一个术语，用以描述 802.11 无线网络的构成单位（一组互相有联系的无线设备），一个服务集可以包含 AP（接入点），也可以不包含 AP，但都使用服务集标识符（SSID）作为识别。

WLAN 的服务集可以分为独立基本服务集（IBSS）、基本服务集（BSS）和扩展服务集（ESS）三类。其中，IBSS 属于对等拓扑模式（又称 Ad-Hoc 模式、无线网络），而 BSS 和 ESS 属于基础架构模式。

2. 服务集标识符

服务集标识符（Service Set Identifier，SSID）是一个或一组基础架构模式无线网络的标识，在同一 BSS 内的所有工作站 STA 和 AP，必须具有相同的 SSID，否则无法进行通信，如图 3-2-8 所示。

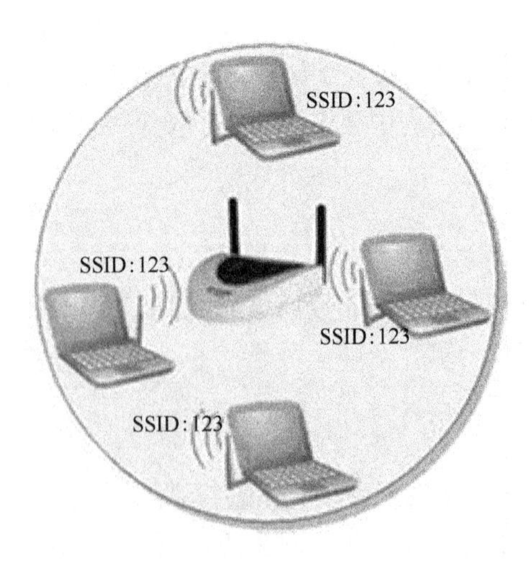

图 3-2-8　同一 BSS 内的 STA 和 AP 有相同的 SSID

依照标识方式，又可分为两种。

（1）基本服务集标识符（BSSID），BSSID 是一个 BSS 的标识，BSSID 实际上就是 AP 的 MAC 地址，表示的是 AP 的数据链路层的 MAC 地址，用来标识 AP 管理的 BSS。

（2）扩展服务集标识符（ESSID），ESSID 是一个 ESS 的网络标识，使用一个最长 32 字节区分大小写的字符串，表示无线网络的名称。

多台 AP 可以拥有多个 ESSID 以对客户提供漫游能力，但是 BSSID 必须唯一，因为数据链路层的 MAC 地址是唯一的。一个全为“1”的 BSSID 表示广播，一般用于检查可用无线访问点。

AP 可以选择在信道中暴露自己的 ESSID（称为 SSID 广播），也可以选择隐藏。特别是当客户端发出加入空白 ESSID 网络的请求时，按照标准，所有 AP 必须发送自己的 ESSID 以供客户端端检测可用网络。

3. 独立基本服务集

独立基本服务集隶属于对等拓扑模式，各客户端之间直接相互连接，而无须访问点的协助。目前大多数操作系统都对此模式提供了支持，并且通常提供工具，以简化此种网络的创建、维护和拆除。

独立基本服务集模式常见于小型办公室或家庭中。因为要求所有客户端之间都可以直接相互连接，其覆盖范围非常有限。

该模式的网络还有一个缺点是：不容易保护，网络的安全控制差。

在此种模式下，最先创建该网络的主机，实际上可以控制整个 IBSS 中的数据传输过程，并且所有设备都会通过广播模式加入网络的 SSID。

该种网络的 BSSID（基础服务集标识符）由一个 46 位随机数产生。对应的 ESSID（扩展服务集标识符）则由最先创建网络的主机决定。

4. 基本服务集（BSS）

在基本服务集中，所有无线设备关联到一个访问点上，该访问点连接其他有线设备（也可以不连接），并且控制和主导整个 BSS 中的全部数据的传输过程。基本服务集（BSS）是一台 AP 提供的覆盖范围所组成的局域网，如图 3-2-9 所示。

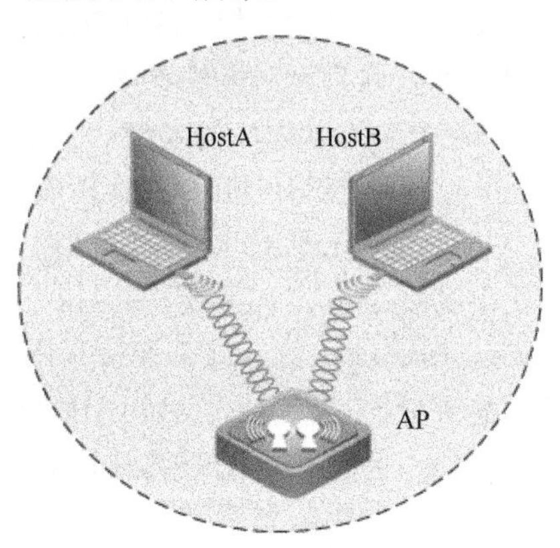

图 3-2-9 基本服务集（BSS）

基本服务集（BSS）使用发射器的第二层地址（通常是 MAC 地址），作为其 BSSID（基础服务集标识符），也可以指定一个 ESSID（扩展服务集标识符）来帮助记忆。

基本服务集（BSS）的覆盖范围称为基本服务区（BSA）或蜂窝。只有在 BSS 为构成单元，

BSA 为其覆盖范围的情况下，二者才可以互换。

如果两个访问点使用了同一个 ESSID（扩展服务集标识符），但是二者的第二层地址不一样，因此是两个 BSS，两台笔记本电脑分别属于这两个 BSS。如果没有其他设备辅助，二者无法直接通信。

5. 扩展服务集（ESS）

在扩展服务集（ESS）中，无线设备关联到一个或多个访问点上。ESS 实质上是多个 BSS，通过各种手段互相连接得来，ESS 使用用户指定的 ESSID 作识别。

通过将多个 BSS 比邻安置，可以扩展网络的范围，如果这些 BSS 通过各种分布系统互联（无论是有线的还是无线的），拥有一致的 ESSID，并且对于逻辑链路控制层来说可以认为是一个 BSS 的话，那么这些 BSS 可以被统一为一个 ESS。

一个 BSS 可以通过 AP 来进行扩展。当超过一个 BSS 连接到有线 LAN，就称为 ESS（Extended Service Set，扩展服务集），一个或多个以上的 BSS 即可被定义成一个 ESS。用户可以在 ESS 上漫游及存取 BSS 系统中的任何资源，如图 3-2-10 所示。

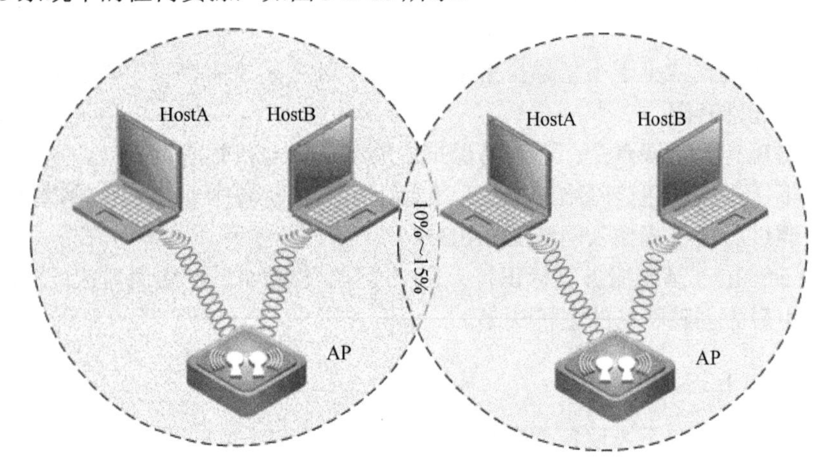

图 3-2-10　在 ESS 上漫游及存取 BSS 系统中的任何资源

在 Infrastructure 模式的网络中，每个 AP 必须配置一个 ESSID，每个客户端必须与 AP 的 ESSID 匹配才能接入到无线网络中，ESSID 可以称为无线网络的名称。

在同一个 ESS 中的不同 BSS 之间切换的过程称为漫游。一般而言，一个 ESS 中的 BSS 都会使用相同的安全机制，以提供接近于无缝漫游的可能。两个 BSS 之间通常有 15%的重叠范围，来保证漫游时信号不会长时间丢失，并且设置在不同频段来防止相互干扰。

如果两个访问点通过一台交换机实现了分布式系统，并且拥有一样的 ESSID 时，两台分别属于不同 BSS 的计算机之间，就可以互相通信，就好像都连接在同一个访问点上一样。

当设备进入两个访问点信号重叠部分时，操作系统会自动判断信号强弱并切换关联的访问点。这样，在完全失去右侧访问点的信号前，会有足够的时间让计算机切换到左侧的访问点。

项目 4　熟悉无线局域网组网技术

4.1　了解无线局域网组网模式

4.1.1　Ad-Hoc 模式无线局域网组网模式

1. Ad-Hoc 组网模式的定义

Ad-Hoc 结构无线局域网组网模式，是一种无须中介设备 AP 而搭建起来的对等网络结构式局域网组网。只要安装了无线网卡的计算机，就可以通过无线网卡，实现彼此之间无线互联。其原理是网络中的一台计算机主机建立点到点连接，相当于虚拟 AP，而其他计算机就可以直接通过这个点对点连接进行网络互联与共享。

由于无须无线 AP，Ad-Hoc 无线局域网的网络架设过程十分简单。不过，一般的无线网卡在室内环境下传输距离通常为 40m 左右，当超过此有效传输距离，就不能实现彼此之间的通信，因此该模式非常适合一些简单、甚至是临时性的无线网络互联需求。

无线局域网中的 Ad-Hoc 结构，类似于有线网络中的双机互联的对等网络组网模式，如图 4-1-1 所示。

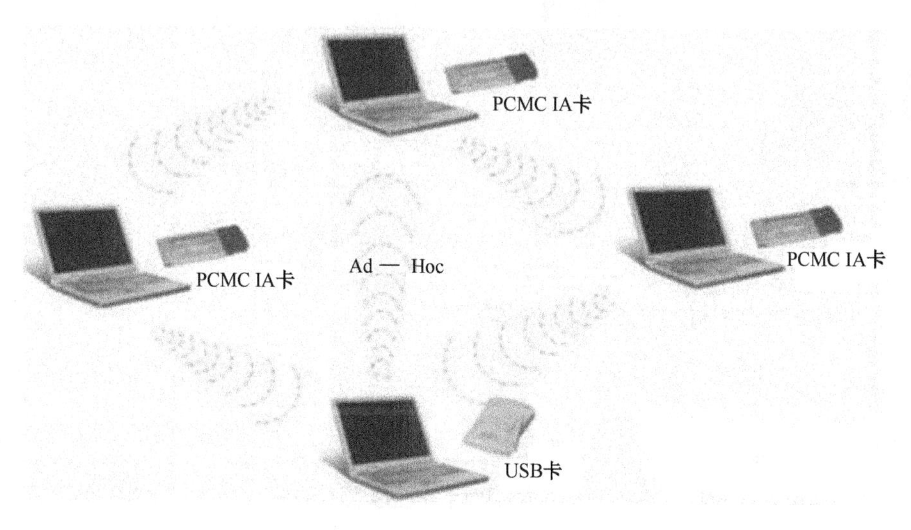

图 4-1-1　无线局域网中的 Ad-Hoc 结构

2. Ad-Hoc 网络特征

Ad-hoc 结构的无线局域网中所有终端设备的地位平等，无须设置任何的中心控制设备。网络中的终端设备不仅具有普通移动终端所需的功能，而且具有报文转发能力。终端设备可以随时加入和离开网络。任何终端设备的故障都不会影响整个网络的运行，具有很强的抗毁性。

网络的架设无须依赖于任何预设的网络设施。终端设备通过分层协议和分布式算法协调各自的行为，终端设备开机后就可以快速、自动地组成一个独立的网络，如图 4-1-2 所示。

当终端设备与其覆盖范围之外的终端设备进行通信时，需要中间终端设备的多跳转发。与固定网络的多跳不同，Ad-Hoc 网络中的多跳路由是由普通终端设备完成的，而不是由专用路由设备（如路由器）完成的。

Ad-Hoc 网络是一个动态的网络。网络终端设备可以随处移动，也可以随时开机和关机，这些都会使网络的拓扑结构发生变化。

3. Ad-Hoc 模式组网

Ad-Hoc 模式网络是一种点对点的对等式移动网络，没有有线基础设施的支持，网络中的节点均由移动主机构成。网络中不存在无线 AP，通过多张无线网卡自由的组网实现通信。

要建立 Ad-Hoc 模式无线对等式网络，需要完成以下几个步骤。

（1）首先，为网络中的计算机安装好无线网卡，并且为无线网卡配置好 IP 地址等网络参数。注意，要实现互联的主机的 IP 必须在同一网段。

（2）其次，打开无线连接，设定无线网卡的工作模式为：Ad-Hoc 模式，并给需要互联的网卡配置相同的 SSID、频段、加密方式、密钥和连接速率，如图 4-1-3 所示。

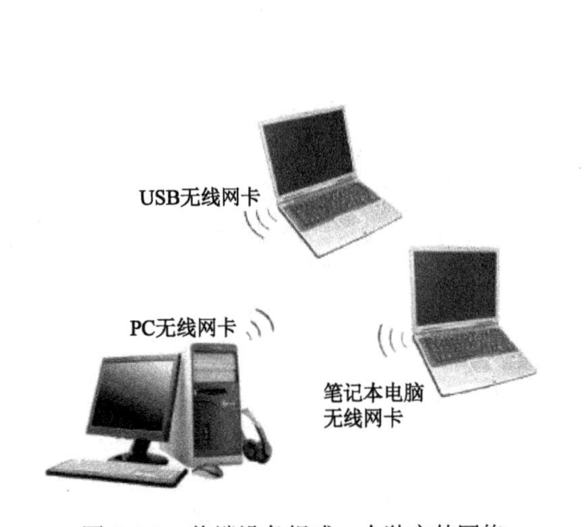

图 4-1-2　终端设备组成一个独立的网络

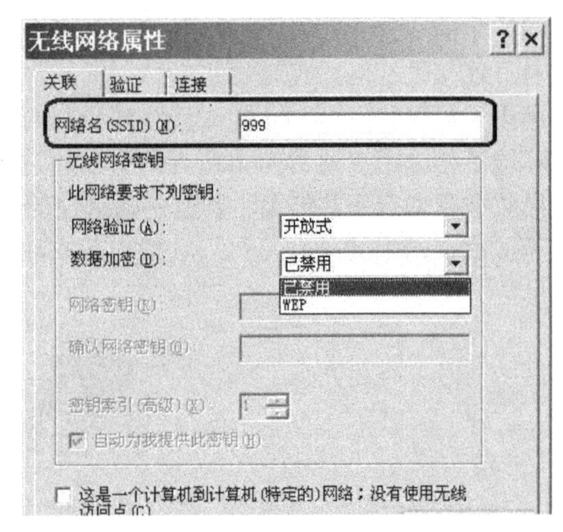

图 4-1-3　无线网络属性设置

4.1.2 Infrastructure 无线局域网组网模式

Infrastructure 组网模式，是无线局域网网络中的站点 STA 之间互相通信的一种工作模式。

1. Infrastructure 基本结构的定义

Infrastructure 模式无线局域网是指通过 AP 设备互联工作模式，可以把 AP 看作传统局域网中集线器功能。

Infrastructure 基本结构模式，类似传统有线网络的星形拓扑方案，与 Ad-Hoc 不同的是，此种模式需要有一台符合 IEEE 802.11b/g 标准的 AP 或无线路由器，所有通信通过 AP 或无线路由器作连接，就如同有线网络下利用集线器来作连接。Infrastructure 模式下的无线网络可以通过 AP 或无线路由器的以太网接口与有线网相连。这种方式也是最常用到的方式，如图 4-1-4 所示。

当无线网络中的设备需要与有线网络互联，或者无线局域网络中的节点之间需要连接或者存取有线网络中的资源时，AP 或无线路由器可以作为无线局域网和有线网之间的桥梁。

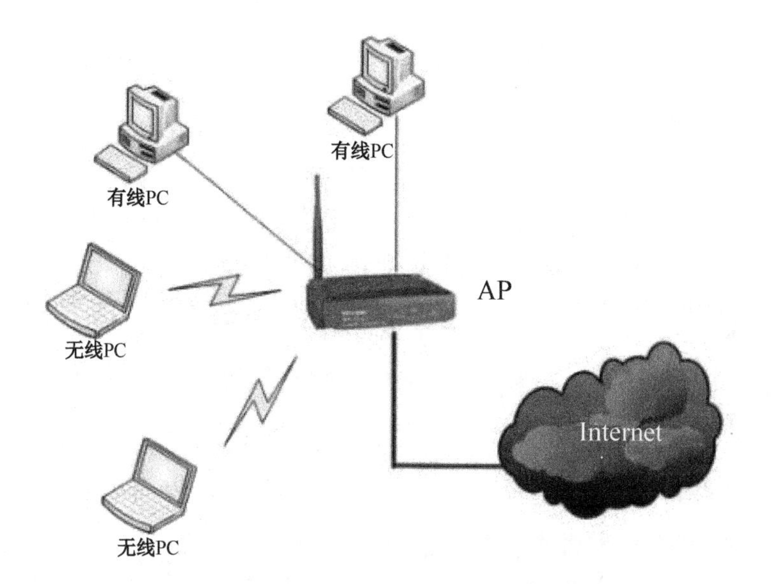

图 4-1-4　Infrastructure 模式下的无线网络

无线 AP 可将 Ad-Hoc 模式网络中工作站之间的有效距离增大到原来的两倍。因为访问点是连接在有线网络上，每一个移动式 PC 都可经无线 AP 与其他移动式 PC 实现网络的互联互通；每个访问点可容纳多台 PC，视数据传输的实际要求而定。

一个无线接入点 AP 的容量可达 15～60 台 PC。由于受传输信号衰减因素的影响，无线 AP 和工作站 PC 之间有一定距离，如图 4-1-5 所示，在室内约为 150m，户外约为 300m。

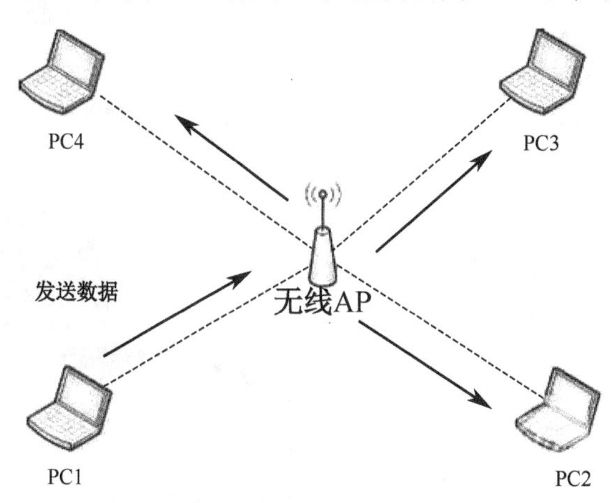

图 4-1-5　无线 AP 和工作站 PC 之间有一定距离

2. Infrastructure 模式通信原理

基础网络结构（Infrastructure　Network）也称有中心网络，由一台或多台无线 AP 及一系列无线客户端构成。

在基础结构网络中，一台无线 AP 及与其关联（Associate）的无线客户端被称为一个基本服务集（Basic Service Set，BSS），两个或多个 BSS 可构成一个扩展服务集（Extended Service Set，ESS）。

Infrastructure 基础网络结构使用无线 AP 作为中心站，所有无线客户端对网络的访问均由无线 AP 控制。这样，当网络业务量增大时，网络吞吐、性能及延时性能的恶化并不剧烈。由于每个站点只需在中心站覆盖范围内，就可与其他站点通信，因此网络布局受环境限制比较小。基础结构网络的缺点是：中心站点的故障容易导致整个网络瘫痪，并且中心站点的引入增加了网络成本。

3. 与 Ad-Hoc 模式的区别

Infrastructure 基础网络结构模式与 AD-HOC 组网模式的主要区别如下。

（1）Infrastructure 基础架构是需要固定的中心控制的，但 Ad-Hoc 不需要。

（2）自组织能力差，Ad-hoc 可实现自我接入网络的能力。

（3）在实现多条路由的功能时，Ad-Hoc 只需要普通的路由节点即可实现，而 Infrastructure 需要专用的路由器完成。

（4）拓扑结构：Infrastructure 一般是传统的拓扑形式，如星形，环形等，是静态设置的；而 Ad-Hoc 是动态实现的。

4. Infrastructure 结构组网设备

（1）无线路由器。类似于宽带路由器，相当于一台无线 AP 加路由的功能。除可用于连接无线网卡外，还可以实现拨号接入 Internet 的 ADSL 等提供自动拨号功能，也就是当客户端开机时，网络即自动接通，而无须手动拨号连接，可直接实现无线局域网的 Internet 连接共享，如图 4-1-6 所示。

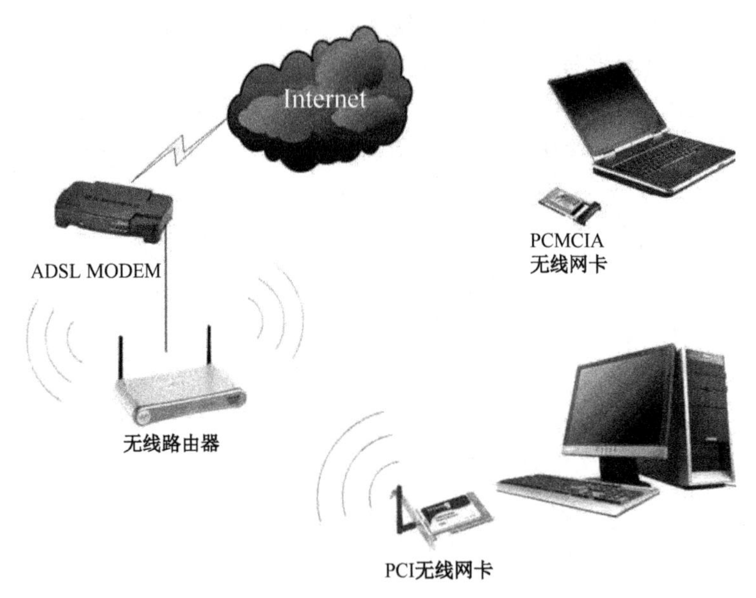

图 4-1-6　通过无线路由器连接局域网

（2）普通无线 AP。最基本的 AP，仅仅是提供一个无线信号发射的功能，用于信号放大及无线网与有线网的通信，其作用类似于有线网络的集线器或交换机，如图 4-1-7 所示。

5. Infrastructure 结构组网注意事项

使用 Infrastructure 组网方式组建的无线局域网，信号的覆盖范围比较广，室内一般可以达到 30～100m。在摆放设备的时候，需要注意安装了无线网卡的计算机，离无线路由器（或者 AP）的距离是否在有效范围内。

在接入点和工作站点之间，不要有金属障碍物、微波炉等。除此之外，还要注意无线路由器的摆放位置，如果仅仅在一个房间，组建无线局域网，建议安装在房间中心的高处。如果还要和其他的房间组建无线局域网，建议将无线路由器安装在房间之间走廊的墙上。

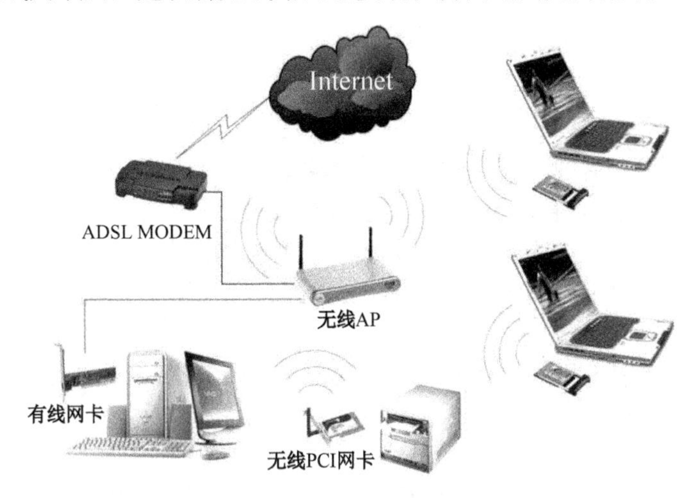

图 4-1-7 普通无线 AP

4.2 以 AP 为核心的无线局域网组网方案

4.2.1 AP 组网模式

1. AP 的组网功能

AP（Access Point）被译为无线访问节点，它主要提供无线工作站对有线局域网的访问，在访问接入点覆盖范围内的无线工作站时可以通过它进行相互通信。

AP 可以连接到有线网络，实现无线网络和有线网络的互联。也就是说，无线 AP 是无线网和有线网之间沟通的桥梁。AP 是组建 WLAN 的核心设备，在 AP 信号覆盖范围内的无线工作站，可以通过它进行相互通信。没有 AP 基本上就无法组建真正意义上、可访问 Internet 的 WLAN。AP 在 WLAN 中就相当于发射基站在移动通信网络中的角色。

由于无线 AP 的覆盖范围是一个向外扩散的圆形区域，因此，应当尽量把无线 AP 放置在无线网络的中心位置，而且各无线客户端与无线 AP 的直线距离要合适，符合硬件的要求，以避免因通信信号衰减过多而导致的通信失败。

2. 以 AP 为核心的基础架构组网模式

以 AP 为核心的组网模式，又称基础架构模式（Infrastructure），它由无线访问节点（AP）、无线工作站（STA）及分布式系统（DSS）构成，覆盖的区域称为基本服务区（BSS）。

其中，AP 用于在无线工作站和有线网络之间接收、缓存和转发数据，所有的无线通信，都由 AP 来处理及完成，实现从有线网络向无线终端的连接。AP 的覆盖半径通常能达到几百米，能同时支撑几十至几百个用户。

此种模式下，AP 构成一个统一的无线工作组，所以其 SSID 必须相同，其他的认证、加密模式的设置也都要相同。由于相同或相邻的信道（Channel）存在相互干扰，有必要将相邻的 AP 使用不同的信道。而且它不仅能扩展无线覆盖范围，还能在信号重叠区域提供冗余性保障，设置相对简单，因此被广泛采用。

3. AP的工作类型

通常业界将AP分为“胖”AP和“瘦”AP。

1）“胖”AP

在无线交换机应用之前，WLAN通过“胖”AP连接无线网络，使用安全软件、管理软件和其他数据来管理无线网络。这种“胖”AP——或者称为“智能AP”很复杂，安装困难，而且价格昂贵，并且需要的AP越多，管理费用就越高，价格也越贵。同时由于每台AP平均能够支持的用户数只有10～20个，大型企业如果要部署无线网络可能需要几百个AP来让无线网络覆盖所有的用户。总之，这种方案对于大部分用户来说，耗费巨大，单台AP覆盖范围太小。

2）“瘦”AP

自身不能单独配置或者使用的无线AP产品，这种产品仅仅是一个WLAN交换系统的一部分，它需要和其他组件一起工作，如无线控制器。

3）“瘦”AP与“胖”AP的区别

无线接入点（Access Point，AP）也称无线网桥、无线网关，也就是所谓的“瘦”AP。此无线接入点AP设备的传输机制相当于有线网络中的集线器。“瘦”AP设备在无线局域网中仅仅承担接收和传输数据，不具有任何网络管理功能；任何一台装有无线网卡的PC均可通过AP来分享有线局域网络甚至广域网络的资源。

而所谓的“胖”AP，又称无线路由器。无线路由器与纯AP不同，除无线接入功能外，一般具备WAN、LAN两个接口，多支持DHCP服务器、DNS和MAC地址克隆，以及VPN接入、防火墙等安全功能。

二者之间区别如表4-2-1所示。

表4-2-1　“胖”AP与“瘦”AP的区别

区　别	“胖”AP	“瘦”AP
安全性	单点安全，无整网统一安全能力	统一的安全防护体系，AP与无线控制器间通过数字证书进行认证，支持2层、3层安全机制
配置管理	每台AP需要单独配置，管理复杂	AP零配置管理，统一由无线控制器集中配置
自动RF调节	没有RF自动调节能力	通过自动的射频调整能力，自动调整包括信道、功率等无线参数，实现自动优化无线网络配置
网络恢复	网络无法自恢复，AP故障会造成无线覆盖漏洞	无须人工干预，网络具有自恢复能力，自动弥补无线漏洞，自动进行无线控制器切换
容量	容量小，每台AP独自工作	可支持最大64个无线控制器堆叠，最大支持3600台AP无缝漫游
漫游能力	仅支持2层漫游功能，3层无缝漫游必须通过其他技术，如Mobile IP技术实现，实现复杂客户端需要安装相应软件	支持2层、3层快速安全漫游，3层漫游通过基于“瘦”AP体系架构里的CAPWAP标准中的隧道技术实现
可扩展性	无扩展能力	方便扩展，对于新增AP无须任何配置管理
一体化网络	室内、室外AP产品需要分别单独部署，无统一配置管理能力	统一无线控制器、无线网管支持基于集中式无线网络架构的室内、室外AP、MESH产品
高级功能	对于基于Wi-Fi的高级功能，如安全、语音等支持能力很差	专门针对无线增值系统设计，支持丰富的无线高级功能，如安全、语音、位置业务、个性化页面推送、基于用户的业务/安全/服务质量控制等
网络管理能力	管理能力较弱，需要固定硬件支持	可视化的网管系统，可以实时监控无线网络RF状态，支持在网络部署之前模拟真实情况进行无线网络设计的工具

4.2.2　“胖”AP 组网模式

1. “胖”AP 组网模式

AP（Access Point），即无线接入点，是 WLAN 网络中的重要组成部分，其工作机制类似有线网络中的集线器（HUB），无线终端可以通过 AP 进行终端之间的数据传输，也可以通过 AP 的 WAN 接口与有线网络互通，如图 4-2-1 所示。

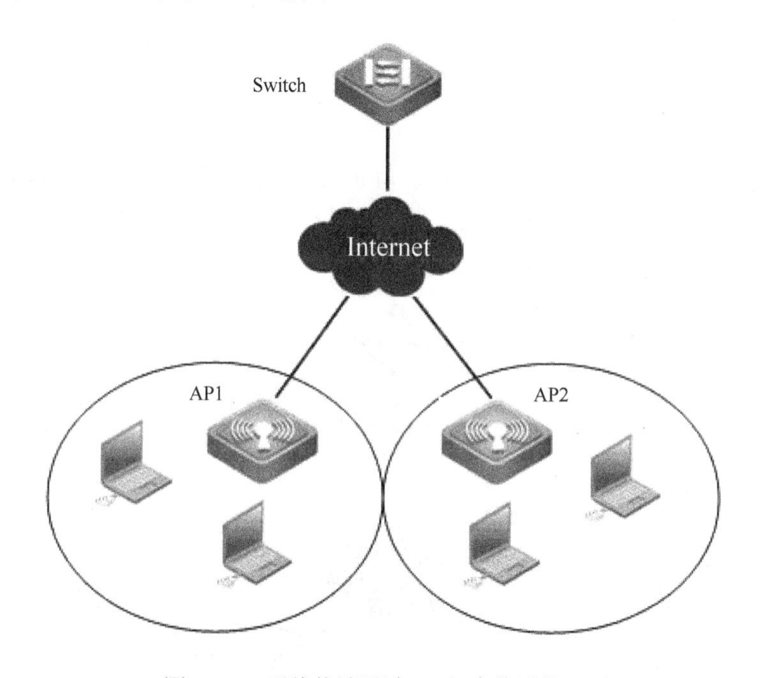

图 4-2-1　无线终端通过 AP 与有线网络互通

“胖”AP 普遍应用于 SOHO 家庭网络或小型无线局域网，有线网络入户后，可以部署“胖”AP 进行室内覆盖，室内无线终端可以通过“胖”AP 访问 Internet。

日常应用中，“胖”AP 的典型的例子为无线路由器。无线路由器与纯 AP 不同，除无线接入功能外，一般具备 WAN、LAN 两个接口，支持 DHCP 服务器、DNS 和 MAC 地址克隆，以及 VPN 接入、防火墙等安全功能，如图 4-2-2 所示。

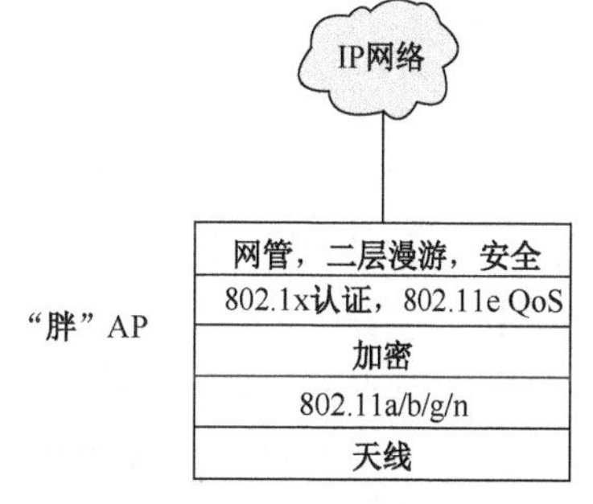

图 4-2-2　无线路由器的功能

2. “胖”AP 的工作特点

“胖”AP 在组建无线局域网的过程中，具有以下特点。

（1）需要每台 AP 单独进行配置，无法进行集中配置、管理和维护比较复杂。

（2）支持二层漫游。

（3）不支持信道自动调整和发射功率自动调整。

（4）集安全、认证等功能于一体，支持能力较弱，扩展能力不强。

（5）在漫游切换时存在很大的延时。

3. “胖” AP 的应用场所

“胖” AP 的应用场所仅限于 SOHO 家庭网络或小型无线网络，小规模无线网络部署时“胖” AP 是不错的选择，但是对于大规模无线网络，如大型企业无线网络应用、行业无线网络应用及运营级无线网络，“胖” AP 则无法支撑如此大规模部署。

4.2.3 “瘦” AP 组网模式

“瘦” AP 主要提供无线工作站对有线局域网的访问，在访问接入点覆盖范围内的无线工作站可以通过它进行相互通信。

1. “瘦” AP 的功能

无线局域网组网中应用到的“瘦” AP 设备（Fit AP），是指需要无线控制器（AC）进行管理、调试和控制的 AP，“瘦” AP 设备不能独立工作，只具有网络的接入功能，必须与 AC（无线接入控制器）配合使用，如图 4-2-3 所示。

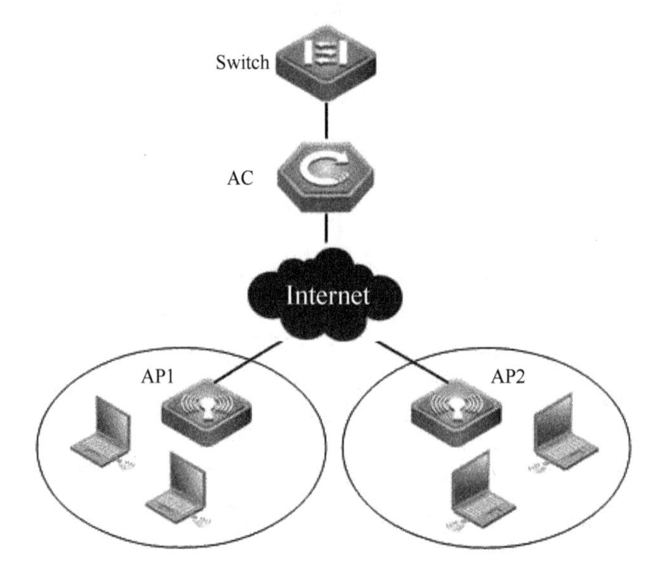

图 4-2-3 “瘦” AP 与 AC 配合接入网络

“瘦” AP（Fit AP）是随着建网、组网技术的不断更新及无线局域网组网新设备的出现而应运而生。“瘦” AP 组网模式中的“无线控制器＋Fit AP”控制架构，对无线局域网络中的组网设备的功能进行了重新划分。

无线控制器负责无线网络的接入控制、转发和统计、AP 的配置监控、漫游管理、AP 的网管代理、安全控制；Fit AP 负责 802.11 报文的加解密、802.11 的 PHY 功能、接受无线控制器的管理、RF 空口的统计等简单功能。

2. “瘦” AP 工作过程

Fit AP 的配置保存在无线控制器中，Fit AP 启动时会自动从无线控制器下载合适的设备配置信息，如图 4-2-4 所示。

Fit AP 能够自动获取 IP 地址，同时 Fit AP 能够自动发现可接入的无线控制器，但对无线控制器和 Fit AP 之间的网络拓扑不敏感。无线控制器支持 Fit AP 的配置代理和查询代理，能够将用户对 Fit AP 的配置顺利传达到指定的 Fit AP 设备，同时可以实时察看 Fit AP 的状态和统计信息。

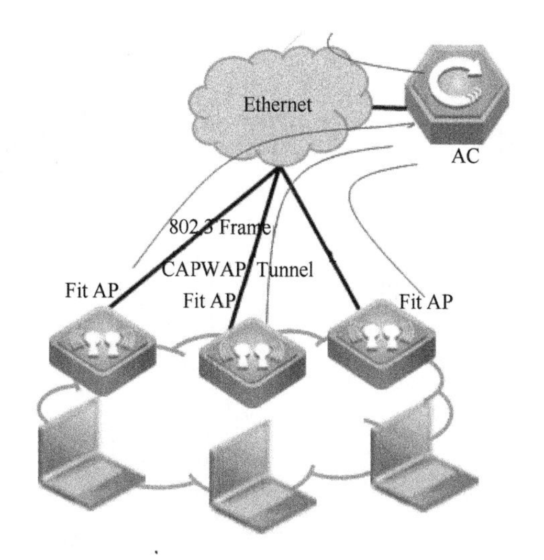

图 4-2-4　Fit AP 启动时自动从无线控制器下载信息

无线控制器保存 Fit AP 的最新软件，并负责 Fit AP 软件的自动更新。

3. “瘦” Ap 组网模式

“瘦” AP 无线组网技术采用“有线交换机+无线控制器（Access Controller，AC）+ ‘瘦’ AP”的组网方式。即 AP 作为简单的无线接入点，不具备管理控制功能，而通过无线控制器统一管理所有 AP，向指定 AP 下发控制策略，无须在各 AP 上单独配置，如图 4-2-5 所示。

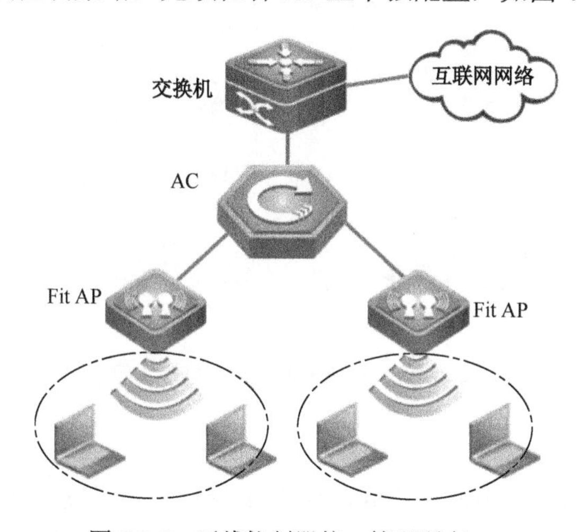

图 4-2-5　无线控制器统一管理所有 AP

AC 通过有线网络与多台 AP 相连，用户只需在 AC 上对所关联的 AP 进行配置管理。

“瘦” Ap 设备主要应用在集中式控制的 WLAN 管理模式中，Fit AP 和无线控制器之间可以支持 3 种网络拓扑结构。

（1）直联模式。Fit AP 和无线控制器直接互联，中间不经过其他设备节点，如图 4-2-6 所示。

（2）二层网络连接模式。Fit AP 和无线控制器同属于一个二层广播域，Fit AP 和 AC 通过二层交换机互联，如图 4-2-7 所示。

（3）三层网络连接模式。Fit AP 和无线控制器属于不同的 IP 网段。Fit AP 和 AC 之间的通信需要通过路由器或三层交换机来完成，如图 4-2-8 所示。

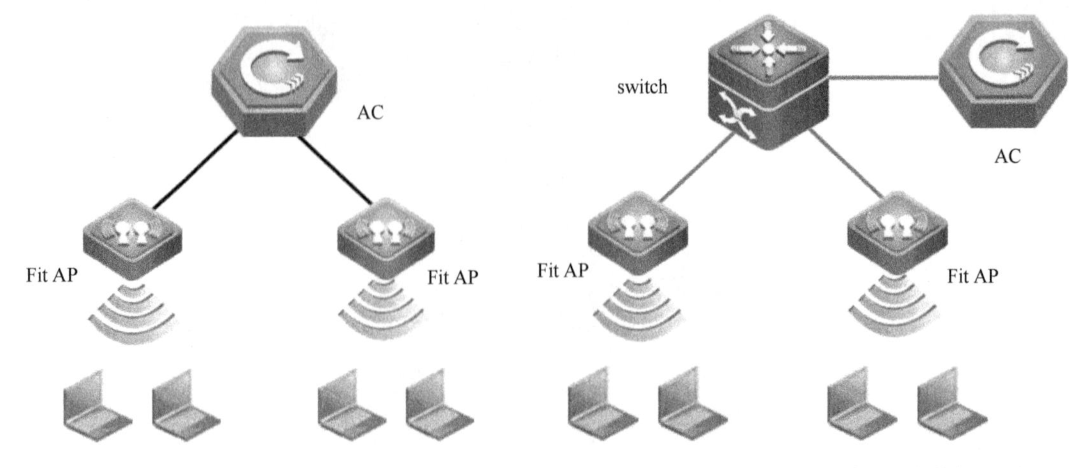

图 4-2-6　Fit Ap 和无线控制器直接互联　　　图 4-2-7　Fit Ap 和 AC 通过二层交换机互联

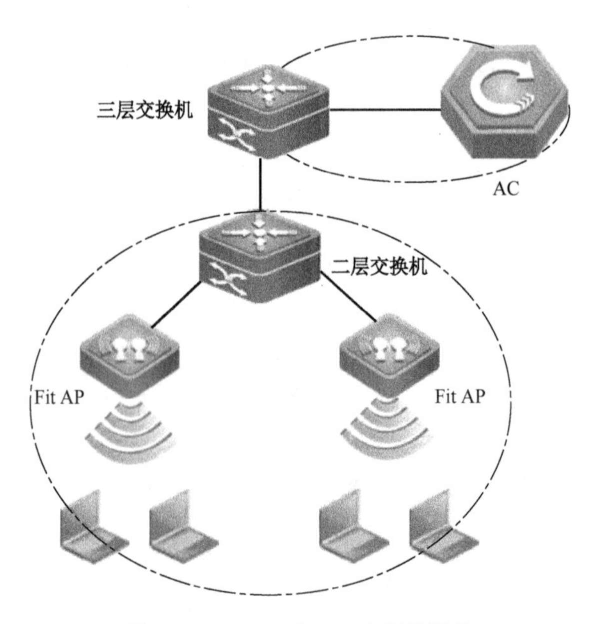

图 4-2-8　Fit Ap 和 AC 之间的通信

4. “瘦” Ap 获取 IP 地址

Fit AP 在和网络通信前，必须能够获取自身的 IP 地址。为了减少维护人员的配置，Fit AP 必须能够支持自动获取 IP 地址，目前业界标准的做法是采用 DHCP client 自动获取地址功能。

Fit AP 启动以后，会在其上行接口上通过 DHCP client 模块发起获取 IP 地址的过程。通过 DHCP 的协议交互，Fit AP 可以从网络中的 DHCP server 上获取以下地址信息：自身使用的 IP 地址、DNS server 的 IP 地址、网关 IP 地址、域名、可接入的无线控制器的 IP 地址列表（此信息通过 DHCP option43 提供）等。

Fit AP 一旦获取到 IP 地址，就会通过广播方式发起终端到无线控制器的发现请求。和 AP 同属于相同二层广播域的无线控制器，会根据预先配置的可接入 AP 列表，以及当前的负载情况，决定是否响应 AP 的发现请求。通过用户的预先配置和无线控制器自身的判断，可以使 Fit AP 均衡地接入不同的无线控制器。

4.3　以 AC 为核心的无线局域网组网方案

4.3.1　认识无线控制器（AC）

传统的无线局域网由于存在着局限性，已经不能满足那些无线网络规模扩展的需求，基于这种需求，诞生了新一代的基于无线控制器的解决方案。

1. AC + Fit AP 组网模式

无线局域网组网中应用到的“瘦”AP 设备（Fit AP），是指需要无线控制器（AC）进行管理、调试和控制的 AP。“瘦”AP 设备不能独立工作，只具有网络的接入功能，必须与 AC（无线控制器）配合使用。

2. 认识无线控制器（AC）

无线控制器 AC（Wireless Access Point Controller）是一种无线局域网的组网中应用到的网络设备，用来集中化控制无线“瘦”AP 设备（Fit AP），是一个无线网络的核心，负责管理无线网络中的所有无线瘦 AP 设备（Fit AP），如图 4-3-1 所示。

图 4-3-1　无线控制器

无线控制器 AC 对“瘦”AP 设备（Fit AP）的管理包括下发配置、修改相关配置参数、射频智能管理、接入安全控制等。

3. 无线控制器（AC）工作原理

无线控制器（AC）主要应用在大中型无线网络环境中，支持大数量 AP 环境场景，需要能够支持最多大数量的并发用户 、支持 CAPWAP 协议 、支持用户计费及认证功能 、支持机内板块 1+1、N+1 备份等运营级无线局域网工作环境中。

在传统的无线网络中，没有集中管理的控制器设备，所有的 AP 都通过交换机连接起来，每台 AP 单独负担 RF、通信、身份验证、加密等工作，因此需要对每一台 AP 进行独立配置，难以实现全局的统一管理和集中的 RF、接入和安全策略设置。

而在无线控制器的新型解决方案中（AC+Fit AP），无线控制器能够出色地解决这些问题。在该方案中，所有的 AP 都减肥（Fit AP），每台 AP 只单独负责 RF 和通信的工作，其作用就是一个简单的、基于硬件的 RF 底层传感设备。

所有 Fit AP 接收到的 RF 信号，经过 802.11 的编码之后，随即通过不同厂商制定的加密隧道协议，通过以太网络并传送到无线控制器，进而由无线控制器集中对编码流进行加密、验证、安全控制等更高层次的工作。

因此，基于 Fit AP 和无线控制器的无线网络解决方案，具有统一管理的特性，并能够出色地完成自动 RF 规划、接入和安全控制策略等工作。

传统无线方案和基于无线控制器方案的区别如表 4-3-1 所示。

表 4-3-1 传统无线方案和基于无线控制器方案的区别

	传统无线方案	基于无线控制器方案
技术模式	传统主流	新生方式，增强型管理
安全性	传统加密、认证方式，普通安全性	增加射频环境监控，基于用户位置安全策略，高安全性
网络管理	对每台 AP 下发配置文件	无线交换机上配置好文件，AP 本身零配置
用户管理	类似有线，根据 AP 接入的有线端口区分权限	无线专门虚拟专用组网方式，根据用户名区分权限
WLAN 组网规模	二层漫游，适合小规模组网，成本较低	二层、三层漫游，拓扑无关性，适合大规模组网，成本较高
增值业务能力	仅实现简单数据接入	可扩展语音等丰富业务

4.3.2 了解单核心 AC 组网技术

1. AP 组网模式

目前，业界企业级 WLAN 的技术发展趋势，形成了两套主流的组网趋势：

Fat AP 和 Fit AP 即（“胖”AP 和“瘦”AP 的方案）。

Fat AP 是传统的 WLAN 组网方案，AP 承担了认证终结、漫游切换、动态密钥产生等复杂功能，相对来说，AP 的功能较多，因此称为 Fat AP。

而 Fit AP 方案组网是新兴的一种 WLAN 组网模式，其相对 Fat AP 方案增加了无线交换机或 AC，作为中央集中控制管理设备，无线控制器（AC）在“瘦”AP 架构中，扮演对 AP 进行管理的角色，可以实现对所有 AP 进行认证安全、报文转发、RRM、QoS、漫游集群等管理。

原先在 Fit AP 自身上承载的认证终结、漫游切换、动态密钥产生等复杂业务功能，转移到 Wireless Switch 上来进行，Fit AP 与 Wireless Switch 之间通过隧道方式进行通信，还可以跨越 L2、L3 网络，甚至广域网进行连接，减少了单台 AP 的负担，提高了整网的工作效率。

2. 以 AP 为核心组网模式特点

（1）Fat AP 方案特点。Fat AP 自身功能较强大，无线局域网中设备之间的动态密钥产生、漫游切换、认证终结等功能都可以在 AP 自身上完成。

由于 Fat AP 自身的特点，组网简单，且成本低廉，它通常适用于规模较小，仅仅是数据接入业务需求的 WLAN 网络组建，或者是一些局部应用的 WLAN 网络进行热点覆盖的项目。

（2）Fit AP 方案特点。Fit AP 方案中增加了 Wireless Switch 作为中央控制管理单元，作为认证的终结点，适合大规模的 WLAN 组网；此外，Wireless Switch 与 AP 之间可以跨越 L2、L3 网络设备，以及广域网等网络类型，在 L2、L3 架构的网络中实现漫游，可以灵活地组网，因此 Fit AP 组网方案非常适合大规模组网。

以 AC 为核心的网络可以实现集中管理，在 AC 上配置好文件，AP 本身零配置，管理简单易行。此外在 AC 上还可以增加射频环境监控，实施基于用户位置的安全策略，提高无线局域网接入的安全性。

在 Fit AP 方案组网模式中，可以快速漫游切换、基于用户的权限管理、无线射频环境监控、语音视频等增值业务的满足，提高了网络传输的效率。

3. Fit AP 的组网模式

Fit AP 的组网有两种模式，分别为单核心的 AC 的组网模式和双核心的 AC 的组网模式。

（1）单核心的 AC 组网模式。单核心的 AC 组网模式如图 4-3-2 所示。

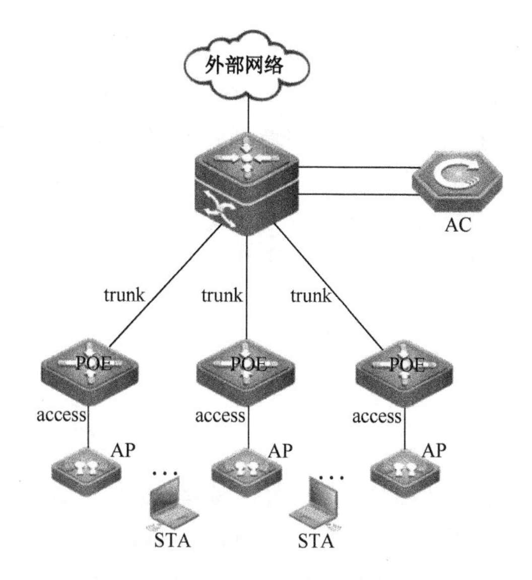

图 4-3-2　单核心的 AC 组网模式

（2）双核心的 AC 组网模式。双核心的 AC 组网模式如图 4-3-3 所示。

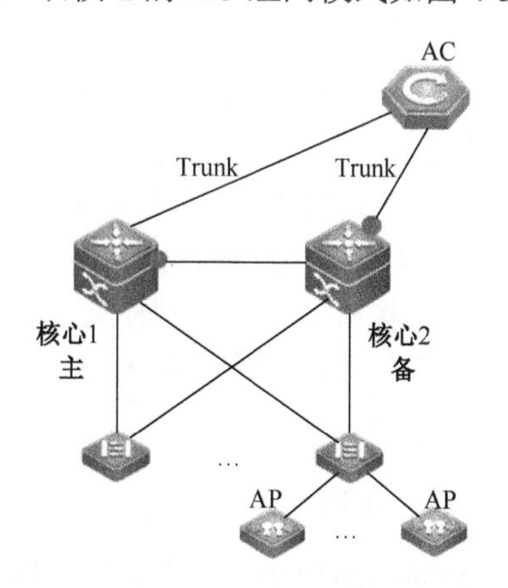

图 4-3-3　双核心的 AC 组网模式

4. 单核心的 AC 的组网模式

在单核心的 AC 的组网模式中，Fit AP 作为终端接入设备和有线骨干网络的二层交换机互相连接，把无线终端设备通过无线信号接入到有线网络中。有线网络二层交换机和核心汇聚实现有线网络连接。

Fit AP 和核心交换机连接，实现通过 L3 设备对全网络的无线集中控制。通过 L3 和 L2 之间建立专业隧道，将无线局域网接入有线骨干网络中并实现和互联网的通信。

5. 单核心的 AC 的信息传输过程

在单核心的 AC 的组网模式中，首先 AP 与 AC 之间建立 CAPWAP 隧道，实现 AP 与 AC 设备之间的路由连接。

然后，AC 设备通过 CAPWAP 隧道，将无线局域网的相关配置信息，推送至 Fit AP 设备上，下发的配置信息包括 Radio 的信道、功率、SSID 等。

（1）数据发送过程。AP 传输出无线信号，STA 接入 AP，将来自工作站的 PC 发出的数据，封装在 CAPWAP 隧道中，通过 L2 层和 L3 层设备发送给无线局域网的核心控制设备 AC 上。

AC 收到自工作站的 PC 发出的封装数据后，首先去掉 CAPWAP 封装头部，将工作站的 PC 发出的原始数据的 802.11 帧转换为 802.3 帧，并通过 trunk 接口转发给核心交换机，从而实现从无线局域网中的数据到有线网络中数据的转换。

（2）数据返回过程。数据由核心交换机转发给 AC，AC 将数据转换为 802.11 帧，并封装在 CAPWAP 报文中，转发给相应的 AP。AP 将数据解除封装并将 802.11 帧转发给相应的工作站的 PC。

4.3.3 了解多核心 AC 组网技术

1. Fit AP+AC 的组网模式

Fit AP 方案中使用无线控制器（AC），作为无线局域网的核心控制管理单元，Fit AP 本身零配置，在 AC 上配置好文件下发到 Fit AP 上，无线控制器（AC）与 Fit AP 之间，可以跨越 L2、L3 层的网络互联设备及无线局域网的封装的数据，可以在 L2、L3 架构的网络中实现漫游，可以灵活地组网，因此 Fit AP 组网方案非常适合大规模组网。

2. Fit AP+AC 的组网模式

Fit AP 的组网有两种模式，分别为单核心的 AC 的组网模式和双核心的 AC 的组网模式。

（1）单核心的 AC 组网模式。在单核心的 AC 组网模式中，AC 和网络核心的二层或者三层设备连接，通过单核心的有线网络设备，将无线局域网的工作站的 PC 发出的数据，经过 Fit AP，跨越单核心的 L2 或者 L3 层设备，实现和 AC 的通信连接。

（2）双核心的 AC 组网模式。在单核心的 AC 组网模式中，由于有线网络的核心没有实现冗余连接，影响网络的稳定性，因此，在大型的组网环境中，通过组建双核心、双 AC 的组网模式，增加网络的冗余和稳定性。

3. 多核心、多 AC 的 Fit AP+AC 的组网模式

在大型组网的核心网络中为增加网络的稳定性，多采用双核心的连接模式以实现网络的冗余连接。AC 设备和核心设备的连接如图 4-3-4 所示。

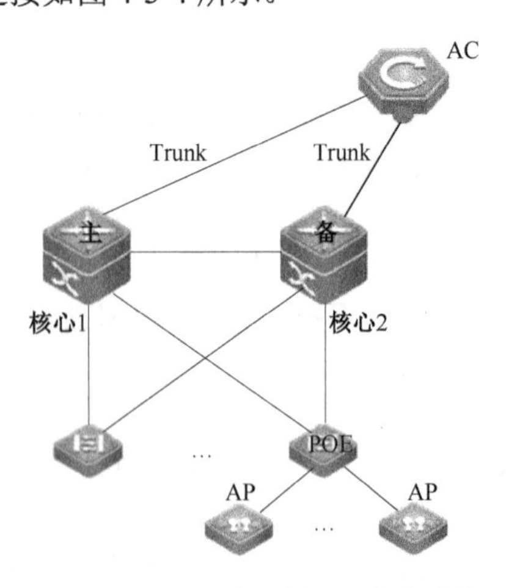

图 4-3-4　AC 设备和核心设备的连接

此外还有多核心、多 AC 的组网模式，如图 4-3-5 所示，通信原理同上。

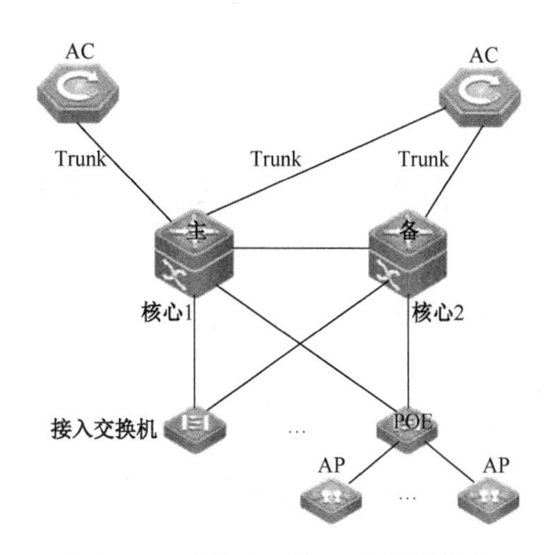

图 4-3-5 多核心、多 AC 的组网模式

4. 多核心的 AC 的信息传输过程

在多核心的 AC 的组网模式中，其工作原理为：

首先 AP 与 AC 之间建立 CAPWAP 隧道，实现 AP 与 AC 设备之间的路由连接。

然后，AC 设备通过 CAPWAP 隧道，将无线局域网的相关配置信息，推送至 Fit AP 设备上，下发的配置信息包括 Radio 的信道、功率、SSID 等。

（1）AC 不开启生成树协议，仅透传 BPDU。

修改主核心交换机的跳线接口的端口优先级为 0（默认为 128）。

（2）核心 1、2 与 AC 的互联 SVI 接口运行 VRRP。

核心 1、2 配置静态路由（AC 的 Lo0 地址）指向 AC 的互联地址，AC 配置默认路由指向核心 1、2 的 VRRP 虚拟地址。

（3）数据发送过程。

AP 传输出无线信号，STA 接入 AP，将来自工作站的 PC 发出的数据，封装在 CAPWAP 隧道中，通过 L2 和 L3 设备发送给无线局域网的核心控制设备 AC 上。

AC 收到自工作站的 PC 发出的封装数据后，首先去掉 CAPWAP 封装头部，将工作站的 PC 发出的原始数据的 802.11 帧转换为 802.3 帧，并通过 trunk 接口转发给核心交换机，从而实现无线局域网中的数据到有线网络中数据的转换。

（4）数据返回过程。

数据由核心交换机转发给 AC，AC 将数据转换为 802.11 帧并封装在 CAPWAP 报文中，转发给相应的 AP。

AP 将数据解除封装，将 802.11 帧转发给相应的工作站的 PC。

项目 5　配置无线局域网组网设备

5.1　配置无线局域网 AP 设备

5.1.1　Fat AP 的基本功能

AP 是无线局域网组网中应用到的无线互联设备，主要控制和管理无线客户端设备。AP 可以分为 Fat AP 和 Fit AP 两种类型。

Fat AP 是与 Fit AP 相对来讲的，Fat AP 将 WLAN 的物理层、用户数据加密、用户认证、QoS、网络管理、漫游技术及其他应用层的功能集于一身。帧在客户端和 LAN 之间传输需要经过无线到有线及有线到无线的转换。而 Fat AP 在这个过程中起到桥梁的作用。

Fat AP 在工作的过程中，主要特点如下。

（1）需要每台 AP 单独进行配置，无法进行集中配置，管理和维护比较复杂。

（2）支持二层漫游。

（3）不支持信道自动调整和发射功率自动调整。

（4）集安全、认证等功能于一体，支持能力较弱，扩展能力不强。

（5）对于漫游切换的时候存在很大的延时。

（6）Fat AP 无线网络解决方案可由 Fat AP 直接在有线网基础上构成。

（7）Fat AP 设备结构复杂，且难于集中管理。

“胖”AP 的应用场所仅限于 SOHO 家庭网络或小型无线局域网，小规模无线局域网部署时，“胖”AP 是不错的选择。有线网络入户后，可以部署“胖”AP 进行室内覆盖，室内无线终端可以通过“胖”AP 访问 Internet。但是对于大规模无线局域网部署，如大型企业网无线应用、行业无线应用及运营级无线网络，“胖”AP 则无法支撑如此大规模局域网部署。

5.1.2　配置 Fat AP 的基本设备

由于“胖”AP（Fat AP）控制和管理无线客户端无线设备，因此需要配置才能实现管理无线局域网网络中终端设备的功能。

1. 使用 Console 方式登录 AP，开启命令行配置界面

（1）需要的工具。

① 带有超级终端和 COM 接口的计算机。计算机上 COM 接口在机箱后面，接显示器接口旁边，上面有 9 根针。如果使用没有 COM 接口的笔记本电脑时，请自行购买 COM 接口转 USB 接口的配置线。

② AP 的 Console 接口。设备前面面板上有一个接口，有“console”标注。

③ 配置线。一头类似网线水晶头，另一头比较大，上面有 9 个孔，如图 5-1-1 所示。

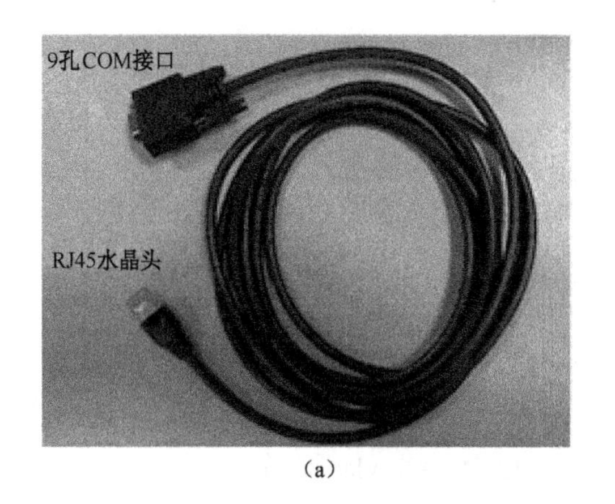

（a）

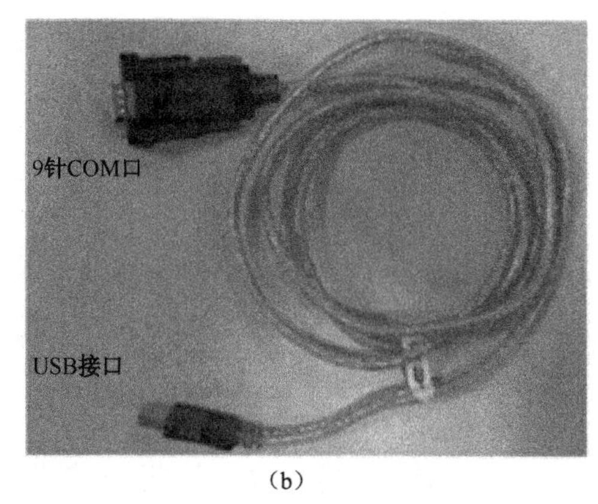

（b）

图 5-1-1　COM 接口转换配置线

（2）登录设备。用配置线连接计算机的 COM 接口和 AP 的 Console 接口，然后配置超级终端。

在计算机桌面上选择“开始”→“所有程序”→“附件”→“通信”命令，打开其中的“超级终端”程序（如无“超级终端”程序，需在“控制面板”的“添加/删除程序”中进行添加）。如果是首次使用超级终端会出现如下信息，如图 5-1-2 所示。

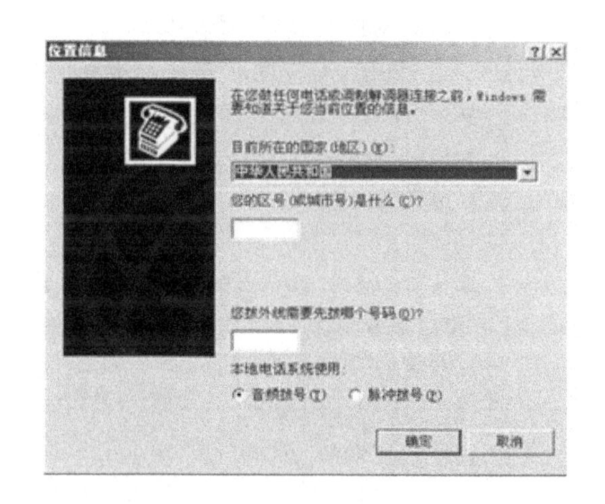

图 5-1-2　“位置信息”对话框

任意填入一个区号（如 099）后单击“确定”按钮，再次单击“确定”按钮便打开超级终端。名称任意填写，然后单击“确定”按钮。

在“连接时使用”下拉列表中选择当前配置线连接的 COM1 接口（注意，有些计算机可能会有多个 COM 接口，要注意选择正确的 COM 接口），然后单击“确定”按钮，如图 5-1-3 所示。

在“COM1 属性”对话框中单击“还原为默认值”按钮，如图 5-1-4 所示。

图 5-1-3　“连接到”对话框

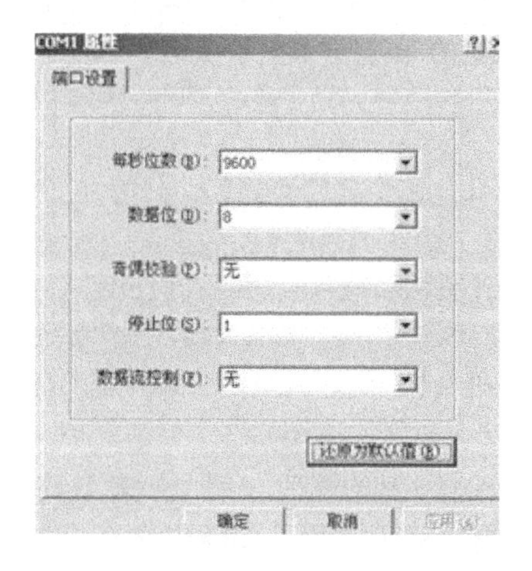

图 5-1-4　“COM1 属性”对话框

设置连接参数完成后，单击“确定”按钮，打开“超级终端”配置窗口，窗口左上角可看到光标在闪烁，这时按 Enter 键即出现如下提示，证明登录成功。

```
ruijie>
```

2. 配置步骤

（1）使用 Console 方式登录到 AP。

注：如果提示输入密码，默认密码为“ruijie”。

```
Password:ruijie            //锐捷无线设备的默认密码为ruijie
```

（2）将 AP 切换为“胖”AP。AP 出厂设置默认为“瘦”AP，需要进行“胖瘦”切换。

```
Ruijie>ap-mode fat
```

（3）新建 vlan。

注：此 vlan 只有本地有效，上传到交换机的用户数据不会带 vlan 标签。

```
Ruijie(config)#vlan 10
Ruijie(config-vlan)#exit
```

（4）以太网物理接口封装 vlan。

注：此 vlan 只有本地有效，上传到交换机的用户数据不会带 vlan 标签。

```
Ruijie(config)#interface gigabitEthernet 0/1
Ruijie(config-if-GigabitEthernet 0/1)#encapsulation dot1Q 10
```

（5）定义 SSID。

```
Ruijie(config)#dot11 wlan 1
Ruijie(dot11-wlan-config)#ssid ruijie
Ruijie(dot11-wlan-config)#vlan 10
```

（6）创建射频卡子接口。

```
Ruijie(config)#interface dot11radio 1/0.10
Ruijie(config-subif)#encapsulation dot1Q 10
     //必须封装vlan 并且此vlan要和以太物理接口一致
Ruijie(config-subif)#mac-mode fat
Ruijie(config)#interface dot11radio 2/0.10
Ruijie(config-subif)#encapsulation dot1Q 10
Ruijie(config-subif)#mac-mode fat
```

（7）SSID 和射频卡进行关联。

```
Ruijie(config)#interface dot11radio 1/0
Ruijie(config-if-Dot11radio 1/0)#wlan-id 1
Config interface wlan id:1， SSID:ruijie          //提示映射成功
Ruijie(config)#interface dot11radio 2/0
Ruijie(config-if-Dot11radio 2/0)#wlan-id 1
Config interface wlan id:1, SSID:ruijie           //提示映射成功
```

注：第（5）步、第（6）步、第（7）步顺序不能颠倒，完成后可以看到 AP 已经发出无线信号。

（8）配置 AP 的管理 IP 地址及默认路由。

```
Ruijie(config)#interface bvi 10
Ruijie(config-if-BVI 10)#ip add 172.16.1.253 255.255.255.0
Ruijie(config-if-BVI 10)#exit
Ruijie(config)#ip route 0.0.0.0 0.0.0.0 172.16.1.1
```

5.2 配置无线局域网 AC 设备

5.2.1 使用 Console 方式登录 AC 设备

1. “瘦” AP 网络架构

“瘦” AP 无线技术是采用“有线交换机+无线控制器 AC+‘瘦’AP”的组网方式，即 AP 作为简单的无线接入点，不具备管理控制功能；而通过无线控制器统一管理所有 AP，向指定 AP 下发控制策略，无须在各 AP 上单独配置。其组网拓扑结构如图 5-2-1 所示。

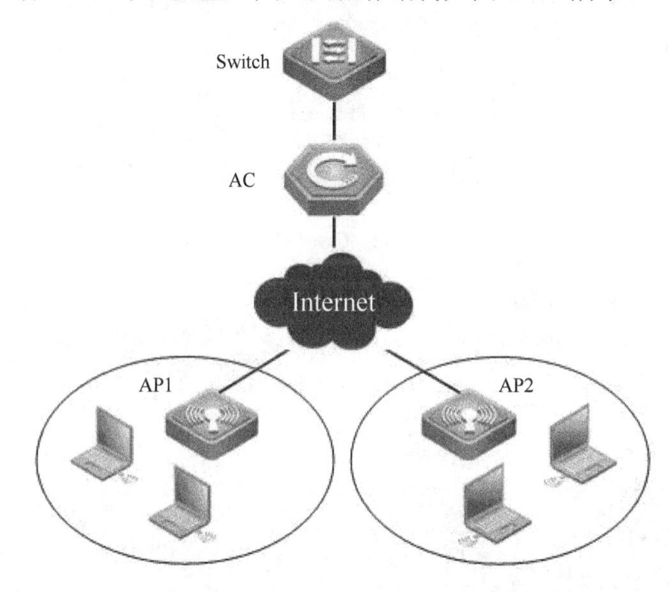

图 5-2-1 “瘦” AP 组网拓扑结构示意图

AC 通过有线网络与多台 AP 相连，用户只需在 AC 上对所关联的 AP 进行配置管理。

在 WLAN 网络中，对“瘦” AP 的控制管理统一集中在 AC 上配置，用户可以通过 AC 的控制台进入多个配置模式来配置管理 AC、AP 及 WLAN，进而对 WLAN 网络进行规划部署。

在 AC 配置模式下，可以对 AC 自身的功能属性及指定 AP 的部分功能属性进行配置。

2. 需要的工具

带有超级终端和 COM 接口的计算机，计算机上的 COM 接口在机箱后面，接显示器接口的旁边，上面有 9 根针，如图 5-2-2 所示。

如果使用没有 COM 口的笔记本电脑时，请自行购买 COM 接口转 USB 接口的配置线。AC 设备的设备前面面板上有一个接口，上面有“console”标注；主要使用专用的配置线（一头类似网线水晶头，另一头比较大，上面有 9 个孔）连接，如图 5-2-3 所示。

3. 登录 AC 设备

（1）使用配置线连接计算机的 COM 接口和 AC 的 Console 接口。

（2）配置计算机的超级终端程序。

计算机上超级终端程序的配置过程，同以上 AP 的配置过程。配置完成后，按 Enter 键即出现如下提示，证明登录成功。

```
ruijie>
```

图 5-2-2 COM 接口

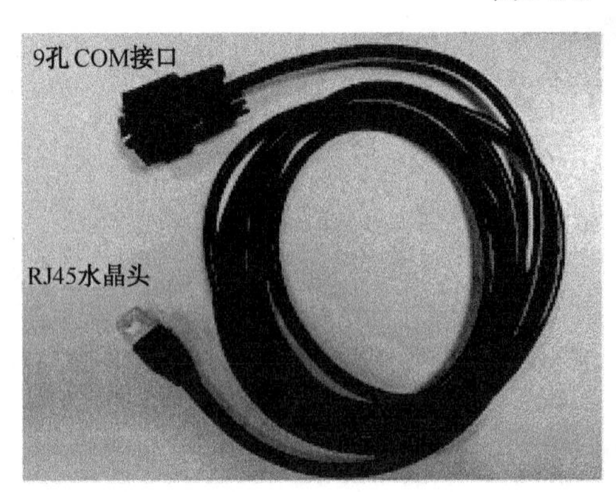

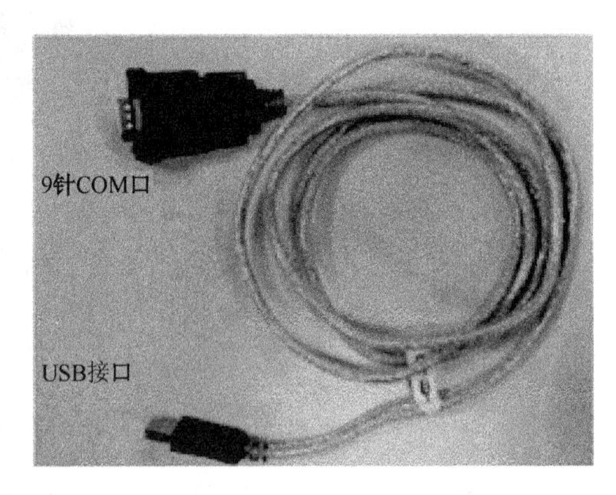

图 5-2-3 COM 接口转换配置线

5.2.2 配置 AC 设备的 Telnet 远程登录功能

1. 开启 AC Telnet 及配置 Enable 密码

通过以上配置过程连接配置计算机和 AC 设备，按照上述过程配置通过 Console 接口方式登录 AC 设备。

2. 配置 AC 设备的远程登录功能

（1）配置 AC 的 IP 地址及路由。

```
ruijie(config)#interface vlan 1
ruijie(config-if-VLAN 1)#ip address 192.168.1.1 255.255.255.0
ruijie(config)#ip route 0.0.0.0 0.0.0.0 192.168.1.2
```

（2）配置 Telnet 密码。

```
ruijie(config)#line vty 0 4
ruijie(config-line)#password ruijie
```

（3）配置 Enable 密码。

```
ruijie(config)#enable password ruijie
```

3. 验证 Telnet 远程登录功能

通过网线连接计算机和 AC 设备的以太网接口，保证连接的计算机和 AC 设备连接的 IP 地址在同一网段。

（1）在连接的计算机中执行“开始”→“运行”命令，在出现的“运行”对话框中输入“cmd”命令，单击“确定”按钮，在弹出的 CMD 命令行窗口中，输入如下命令，如图 5-2-4 所示。

```
telnet  192.168.1.1  ！AC  IP 地址
```

图 5-2-4　CMD 命令行窗口

（2）按 Enter 键后，出现输入密码界面，该密码是 Telnet 登录密码，密码输入时隐藏不显示。输入正确的密码后按 Enter 键，进入设备的用户模式，如图 5-2-5 所示。

（3）在 AC 设备提升的“ruijie>”模式下，输入“enable”命令后，提示输入特权密码，输入正确的密码后按 Enter 键，进入特权模式，如图 5-2-6 所示。

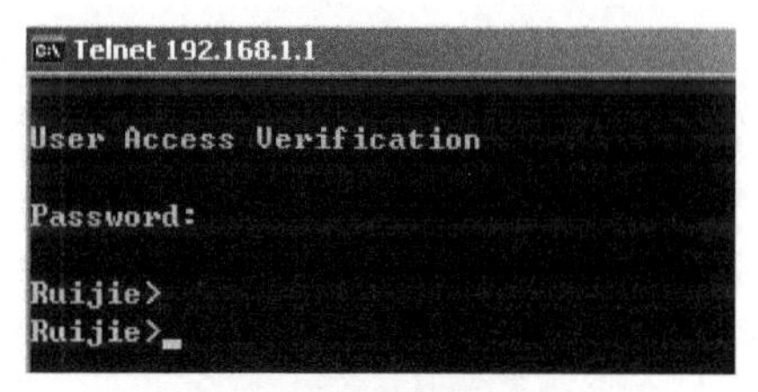

图 5-2-5　设备用户模式

图 5-2-6　特权模式

5.2.3　配置无线 AC 设备（1）

1. 进入 AC 配置模式执行如下命令

```
Ruijie(config)# ac-controller    ！进入AC命令模式
Ruijie(config-ac)#
```

2. 配置 AC 的名称

在名称缺省情况下，系统默认 AC 的名称为“Ruijie_Ac_V0001”。为方便用户在 WLAN 网络中识别并管理 AC，可以为各 AC 指定名称。

在 AC 配置模式下，配置如下命令：

```
Ruijie(config-ac)# ac-name ac-name  ！配置AC的名称
```

3. 配置网络射频工作频段

WLAN 网络默认允许无线设备工作频段为 2.4GHz 或 5GHz，用户可以配置允许或禁止网络中无线设备的工作频段。具体配置如下：

```
Ruijie(config-ac)# { 802.11a | 802.11b } network {disable | enable}
！配置网络射频工作频段，802.11a：表示5GHz的工作频段；802.11b：表示2.4GHz的工作频段
```

4. 配置 AC 可以连接的最大 AP 数

在 WLAN 网络中，一台 AC 可以关联多台 AP。用户可以配置指定 AC 可关联的最大 AP 数。

配置命令如下：

```
Ruijie(config-ac)# wtp-limit max-num
! 配置该AC可以连接的最大AP数，max-num：可连接的最大AP数
```

5. 配置删除指定无线用户

如果管理员在非法用户已加入 AC 后才配置用户黑名单，则黑名单过滤策略对该用户无效。管理员可以在 AC 配置模式下删除指定无线用户的 MAC 地址，配置如下命令：

```
Ruijie(config-ac)# client-kick sta-mac
! 删除指定无线用户，sta-mac：无线用户的mac地址
```

6. 配置指定的 AP 切换到“胖”AP 模式

在缺省情况下，所有“瘦”AP 受关联的 AC 控制，“瘦”AP 可以转换成“胖”AP，即可以有自控能力。用户可以在 AC 上对指定的 AP 配置切换到“胖”AP 模式。

在 AC 配置模式下，配置如下命令：

```
Ruijie(config-ac)# switch2fat ap-name
! 配置指定的AP切换到“胖”AP模式，ap-name：指定某个AP
```

7. 配置指定的 AP 恢复出厂设置

用户可以在 AC 上将指定的 AP 的配置信息清除并恢复至出厂设置，在 AC 配置模式下，配置如下命令：

```
Ruijie(config-ac)# factory-reset ap-name
! 配置指定的AP恢复出厂设置，ap-name：指定某个AP名称
```

8. 配置 AP 复位

用户可以在 AC 配置模式下，对特定的 AP 进行复位，配置如下命令：

```
Ruijie(config-ac)# reset all     ! 复位所有的AP
```

9. 配置 AP 所属的 AP 组

```
Ruijie(config)# ap-config ap-name
Ruijie(config-ap)#[no] ap-group test-group
!  test-group：指定的AP组名
```

10. 创建 WLAN

无线网络中，用户可以通过创建 WLAN 将网络划分为多个 WLAN 子网，并在 WLAN 配置模式下配置指定 WLAN 的功能属性，实现为无线用户提供不同的网络服务。

```
Ruijie(config)#  wlan-config wlan-id
! wlan-id：指定WLAN的ID号，取值范围为1～4095
```

5.2.4 配置无线 AC 设备（2）

继续通过使用如下命令，配置 AC 设备。

1. 查看 CPU 利用率

使用“show cpu”命令查看 CPU 利用率。不同型号 AC 空载时的 CPU 利用率会有所不同，只要 CPU 利用率在 80%以内均不会影响设备正常工作，如图 5-2-7 所示。

```
AC-1#show cpu
=======================================
     CPU Using Rate Information
CPU utilization in five seconds: 10%  5秒钟CPU利用率
CPU utilization in one minute  : 9%   1分钟CPU利用率
CPU utilization in five minutes: 9%   5分钟CPU利用率
  NO    5Sec    1Min    5Min    Process
   0     9%      9%      9%     LISR INT
   1     0%      0%      0%     HISR INT
   2     0%      0%      0%     ktimer
   3     0%      0%      0%     atimer
   4     0%      0%      0%     printk_task
   5     0%      0%      0%     waitqueue_process
   6     0%      0%      0%     tasklet_task
   7     0%      0%      0%     kevents
   8     0%      0%      0%     snmpd
   9     0%      0%      0%     snmp_trapd
```

图 5-2-7　查看 CPU 利用率

2. 查看内存利用率

在 AC 设备上，使用“show memory”命令查看 AC 内存利用率，不同型号 AC 空载时内存利用率有所不同，只要内存利用率在 80%以内均不会影响设备正常工作，如图 5-2-8 所示。

```
AC-1#show memory
Buddy System info ( Active: 192, inactive: 169, free: 216313 ) :
  Zone : DMA
    watermarks : min 619, low 2476, high 3714
    watermarks : min 2410, low 4267, high 5505
    watermarks : min 0, low 0, high 0
    Totalpages : 37173(148692KB), freepages : 24043(96172KB)
  Zone : Normal
    watermarks : min 1000, low 4000, high 6000
    watermarks : min 0, low 0, high 0
    Totalpages : 458732(1834928KB), freepages : 192270(769080KB)
System Memory Statistic:
  Total Objects : 166406, objects using size 894323KB.
  System Total Memory : 2048MB, Current Free Memory : 866799KB
  Used Rate : 59%
slabinfo - (statistics)
```

图 5-2-8　查看内存利用率

3. 查看设备配置

在 AC 设备上，使用以下命令，查看 AC 和 AP 配置。

```
Ruijie# show running-config
……
Ruijie# show ap-config running
……
```

4. 查看设备在线时间

在 AC 设备上，使用“show version”命令， 查看设备在线时间是否和实际一致，如果不一致，设备可能被重启过，如图 5-2-9 所示。

```
AC-1#show version
System description      : Ruijie 10G Wireless Switch(WS5708) By Ruijie Networks.
System start time       : 2013-02-21 9:7:59   设备开机时间
System uptime           : 0:0:33:10           设备在线时间
System hardware version : 1.01
System software version : RGOS 10.4(1b17), Release(150199)
System boot version     : 10.4.128107
System serial number    : 8652DHC460004
```

图 5-2-9　查看设备在线时间

5. 查看 AP 工作状态及在线数量

在 AC 设备上，通过“show ap-config summary”命令，可以查看到 AP 在数量、命名、IP 地址、MAC 地址、Radio 状态、用户数、radio 工作信道、radio 发送功率、在线时间，如图 5-2-10

所示。

图 5-2-10 查看 AP 工作状态及在线数量

6. 查看无线用户在线状态

在 AC 设备上，使用“show ac-config client”命令，可以查看到总共在线人数、无线用户 MAC 地址、无线用户 IP 地址、无线用户和哪台 AP 关联、无线用户属于哪个 WLAN、无线用户关联哪个 SSID、无线用户目前的关联速率、无线用户使用哪种认证、无线用户在线时间，如图 5-2-11 所示。

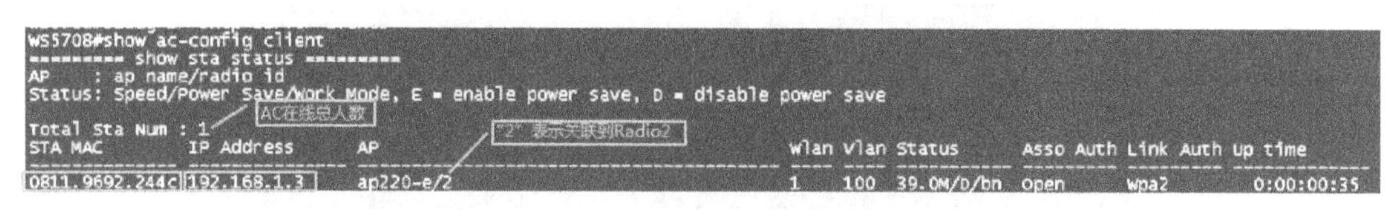

图 5-2-11 查看无线用户在线状态

7. 查看无线用户信号强度

登录到 AP 设备上，使用“show dot11 associations all-client”命令，查看无线用户信号强度、关联速率、关联时间，如图 5-2-12 所示。

图 5-2-12 查看无线用户信号强度

注：RSSI 指的是接收信号强度，范围 0～100（对应的无线用户信号强度在此基础上-95，例如配置值 25，对应的无线用户信号强度为 25-95 = -70dBm）

8. 查看无线用户连接状态及认证状态

登录到 AC 设备上，使用“show wlan stainfo summary”命令，查看无线用户连接状态及认证状态，如图 5-2-13 所示。

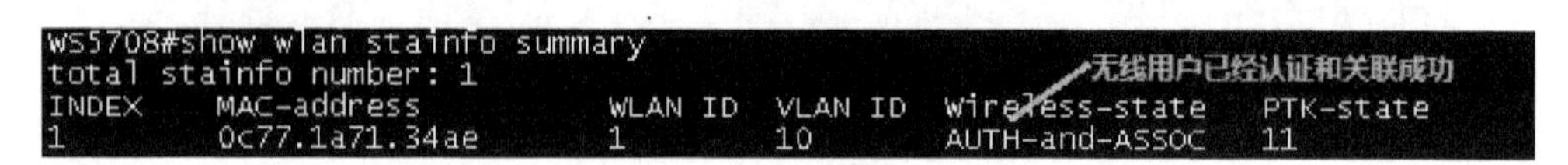

图 5-2-13 查看无线用户连接状态及认证状态

9. 查看无线用户认证及加密类型

登录到 AC 设备上，使用“show wclient security”命令，查看无线用户认证及加密类型，如

图 5-2-14 所示。

```
WS5708#show wclient security 0c77.1a71.34ae
Security policy finished      :TRUE
Security policy type          :WPA-802.1X 认证方式802.1x
WPA version                   :WPA2 (RSN) WPA2 认证
Security cipher mode          :CCMP 加密方式CCMP(AES)
Security EAP type             :PEAP
Security NAC status           :CLOSE
```

图 5-2-14 查看无线用户认证及加密类型

10. 检查 AC 时间是否和实际一致

在 AC 设备上，使用“show clock”命令，确认时间是否准确。如果时间不准确，则需要通过如下命令，进行调整，如图 5-2-15 所示。

```
WS5708#clock set 17:48:00 2 27 2013     ! 2013年2月27日17时48分
```

```
WS5708#show clock
14:27:07 UTC Wed, Feb 27, 2013
WS5708#
```

图 5-2-15 检查 AC 时间是否和实际一致

5.2.5 配置无线 AC、AP 设备的软件升级

当无线 AC、AP 设备第一次上线使用时，现有版本可能存在 bug，需要使用新版本中的新增功能时，需要将软件版本升级到指定版本。

1. 配置步骤并查询设备配置及 AP 在线状态

首先，需要找到随机的软件说明书，通过《版本发行说明》，确认 AP 及 AC 适用的软件版本信息。

其次，登录 AC 设备后，使用如下命令查询无线 AC、AP 设备的配置信息。

```
ruijie#show running-config
……
ruijie#show ap-config running-config
……
ruijie#show ap-config summary
……
Ruijie#show version
……
! 登录AC设备后，使用“show version”命令查看AC的版本，确认AC和升级后的AP版本一致。若不一致，对AC进行升级
```

2. 确认目前设备的配置，让所有 AP 正常关联到 AC 上

在 AC 设备上，使用“show capwap state”命令，查看 AP 的工作模式是否在“run”状态。

```
ruijie# show capwap state
……
ruijie# show version all
……
! 使用命令，确认AP的型号、硬件和软件版本，根据不同的型号、硬件版本选择不同的软件版本
```

3. 将 AC 和 AP 软件版本上传到 AC

```
ruijie#copy tftp://192.168.10.40/WLAN-AC_10.4(1b17)_R144996_install.bin
```

```
flash:rgos.bin

    ruijie#copy tftp://192.168.10.40/WLAN-AP_10.4(1b17)_R144996_install.bin
flash:AP220-E-144996.bin

    ruijie#copy tftp://192.168.10.40/AP220_10.4(1b17)_R144996_install.bin
flash:AP220-I-144996.bin
```

注：AP 有两个版本，Copy 到 Flash 文件名建议有一定规则，如上面的例子。

4. 删除原先升级配置

```
ruijie(config)#ac-controller
ruijie(config-ac)# no ap-image ap_old.bin ap-serial
ruijie(config-ac)# no active-bin-file ap_old.bin
ruijie(config-ac)# no ap-serial ap-serial AP220-E AP220-SE AP620-H
```

5. 添加新的升级配置

```
ruijie(config)#ac-controller
ruijie(config-ac)# active-bin-file AP220-E-144996.bin
ruijie(config-ac)# active-bin-file AP220-I-144996.bin

ruijie(config-ac)# ap-serial AP1 AP220-E AP220-SH AP220-SE AP220-E(M)
AP620-H hw-ver 1.x
ruijie(config-ac)# ap-serial AP2 AP220-E AP220-SH AP220-E(M) hw-ver 2.x
ruijie(config-ac)# ap-serial AP3  AP220-I AP220-SI hw-ver 1.x
ruijie(config-ac)# ap-image AP220-E-144996.bin AP1
ruijie(config-ac)# ap-image AP220-I-144996.bin AP2
ruijie(config-ac)# ap-image AP220-I-144996.bin AP3
```

注：如果遇到 AP220-E 是运营商版本并且硬件版本显示为 version N，则 hw-ver 可以配置为 x.x。

6. 确认设备版本升级及是否升级完成

```
ruijie#show ap-config updating-list
……
ruijie#show version all
……
```

7. 重启设备

```
ruijie#reload
```

8. 检查设备配置及状态

```
ruijie#show running-config
……
ruijie#show ap-config running-config
……
ruijie#show ap-config summary
……
```

5.2.6 配置无线设备密码恢复

如果管理员忘记 AC 登录密码，那么此时可通过配置线缆连接 AC 设备，进入 CTRL 层。进行密码恢复，不需要保留之前的配置信息。

配置无线设备密码恢复配置要点如下。

（1）进行密码恢复需要准备好配置线。

（2）密码恢复过程中，需要重启设备在 CTRL 层的操作完成。

通过如下步骤，配置无线设备密码恢复。

（1）密码恢复过程。用配置线连接设备的“console”接口。用超级终端配置网络设备，设置过程参考上述的“Console 方式登录”。

（2）手动开启电源，对设备进行重启。

（3）出现“Ctrl+C”提示时，按下 Ctrl+C 组合键，如图 5-2-16 所示。

```
System bootstrap ...
Boot Version: RGOS 10.4(1T13), Release(128107)
Nor Flash ID: 0x01490000, SIZE: 2097152Bytes
Using 750.000 MHz high precision timer.
MTD_DRIVER-5-MTD_NAND_FOUND: 1 NAND chips(chip size : 536870912) detected
Press Ctrl+C to enter Boot Menu ..
```

图 5-2-16　出现提示命令行

（4）按下 Ctrl+C 组合键后，出现如图 5-2-17 所示的命令行窗口。选择“4.文件管理”选项。

```
====== BootLoader Menu("Ctrl+Z" to upper level) ======
******************************************************
    TOP menu items.
******************************************************
    0. Tftp utilities.
    1. XModem utilities.
    2. Run Main.
    3. Run an Executable file.
    4. File management utilities.
    5. SetMac utilities.
    6. Scattered utilities.
******************************************************
Press a key to run the command: 4
```

图 5-2-17　打开文件管理

（5）在打开的“文件管理”命令行窗口中，选择“1”选项，将配置文件 config.text 删除，如图 5-2-18 所示。

```
====== BootLoader Menu("Ctrl+Z" to upper level) ======
******************************************************
    File management utilities.
******************************************************
    0. List information about the files.
    1. Remove a file.
    2. Rename or Move a file.
    3. Format flash filesystem.
******************************************************
Press a key to run the command: 1
The filename you want to remove:config.text
Are you sure you want to delete "config.text"?[Yes/no]y

File "config.text" is deleted.
```

图 5-2-18　删除配置文件

（6）按下 Ctrl+Z 组合键，回到上一层级，选择“2.重启设备”选项，重启设备，如图 5-2-19 所示。

（7）重启完成后，设备恢复出厂设置。

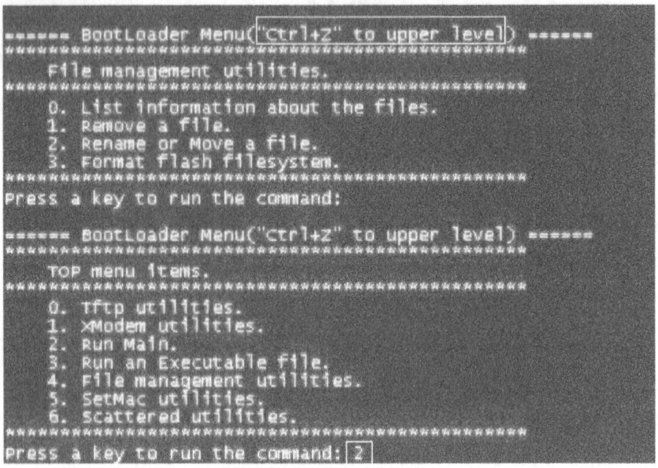

```
====== BootLoader Menu("Ctrl+Z" to upper level) ======
*****************************************************
    File management utilities.
*****************************************************
    0. List information about the files.
    1. Remove a file.
    2. Rename or Move a file.
    3. Format flash filesystem.
*****************************************************
Press a key to run the command:

====== BootLoader Menu("Ctrl+Z" to upper level) ======
*****************************************************
    TOP menu items.
*****************************************************
    0. Tftp utilities.
    1. XModem utilities.
    2. Run Main.
    3. Run an Executable file.
    4. File management utilities.
    5. SetMac utilities.
    6. Scattered utilities.
*****************************************************
Press a key to run the command: 2
```

图 5-2-19　重启设备

5.3　了解无线局域网数据传输过程

5.3.1　了解 CAPWAP 传输机制

在无线局域网的"'瘦' AP+无线控制器 AC"的组网方案中，所有的 AP 都由 AC 统一控制。

随着"瘦"AP 架构的无线局域网组网方案迅速得到普及，各个厂商之间的兼容性变得越来越重要，这是制定 CAPWAP 协议的主要原因。

CAPWAP 协议的主要功能是在无线局域网的环境中，通过 AC 设备可以控制不同厂商的 AP，从而真正实现无线局域网的互联互通，但现在还未能完全实现。

1. CAPWAP 隧道协议的定义

CAPWAP 是 Control And Provisioning of Wireless Access Points Protocol Specification 的缩写，译为控制的无线接入点和配置协议，由 IETF（互联网工程任务组）标准化组织于 2009 年 3 月定义。

CAPWAP 协议标准由两个部分组成：CAPWAP 协议和无线 BINDING 协议。其中：

（1）CAPWAP 协议是一个通用的隧道协议，主要完成 AP 发现 AC 等基本协议功能，与具体的无线接入技术无关。

（2）BINDING 协议提供具体和某个无线接入技术相关的配置管理功能。

前者规定了各个阶段需要做什么事，后者是指在各种接入方式下，应该怎样完成这些事。

2. CAPWAP 协议的主要功能

AC 设备通过 CAPWAP 协议标准来控制 AP 设备，在集中转发模式下，STA 的所有报文都由 AP 设备封装成 CAPWAP 报文后，再由 AC 设备解除封装后，进行转发。即使是本地转发模式，AP 设备依然由 AC 设备通过 CAPWAP 报文进行控制。因此 CAPWAP 可以说是瘦 AP 方案中最为重要的技术之一。

AP 设备自动发现 AC 设备，AC 设备对 AP 设备进行安全认证，AP 设备从 AC 设备获取软件映像，AP 设备从 AC 设备获得初始和动态配置等。此外，系统可以支持本地数据转发和集中数据转发。

“瘦”AP 架构让 AC 设备具有了对整个 WLAN 网络的完整视图，为无线漫游、无线资源管理等业务功能的实现提供了基础。

5.3.2　了解 CAPWAP 传输机制

1. CAPWAP 协议的工作机制

CAPWAP 协议是一个通用隧道协议，主要完成无线局域网中的控制无线接入点和配置。

AC 通过 CAPWAP 来控制 AP，在集中转发模式下，网络中 STA 的所有报文都由 AP 封装成 CAPWAP 报文后，再由 AC 解除封装后进行转发。

2. CAPWAP 协议的工作过程

目前，CAPWAP 功能的技术实现主要是基于三层网络传输模式下，即所有的 CAPWAP 报文，都被封装成 UDP 报文格式，在 IP 网路中传输。

而 CAPWAP 隧道协议是由 AC 设备的接口 IP 地址和 AP 设备的 IP 地址来维护（对应无线控制器的 loopback0 地址及 AP 设备的 IP 地址）。因此在基于三层架构的无线局域网环境中，为保证 CAPWAP 隧道协议运行正常，无线控制器的 loopback0 地址与 AP 设备的 IP 地址之间路由可达，实现联通。

在 CAPWAP 协议中，对 CAPWAP 状态机进行完整地描述，整个过程包括：Discovery→Join→Image Data→Configuration→Data check→Run。

CAPWAP 协议建立隧道的过程，需要经历以下 7 个步骤。

（1）AP 通过 DNS、DHCP、静态配置 IP 地址、广播等方式，获取到 AC 设备的 IP 地址。AP 设备首先要获取到 IP 地址。AP 设备获取 AC 设备的 IP 地址有多种方式，如 DNS 解析、DHCP 的 option 选项、配置静态 IP 地址、广播、组播等。

在无线产品的实际部署过程中，通过 DHCP+option138 方式分配 AP 设备与 AC 设备的 IP 地址，其中 option138 配置为 IP 数组类型，可以配置多个 AC 设备的 IP 地址。

AP 设备第一次启动后需要先获取自身及 AC 设备的 IP 地址，当 AP 设备第一次获取到 AC 设备的 IP 地址后，那么该地址会被保存在 Flash 中，而不是在 config.text 配置文件中。因此以后 AP 设备再启动时，只要能获取到自己的 IP 地址，即使没有获取 AC 设备的 IP 地址，也能与之前配置的 AC 设备建立 CAPWAP 隧道协议。

（2）AP 设备发现 AC 设备。AP 设备获取到 AC 设备的 IP 地址后，AP 设备发送 Discovery 报文后，CAPWAP 状态机进入 Discovery 状态。

CAPWAP 控制报文的 Discovery 帧结构，由于它完成的是查找现有 AC 设备的过程，此时控制隧道还未建立，因此它是所有控制报文中唯一非加密数据报文。

在无线的“瘦”AP 方案中，AP 设备获取到 AC 设备的 IP 地址后，马上发出多个 Discovery Request 报文，报文包括以下几方面。

① 广播 Discovery Request 报文。

② 组播 Discovery Request 报文，目的地址为 224.0.1.140。

③ 单播 Discovery Request 报文，目的地址为 AC 设备的 IP 地址。AC 设备的 IP 地址可以有多个，所以这类型的报文也可以有多个。

如图 5-3-1 所示的是控制报文“Discovery Request 与 Discovery Response”的报文格式。

（3）AP 设备请求加入 AC 设备。AP 设备发出 Discovery Request 报文并得到回应后，则开始准备加入到该 AC 设备。

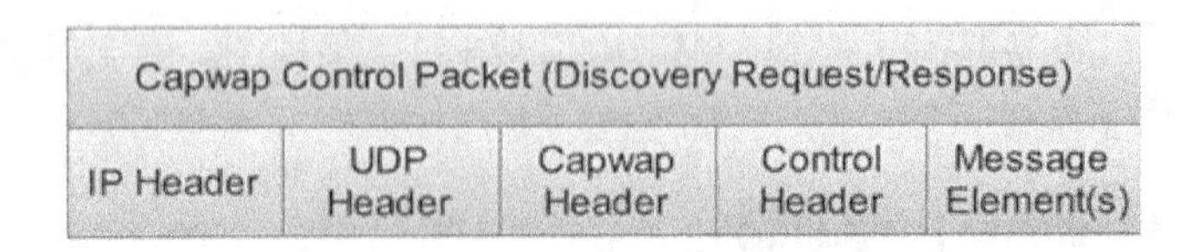

图 5-3-1　控制报文的报文格式

如果 AP 设备发出 Discovery Request 报文，得到多台 AC 设备回应，并且多台 AC 设备在该 AC 设备上定义的优先级不同，那么 AP 设备会优先申请加入到优先级最高的 AC 设备上。

（4）AP 设备自动升级。Image Data 状态是 AC 设备对 AP 设备升级的过程，目的是为了 AP 设备的版本可正常关联 AC 设备。但 AP 设备收到 Join Response 报文后，先比较当前运行的软件版本和 AC 设备要求运行的软件版本是否一致，如果不一致则发送“Image Data Request”请求进行自动升级。AP 升级成功或失败后，设备重启。

（5）AP 设备配置下发。当 AP 设备比较完版本后判定 AP 设备不需要升级，或者当 AP 设备已经升级完毕时，AC 设备开始下发配置给 AP 设备。

以下为配置下发的主要过程。

① AP 设备收到 AC 设备发来的 Join Response 报文，其 Result Code 为 Success，且 AP 设备当前运行的版本和要求运行的版本一致，AP 设备发出 Config Status Request 报文，进入 Config 状态。

② AC 设备收到 Config Status Request 报文后，进入 Config 状态，并回应 Config Status Response，通知 AP 设备按要求进行配置。如果 AC 设备在发出 Join Response 报文后，60s 内没有收到 Config Status Request，则状态转 DTLS Teardown。

③ AP 设备收到 Config Status Response 报文，配置同步完成。如果 AP 设备发出 Config Status Request 报文后，51s 内没有收到 Config Status Response 报文，则状态转 DTLS Teardown。

（6）AP 设备配置确认。AC 设备下发配置后，还需要确认配置是否在 AP 设备上执行成功。

当 AP 设备进入 Run 状态，说明 AP 设备与 AC 设备的控制和数据通道建立已成功，用户可根据需要，对指定的 AP 设备做配置设置，如创建 WLAN、设置信道、调整发射功率等，并可实时监控 AP 设备的运行状态。

（7）通过 CAPWAP 隧道协议转发数据。AP 设备进入 Run 状态后，开始创建数据通道，并每隔 30s 发送 1 个数据通道保护报文。AP 设备与 AC 设备开始转发用户数据，同时也需要定期检查 CAPWAP 通道协议是否正常工作。

项目6　实施无线局域网组网（1）

6.1　组建以AP为核心的无线局域网

6.1.1　配置Fat AP单无线信号

1. 组网需求

在无线局域网中，接入层没有可网管型交换机，要在有线骨干网的基础上，添加一台 AP 实现无线覆盖。

2. 设备

AP（1台）、交换机（1台）、STA（1台）。

3. 组网拓扑

无线局域网的组网拓扑如图6-1-1所示。

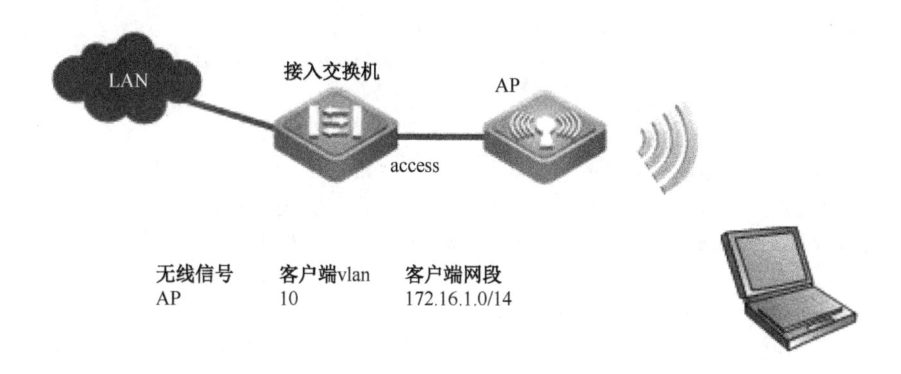

图6-1-1　无线局域网络的组网拓扑

4. 配置要点

（1）连接好网络拓扑，保证AP设备能被供电，能正常开机。
（2）保证要接AP设备的网线接在计算机上，计算机可以使用网络，使用ping测试。
（3）完成AP设备基本配置后，验证无线SSID能否被无线用户端正常搜索到。
（4）配置无线用户端的IP 地址为静态IP，并验证网络连通性。
（5）AP设备其他可选配置（DHCP服务、无线的认证及加密方式）。
注意，第一次登录AP配置时，需要切换AP为“胖”AP模式工作，切换命令为：

```
ruijie>ap-mode fat
```

5. 配置步骤

1）配置无线用户 VLAN 和 DHCP 服务器（给连接的 PC 分配地址，如网络中已经存在 DHCP 服务器可跳过此配置）。

```
Ruijie>enable
Ruijie#configure terminal
Ruijie(config)#vlan 1                    ! 创建无线用户VLAN
Ruijie(config)#service dhcp              ! 开启DHCP服务
Ruijie(config)#ip dhcp excluded-address 172.16.1.253 172.16.1.254
                                         ! 不下发地址范围

Ruijie(config)#ip dhcp pool test         ! 配置DHCP地址池，名称是 “test”

Ruijie(dhcp-config)#network 172.16.1.0 255.255.255.0
                                         ! 下发172.16.1.0地址段

Ruijie(dhcp-config)#dns-server 218.85.157.99         ! 下发DNS地址

Ruijie(dhcp-config)#default-router 172.16.1.254      ! 下发网关
Ruijie(dhcp-config)#exit
```

注意：如果 DHCP 服务器在做上联设备，请在全局配置无线广播转发功能，否则会出现 DHCP 获取不稳定现象。

```
Ruijie(config)#data-plane wireless-broadcast enable
```

（2）配置 AP 设备的以太网接口，让无线用户的数据可以正常传输。

```
Ruijie(config)#interface GigabitEthernet 0/1
Ruijie(config-if)#encapsulation dot1Q 1
                               ! 注意：要封装相应的VLAN，否则无法通信
Ruijie(config-if)#exit
```

（3）配置 WLAN，并广播 SSID。

```
Ruijie(config)#dot11 wlan 1
Ruijie(dot11-wlan-config)#vlan 1                ! 关联VLAN1
Ruijie(dot11-wlan-config)#broadcast-ssid        ! 广播SSID
Ruijie(dot11-wlan-config)#ssid AP               ! SSID名称为AP
Ruijie(dot11-wlan-config)#exit
```

（4）创建射频子接口，封装无线用户 VLAN（注意：有 6 根天线的 AP 设备还有一个无线接口，Dot11radio 2/0）。

```
Ruijie(config)#interface Dot11radio 1/0.1
Ruijie(config-if-Dot11radio 1/0.1)#encapsulation dot1Q 1
Ruijie(config-if-Dot11radio 1/0.1)#mac-mode fat
```

注意：Mac-mode 模式必须为 Fat AP，否则会出现能搜索到信号，但连接不上无线网络现象。

（5）在射频口上调用 WLAN-ID，使其能发出无线信号。

```
Ruijie(config)#interface Dot11radio 1/0
Ruijie(config-if-Dot11radio 1/0)#channel 1
                               ! 信道为channel 1,802.11b中互不干扰信道为1、6、11
Ruijie(config-if-Dot11radio 1/0)#power local 100
                               ! 功率改为100%(默认)
Ruijie(config-if-Dot11radio 1/0)#wlan-id 1      ! 关联WLAN 1
```

```
Ruijie(config-if-Dot11radio 1/0)#exit
```

注意：步骤（3）、（4）、（5）的顺序不能调换，否则配置不成功。

（6）配置 Interface VLAN 地址和静态路由。

```
Ruijie(config)#interface BVI 1   ！配置管理地址接口
Ruijie(config-if)#ip address 172.16.1.253 255.255.255.0
                                 ！该地址只能用于管理，不能作为无线用户网关地址
Ruijie(config)#ip route 0.0.0.0 0.0.0.0 172.16.1.254
Ruijie(config)#end
Ruijie#write                     ！确认配置正确，保存配置
```

6.1.2 配置 Fat AP 多无线信号

1. 适用场景说明

无线网络中的 AP 数量较少，不需要花费太多时间和精力去管理和配置 AP。此时“胖”AP 工作模式类似一台二层交换机，担任有线和无线数据转换角色，没有路由和 NAT 功能。使用“胖”AP 架构组建的无线局域网的工作模式的优点是无须改变现有的有线网络结构，配置简单。缺点是无法统一管理和配置。

2. 组网需求

在有线网络的基础上，添加一个无线 AP 实现网络覆盖。无线 AP 广播 2 个 SSID，分别对应 2 个 VLAN。

AP 接在可网管的接入设备上（接口配置为 Trunk），交换机已经划分 VLAN1、VLAN10、VLAN20，AP 充当透明设备实现无线覆盖，用户能通过不同 SSID 无线接入 VLAN1、VLAN10、VLAN20 获取 IP 地址上网。

其中：VLAN10 网段为 172.16.10.0 ；VLAN20 网段为 172.16.20.0。

3. 设备

AP（1 台）、交换机（1 台）、STA（2 台）。

4. 组网拓扑

无线局域网的组网拓扑如图 6-1-2 所示。

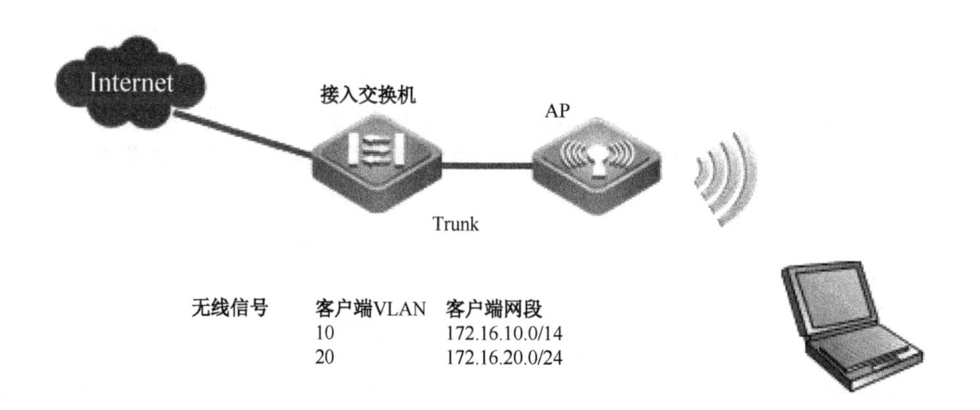

图 6-1-2　无线局域网的组网拓扑

5. 配置要点

（1）连接好网络拓扑，保证AP设备能被供电，能正常开机。
（2）保证要接AP设备的网线接在计算机上，计算机可以使用网络，使用ping测试。
（3）完成AP基本配置后，验证无线SSID 能否被无线用户端正常搜索到。
（4）配置无线用户端的IP 地址为静态IP，并验证网络连通性。
（5）AP其他可选配置（DHCP 服务、无线的认证及加密方式）。
注意，第一次登录AP配置时，需要切换AP为“胖”AP模式工作，切换命令为：

```
ruijie>ap-mode fat
```

6. 配置步骤

1）创建相关VLAN

```
Ruijie>enable                       ！进入特权模式
Ruijie#configure terminal           ！进入全局配置模式
Ruijie(config)#vlan 1               ！创建 VLAN1
Ruijie(config-vlan)#vlan 10         ！创建 无线用户VLAN 10
Ruijie(config-vlan)#vlan 20         ！创建 无线用户 VLAN 20
Ruijie(config)#exit
```

2）开启DHCP服务

```
Ruijie(config)#service dhcp   ！如果网关设备有提供DHCP服务，那么请跳过此步骤
```

（1）配置DHCP服务器排除地址段。

```
Ruijie(config)#ip dhcp excluded-address 172.16.10.253 172.16.10.254
                                ！DHCP不下发地址：192.168.10.253～192.168.10.254
Ruijie(config)#ip dhcp excluded-address 172.16.20.253 172.16.20.254
```

（2）配置VLAN10地址池test_10，test_20。

```
Ruijie(config)#ip dhcp pool test_10                  ！地址池名字
Ruijie(dhcp-config)#network 172.16.10.0 255.255.255.0
！DHCP下发172.16.10.0/24网段
Ruijie(dhcp-config)#dns-server 218.85.157.99         ！下发的DNS地址
Ruijie(dhcp-config)#default-router 172.16.10.254     ！下发网关
Ruijie(dhcp-config)#exit

Ruijie(config)#ip dhcp pool test_20                  ！地址池名字
Ruijie(dhcp-config)#network 172.16.20.0 255.255.255.0
！DHCP下发172.16.20.0/24段
Ruijie(dhcp-config)#dns-server 218.85.157.99         ！下发DNS地址
Ruijie(dhcp-config)#default-router 172.16.20.254     ！下发网关
```

注意：如果DHCP服务器在做上联设备，需要配置无线广播转发功能，否则会出现DHCP获取不稳定现象。

```
Ruijie(config)#data-plane wireless-broadcast enable
```

3）配置WLAN信息

配置WLAN10接口并广播SSID为AP1，配置WLAN20接口并广播SSID为AP2。

```
Ruijie(config)#dot11 wlan 10                 ！创建WLAN10接口
Ruijie(dot11-wlan-config)#vlan 10            ！属于VLAN10
Ruijie(dot11-wlan-config)#broadcast-ssid
Ruijie(dot11-wlan-config)#ssid AP1           ！广播SSID为AP1
```

```
Ruijie (config) #dot11 wlan 20              ! 创建WLAN20接口
Ruijie(dot11-wlan-config)#vlan 20           ! 属于VLAN20
Ruijie(dot11-wlan-config)#broadcast-ssid
Ruijie(dot11-wlan-config)#ssid AP2          ! 广播SSID为AP2
```

4）配置子接口信息

配置 Interface gig 0/1.10 子接口，并封装相关 vlan 10；配置 Interface gig 0/1.20 子接口，并封装相关 vlan 20 。

```
Ruijie(config)#interface GigabitEthernet 0/1
Ruijie(config-if)#encapsulation dot1Q 1          ! 封装VLAN
Ruijie(config)#interface GigabitEthernet 0/1.10
                              ! 配置Interface gig 0/1.10子接口
Ruijie(config-if)#encapsulation dot1Q 10         ! 封装VLAN
Ruijie(config)#interface GigabitEthernet 0/1.20
                              ! 配置Interface gig 0/1.20子接口
Ruijie(config-if)#encapsulation dot1Q 20         ! 封装VLAN
```

5）配置无线信号和 VLAN 关联

配置射频口 1/0.10，1/0.20，2/0.10 和 2/0.20；封装 VLAN10，封装 VLAN20。

```
Ruijie(config)#interface Dot11radio 1/0.10
Ruijie(config-if-Dot11radio 1/0.10)#encapsulation dot1Q 10  ! 封装VLAN 10
Ruijie(config-if-Dot11radio 1/0.10)#mac-mode fat

Ruijie(config)#interface Dot11radio 1/0.20
Ruijie(config-if-Dot11radio 1/0.20)#encapsulation dot1Q 20  ! 封装VLAN 20
Ruijie(config-if-Dot11radio 1/0.20)#mac-mode fat
Ruijie(config)#interface Dot11radio 2/0.10
Ruijie(config-if-Dot11radio 2/0.10)#encapsulation dot1Q 10  ! 封装VLAN 10
Ruijie(config-if-Dot11radio 2/0.10)#mac-mode fat

Ruijie(config)#iinterface Dot11radio 2/0.20
Ruijie(config-if-Dot11radio 2/0.20)#encapsulation dot1Q 20  ! 封装VLAN 20
Ruijie(config-if-Dot11radio 2/0.20)mac-mode fat
```

（1）配置射频口 1/0，指定 802.11b，信道为 1，并与 WLAN10 和 WLAN20 关联。

```
Ruijie(config)#interface Dot11radio 1/0
Ruijie(config-if-Dot11radio 1/0)#mac-mode fat
     ! 注意：Mac-mode 模式必须为Fat，否则会出现能搜索到信号，连接不上网络现象。
Ruijie(config-if-Dot11radio 1/0)#channel 1
     ! 配置信道为1,802.11b中互不干扰信道为1、6、11
Ruijie(config-if-Dot11radio 1/0)#power local 100     ! 功率改为100%(默认)
Ruijie(config-if-Dot11radio 1/0)#wlan-id 10          ! 与WLAN10关联
Ruijie(config-if-Dot11radio 1/0)#wlan-id 20          ! 与WLAN20关联
```

（2）配置射频口 2/0，指定 802.11a，信道为 1、4、9，并与 WLAN10 和 WLAN20 关联。

```
Ruijie(config)#interface Dot11radio 2/0
Ruijie(config-if-Dot11radio 2/0)#mac-mode fat
Ruijie(config-if-Dot11radio 2/0)#channel 1、4、9
! 信道为1、4、9，802.11a互不干扰的信道是1、4、9，1、5、3，1、5、7，1、6、1，1、6、5
Ruijie(config-if-Dot11radio 2/0)#power local 100
                                        ! 功率改为100%(默认)
Ruijie(config-if-Dot11radio 2/0)#wlan-id 10  ! 与WLAN10关联
```

```
Ruijie(config-if-Dot11radio 2/0)#wlan-id 20  ！与WLAN20关联
！注意：步骤3）、4）、5）的顺序不能更改，否则配置不成功
```

6）配置管理地址

```
Ruijie(config)#interface BVI 1
Ruijie(config-if-BVI 1)#ip address 172.16.1.253 255.255.255.0
```

7）配置 AP 缺省路由

```
Ruijie(config)#ip route 0.0.0.0 0.0.0.0 172.16.1.254
```

8）保存配置

```
Ruijie(config)#end                  ！退出到特权模式
Ruijie#write                        ！确认配置正确，保存配置
```

注释：

VLAN 10，“10”代表 VLAN-ID 10；dot11 wlan 10，“10”代表 WLAN-ID 10。

VLAN 20，“20”代表 VLAN-ID 20；dot11 wlan 20，“20”代表 WLAN-ID 20。

7. 配置验证

无线用户可以搜索到 SSID AP1 和 SSID AP2，用户能通过无线网获取到 IP，并能正常上网。注意，早期 AP 版本与部分网卡存在兼容性问题，需升级到最新稳定版本。

6.1.3 配置相同网段 Fat AP 桥接

1. 组网需求

网络 1 和网络 2 属于同一个局域网网段，通过无线桥接进行互联。

注意： 网络 1 和网络 2 如果是同一个网段，那么不做桥接的另外一个射频卡想要做覆盖，并且网段也是一样，则这个射频卡发出的信号不能配置加密并和桥接使用同一个 SSID。

一个射频卡只能工作在一种模式，或者是桥接，或者是覆盖。

2. 组网拓扑

组建完成的无线局域网络 1 和组建完成的无线局域网络 2 的组网拓扑如图 6-1-3 所示。

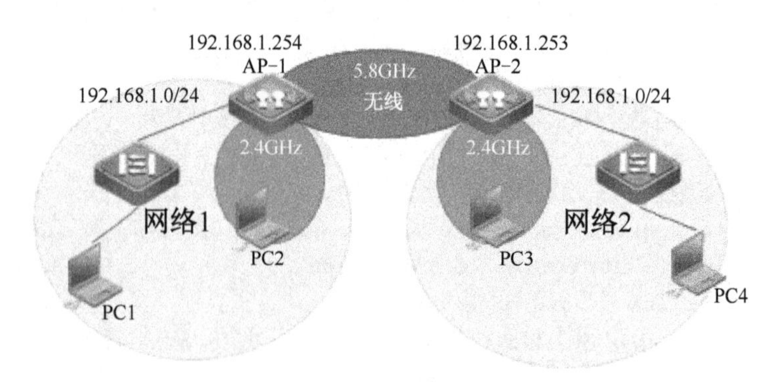

图 6-1-3 组网拓扑示意图

其中：

网络 1 和网络 2 的网络规划均是：192.168.1.0/24 网段。

AP-1 IP 地址：192.168.1.254/24。

AP-2 IP 地址：192.168.1.253/24。

AP-1 和 AP-2 使用 5.8GHz 进行桥接。

3. 配置要点

（1）根桥配置。

（2）非根桥配置。

4. 配置步骤

1）根桥配置（AP-1）

（1）创建桥接 VLAN。

```
AP-1(config)#vlan 10
AP-1(config-vlan)#exit
```

（2）配置桥接 WLAN-ID。

```
AP-1(config)#dot11 wlan 1
AP-1(dot11-wlan-config)#vlan 10
AP-1(dot11-wlan-config)#ssid ruijie-test
```

（3）射频卡配置。

```
AP-1(config)#interface dot11radio 2/0
AP-1(config-if-Dot11radio 2/0)#encapsulation dot1Q 10    ! 封装VLAN
AP-1(config-if-Dot11radio 2/0)#mac-mode fat              ! 转发模式为“胖”AP
AP-1(config-if-Dot11radio 2/0)#radio-type 802.11a        ! 桥接推荐使用5.8GHz
AP-1(config-if-Dot11radio 2/0)#channel 1、4、9
        ! 将信道调整为1、4、9，如果信道配置1、6、5则无法将频宽配置为40MHz
AP-1(config-if-Dot11radio 2/0)#chan-width 40             ! 频宽配置为40MHz
AP-1(config-if-Dot11radio 2/0)#station-role root-bridge
                                                         ! 射频卡模式切换为根桥
AP-1(config-if-Dot11radio 2/0)#wlan-id 1                 ! 映射SSID
```

（4）确认根桥发出的 BSSID。

```
AP-1#show dot11 mbssid
```

查询的结果如图 6-1-4 所示。

```
AP-1(config)#show dot11 mbssid
   name: Dot11radio 2/0
wlan id: 1
   ssid: ruijie-test
  bssid: 061b.b121.e035
```

图 6-1-4　确认根桥发出的 BSSID

（5）AP-1 三层接口配置。

```
AP-1(config)#interface bvI 10
AP-1(config-if-BVI 10)#ip address 192.168.1.254 255.255.255.0
```

（6）有线物理接口封装 VLAN。

```
AP-1(config)#interface gigabitEthernet 0/1
AP-1(config-if-GigabitEthernet 0/1)#encapsulation dot1Q 10
```

（7）AP-1 开启广播功能

```
AP-1(config)#data-plane wireless-broadcast enable
```

2）非根桥配置（AP-2）

（1）创建桥接 VLAN。

```
AP-2(config)#vlan 10
AP-2(config-vlan)#exit
```

（2）射频卡配置。

```
AP-2(config)#interface dot11radio 2/0
AP-2(config-if-Dot11radio 2/0)#encapsulation dot1Q 10    ！封装VLAN
AP-2(config-if-Dot11radio 2/0)#mac-mode fat              ！转发模式为“胖”AP
AP-2(config-if-Dot11radio 2/0)#station-role non-root-bridge
                                                          ！射频卡模式切换为非根桥
AP-2(config-if-Dot11radio 2/0)#parent mac-address 061b.b121.e035 0
                                                          ！绑定根桥BSSID
```

（3）AP-2 三层接口配置。

```
AP-2(config)#interface bvI 10
AP-2(config-if-BVI 10)#ip address 192.168.1.253 255.255.255.0
```

（4）有线物理接口封装 VLAN。

```
AP-2(config)#interface gigabitEthernet 0/1
AP-2(config-if-GigabitEthernet 0/1)#encapsulation dot1Q 10
```

（5）AP-2 开启广播功能。

```
AP-2(config)#data-plane wireless-broadcast enable
```

5. 配置验证

（1）在非根桥上使用“show dot11 illegal-ap 2/0”命令，确认是否搜索到根桥的 SSID，查询结果如图 6-1-5 所示。

```
AP-2#show dot11 illegal-ap 2/0
```

```
AP-2#show dot11 illegal-ap 2/0
total scan bssid num: 96
SSID                          BSSID              CHAN  RATE    S:N    INTVAL CAPS, Age
AP                            06:1b:b1:ee:79:96  1     54.0M   47:0   100    ERSs 47384
ruijie                        5c:63:bf:4e:88:8c  6     54.0M   37:0   100    ERSs 47125
CMCC-IAD-AP                   14:14:4b:00:00:06  6     54.0M   21:0   100    ERs  109527
SVP3300_TEST                  14:14:4b:92:a8:d8  6     54.0M   20:0   100    Es   109541
hll-wuliu-ipv4-web            16:27:1d:05:26:1f  11    54.0M   21:0   100    ESs  46797
zhangbixian-15bu-1x           06:d0:f8:22:33:d0  13    54.0M   19:0   100    ERSs 46692
ruijie-test                   06:1b:b1:21:e0:35  2     54.0M   73:0   100    ESs  109663
gdjh_1x                       06:27:1d:05:25:df  3     54.0M   14:0   100    ERSs 109640
CRL WLAN                      1c:fa:68:75:cf:6e  5     54.0M   21:0   100    ERs  47144
AAAA                          06:14:4b:61:0a:56  149   54.0M   18:0   100    Es   46684
RGWLAN_1T13_wireless          06:1b:b1:20:69:bd  149   54.0M   18:0   100    ERs  46689
RGWLAN_IT13_wireless_1X       0a:1b:b1:20:69:bd  149   54.0M   18:0   100    ERs  46678
guest_only                    0e:1b:b1:20:69:bd  149   54.0M   18:0   100    ERs  46676
RGWLAN_1T13_wireless          06:1b:b1:20:69:15  149   54.0M   11:0   100    ERS  46683
RGWLAN_IT13_wireless_1X       0a:d0:f8:22:33:d7  153   54.0M   25:0   100    ERs  46666
guest_only                    0e:d0:f8:22:33:d7  153   54.0M   25:0   100    ERs  46666
RG1T18_V4V6_1X                92:1a:a9:16:96:0b  165   54.0M   20:0   100    ER   46608
RGWLAN_1T13_wireless          12:1a:a9:c5:88:f2  161   54.0M   13:0   100    ER   46610
RGWLAN_IT13_wireless_1X       12:1a:a9:c5:88:f3  161   54.0M   13:0   100    ER   46619
open                          00:0b:0e:90:01:01  161   54.0M   55:0   100    Es   46619
test-sam                      00:0b:0e:90:01:03  161   54.0M   57:0   100    Es   46619
guest_only                    12:1a:a9:c5:88:f4  161   54.0M   13:0   100    ER   46619
```

图 6-1-5　查询是否搜索到根桥的 SSID

（2）在根桥上使用“show dot11 associations all-client”命令确认，查询结果如图 6-1-6 所示。

```
AP-1# show dot11 associations all-client
```

```
AP-1#show dot11 associations all-client
INTF-IDX ADDR              AID  CHAN RATE    RSSI ASSOC_TIME IDLE TXSEQ RXSEQ ERP  STATE  CAPS HTCAPS
0        00:1b:b1:20:68:dc 1    2    216.0M  64   0:06:39    0    10    11184 0x0  0xa2f  ESs  WPS
```

图 6-1-6　确认查询结果

（3）在 AP-1 设备上使用“ping AP-2”命令，测试网络连通，可以 ping 通，查询结果如图 6-1-7 所示。

```
AP-1#ping 192.168.1.253
Sending 5, 100-byte ICMP Echoes to 192.168.1.253, timeout is 2 seconds:
  < press Ctrl+C to break >
!!!!!
Success rate is 100 percent (5/5), round-trip min/avg/max = 1/2/10 ms
```

图 6-1-7　测试网络连通

6.1.4　配置不同网段 Fat AP 桥接

1. 组网需求

网络 1 和网络 2 属于不同无线局域网网段。这两个不同的网段之间，通过无线 AP 设备桥接进行互联。备注：一个射频卡只能工作在一种模式，或者是桥接，或者是覆盖。

2. 组网拓扑

规划完成的不同无线局域网网段中的 Fat AP 桥接网络拓扑，如图 6-1-8 所示。

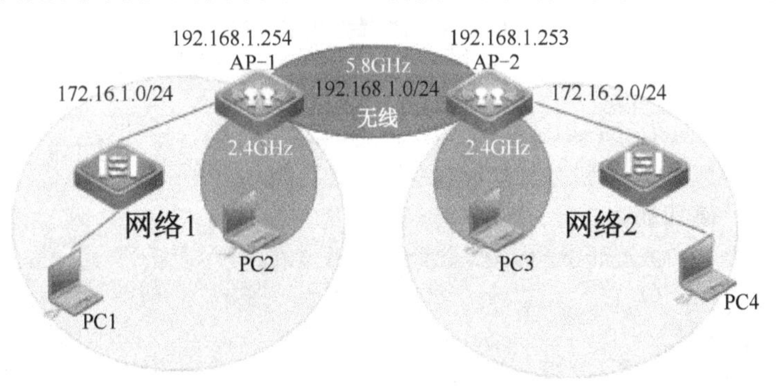

图 6-1-8　Fat AP 桥接网络拓扑示意图

其中：

网络 1 网段为 172.16.1.0/24；网络 2 网段为 172.16.2.0/24。

AP-1 和 AP-2 使用 192.168.1.0/24 网段及 5.8GHz 进行桥接。

AP-1 IP 地址：192.168.1.254/24，172.16.1.1/24。

AP-2 IP 地址：192.168.1.253/24，172.16.2.1/24。

3. 配置要点

（1）根桥配置。

（2）非根桥配置。

（3）路由配置。

4. 配置步骤

1）根桥配置（AP-1）

（1）创建桥接 VLAN。

```
AP-1(config)#vlan 10
AP-1(config-vlan)#exit
```

（2）配置桥接 WLAN-ID。

```
AP-1(config)#dot11 wlan 1
AP-1(dot11-wlan-config)#vlan 10
AP-1(dot11-wlan-config)#ssid 5.8G
```

（3）射频卡配置。

```
AP-1(config)#interface dot11radio 2/0
AP-1(config-if-Dot11radio 2/0)#encapsulation dot1Q 10
AP-1(config-if-Dot11radio 2/0)#station-role root-bridge without-client
AP-1(config-if-Dot11radio 2/0)#channel 149
AP-1(config-if-Dot11radio 2/0)#chan-width 40
AP-1(config-if-Dot11radio 2/0)#wlan-id 1
```

（4）确认根桥发出的 BSSID。

在 AP-1 设备上使用“show”命令，查询根桥发出的 BSSID，如图 6-1-9 所示。

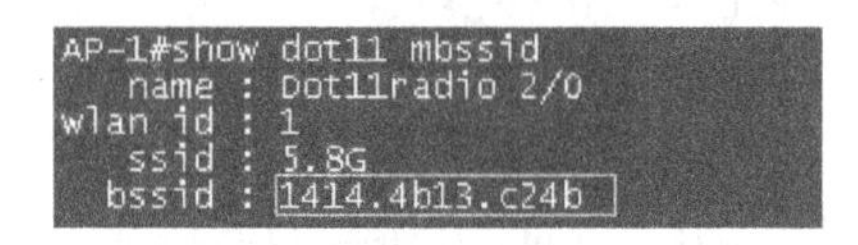

图 6-1-9　查询根桥发出的 BSSID

（5）AP-1 三层接口配置。

```
AP-1(config)#interface bvI 10
AP-1(config-if-BVI 10)#ip address 192.168.1.254 255.255.255.0
```

（6）AP-1 开启广播功能。

```
AP-1(config)#data-plane wireless-broadcast enable
```

2）非根桥配置（AP-2）

（1）创建桥接 VLAN。

```
AP-2(config)#vlan 10
AP-2(config-vlan)#exit
```

（2）配置桥接 WLAN-ID。

```
AP-2(config)#dot11 wlan 1
AP-2(dot11-wlan-config)#vlan 10
AP-2(dot11-wlan-config)#ssid 5.8G
```

（3）射频卡配置。

```
AP-2(config)#interface dot11radio 2/0
AP-2(config-if-Dot11radio 2/0)#encapsulation dot1Q 10
AP-2(config-if-Dot11radio 2/0)#station-role non-root-bridge ithout-client
AP-2(config-if-Dot11radio 2/0)#parent mac-address 1414.4b13.c24b 0
AP-2(config-if-Dot11radio 2/0)#channel 1、4、9
AP-2(config-if-Dot11radio 2/0)#chan-width 40
AP-2(config-if-Dot11radio 2/0)#wlan-id 1
```

（4）AP-2 三层接口配置。

```
AP-2(config)#interface bvI 10
AP-2(config-if-BVI 10)#ip address 192.168.1.253 255.255.255.0
```

（5）AP-2 开启广播功能。

```
AP-2(config)#data-plane wireless-broadcast enable
```

3）接口及路由配置

（1）创建用户 VLAN。

```
AP-1(config)#vlan 20
AP-1(config-vlan)#exit
AP-2(config)#vlan 20
AP-2(config-vlan)#exit
```

（2）创建用户网关。

```
AP-1(config)#interface bvi 20
AP-1(config-if-BVI 20)#ip address 172.16.1.1 255.255.255.0
AP-1(config)#interface gigabitEthernet 0/1
AP-1(config-if-GigabitEthernet 0/1)#encapsulation dot1Q 20
AP-2(config)#interface bvi 20
AP-2(config-if-BVI 20)#ip address 172.16.2.1 255.255.255.0
AP-2(config)#interface gigabitEthernet 0/1
AP-2(config-if-GigabitEthernet 0/1)#encapsulation dot1Q 20
```

（3）配置路由。

```
AP-1(config)#ip route 172.16.2.0 255.255.255.0 192.168.1.253
AP-2(config)#ip route 172.16.1.0 255.255.255.0 192.168.1.254
```

5. 配置验证

（1）在根桥上 ping 非根桥，可以 ping 通，查询结果如图 6-1-10 所示。

```
AP-1#ping 192.168.1.253
Sending 5, 100-byte ICMP Echoes to 192.168.1.253, timeout is 2 seconds:
  < press Ctrl+C to break >
!!!!!
Success rate is 100 percent (5/5), round-trip min/avg/max = 1/1/1 ms
```

图 6-1-10　在根桥上 ping 非根桥

（2）在根桥上使用“show dot11 wds-macaddress-table”命令，查看是否有非根桥 BSSID，查询结果如图 6-1-11 所示。

```
AP-1#show dot11 wds-macaddress-table
sta_addr_number: 0
sta_addr_number: 1
STA Address            Interface             WDS Address
--------------------   -------------------   --------------------
001a.a916.3dde          Dot11radio 2/0        001a.a916.3de0
```

非根桥BSSID

图 6-1-11　查看根桥上是否有非根桥 BSSID

（3）在非根桥上使用“show dot11 wds-macaddress-table”命令，查看是否有根桥 BSSID，查询结果如图 6-1-12 所示。

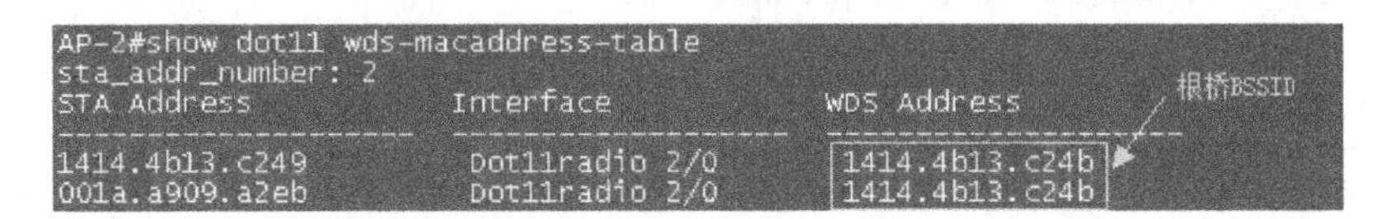

图 6-1-12　在非根桥上查看是否有根桥 BSSID

（4）AP-1 的 172.16.1.1 的源地址 ping AP-2 的 172.16.2.1 地址，可以 ping 通，查询结果如图 6-1-13 所示。

```
AP-1#ping 172.16.2.1 source 172.16.1.1
Sending 5, 100-byte ICMP Echoes to 172.16.2.1, timeout is 2 seconds:
  < press Ctrl+C to break >
!!!!!
Success rate is 100 percent (5/5), round-trip min/avg/max = 1/6/10 ms
```

图 6-1-13　AP-1 的源地址 ping AP-2 的地址

6.2　组建跨 AP 的无线局域网漫游

6.2.1　无线漫游技术原理

1. 无线漫游技术概述

在无线网络中，终端用户具有移动通信能力。但由于单台无线访问接入点（Access Point，AP）设备的信号覆盖范围是有限的，终端用户在移动过程中，往往会出现从一个 AP 服务区跨越到另一个 AP 服务区的情况。为了避免移动用户在不同的 AP 设备之间切换时，网络通信中断，引入了无线漫游的概念。

无线漫游就是指无线工作站（Station，STA）在移动到两台 AP 设备覆盖范围的临界区域时，STA 与新的 AP 设备进行关联并与原有 AP 设备断开关联，且在此过程中保持不间断的网络连接。简单来说，就如同手机的移动通话功能，手机从一个基站的覆盖范围移动到另一个基站的覆盖范围时，能提供不间断、无缝的通话能力，在设计 WLAN 时，客户端能够在 AP 设备之间进行无缝漫游是非常重要的，如图 6-2-1 所示。

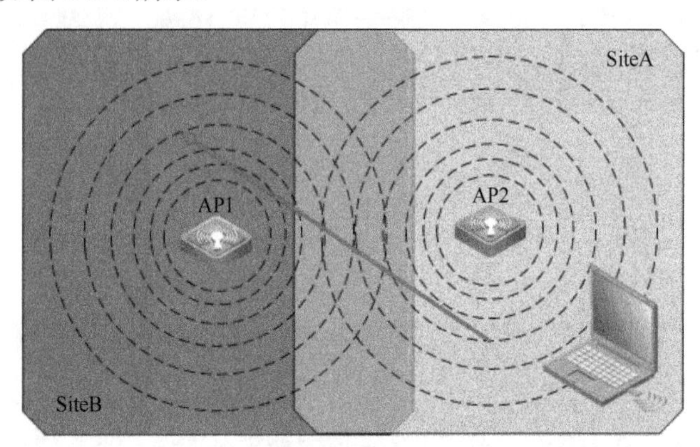

图 6-2-1　客户端在 AP 设备之间进行无缝漫游

对于用户来说，漫游的行为是透明的无缝漫游，即用户在漫游过程中，不会感知到漫游的发生。这同手机相类似，手机在移动通话过程中可能变换了不同的基站，但感觉不到也不必去关心。WLAN 漫游过程中 STA 设备的 IP 地址始终保持不变。

2. 漫游技术基本概念

（1）漫出 AC：或称为 HA（Home-AC）。一台无线终端（STA）首次向漫游组内的某台无线控制器进行关联，该无线控制器设备即为该无线终端（STA）的漫出 AC。

（2）漫入 AC：或称为 FA（Foreign-AC）。与无线终端（STA）设备正在连接，且不是 HA 的无线控制器，该无线控制器即为该无线终端（STA）的漫入 AC。

（3）AC 内漫游。一台无线终端（STA）从无线控制器的一台 AP 设备漫游到同一台无线控制器内的另一台 AP 设备中，即称为 AC 内漫游。

（4）AC 间漫游。一台无线终端（STA）从无线控制器的 AP 设备漫游到另一台无线控制器内的 AP 设备中，即称为 AC 间漫游。

3. *漫游方式*

漫游的目的是为了使用户在移动的过程中，可以通过不同的 AP 设备来保持对网络的持续访问。根据漫游过程前后用户接入的 AP 设备所属 AC 设备的不同，可以分为同 AC 设备内漫游和跨 AC 设备漫游（即 AC 间漫游）。

同 AC 设备内漫游是指用户漫游过程中的两台 AP 设备由同一台 AC 设备进行管理，而跨 AC 设备漫游则是指用户漫游过程中的两台 AP 设备分别属于不同的 AC 设备管理。

当出现以下现象时会发生漫游。

（1）无线工作站离开了当前 AP 设备的覆盖区。

（2）当前使用的无线频段受到严重的干扰。

（3）当前连接的 AP 设备停止了工作。

（4）正在使用的频段非常繁忙，此时还有可选的负载较轻的频段。

在设计无缝漫游的 WLAN 时，需要考虑以下两个因素。

（1）必须为整个路径提供充分的覆盖范围。

（2）整个漫游路径中必须能够分配一个可用的 IP 地址。

下面对这两种漫游过程进行说明。

1）AC 设备内漫游

（1）AC 设备内二层漫游。AC 设备内二层漫游场景如图 6-2-2 所示。

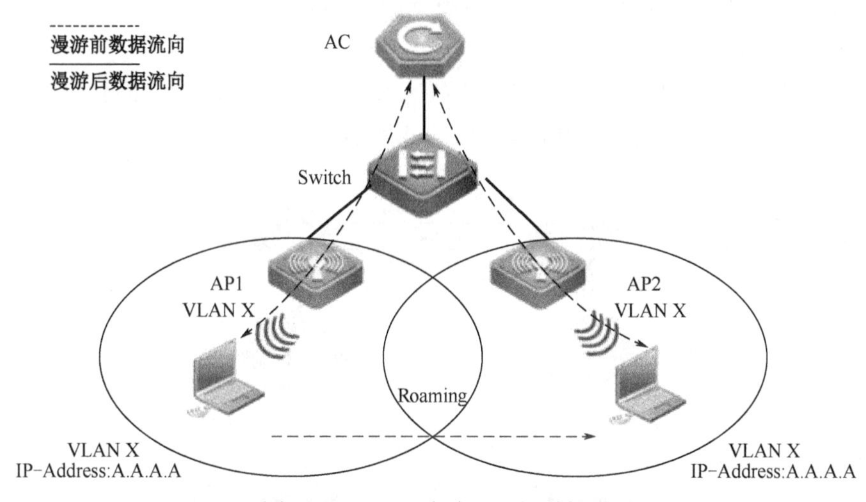

图 6-2-2 AC 设备内二层漫游场景

① 终端通过 AP1 设备申请同 AC 设备发生关联，AC 设备判断该终端为首次接入用户，为其创建并保存相关的用户数据信息，以备将来漫游时使用。

② 该终端从 AP1 设备覆盖区域向 AP2 覆盖区域移动；终端断开同 AP1 设备的关联，漫游到同一 AC 设备相连的 AP2 设备上。

③ 终端通过 AP2 设备重新同 AC 设备发生关联，AC 设备判断该终端为漫游用户，由于漫游前后在同一个子网中（同属于 VLAN X），AC 设备仅需更新用户数据库信息，将数据通路改为由 AP2 设备转发，即可达到漫游的目的。

（2）AC 设备内三层漫游。AC 设备内三层漫游场景如图 6-2-3 所示。

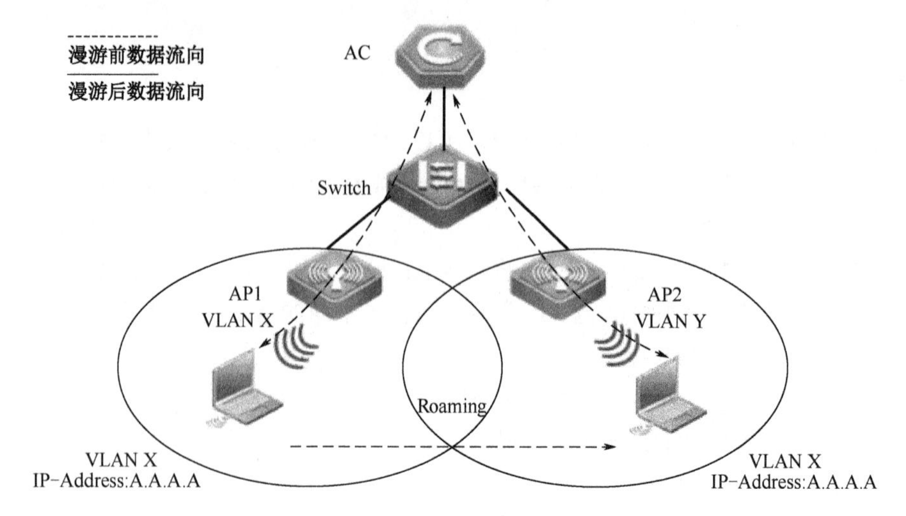

图 6-2-3　AC 设备内三层漫游场景

① 终端通过 AP1 设备（属于 VLAN X）申请同 AC 设备发生关联，AC 设备判断该终端为首次接入用户，为其创建并保存相关的用户数据信息，以备将来漫游时使用。

② 该终端从 AP1 覆盖区域向 AP2 设备（属于 VLAN Y）覆盖区域移动；终端断开同 AP1 设备的关联，漫游到同一 AC 设备相连的 AP2 设备上。

③ 终端通过 AP2 设备重新同 AC 设备发生关联，AC 设备判断该终端为漫游用户，更新用户数据库信息；尽管漫游前后不在同一个子网中，AC 设备仍然把终端视为从原始子网（VLAN X）连过来一样，允许终端保持其原有 IP 并支持已建立的 IP 通信。

2）AC 设备间漫游

AC 设备间的漫游相关信息是通过漫出 AC（HA）与漫入 AC（FA）之间建立的隧道传输，最终数据仍通过漫出 AC（HA）进行转发，如图 6-2-4 所示。

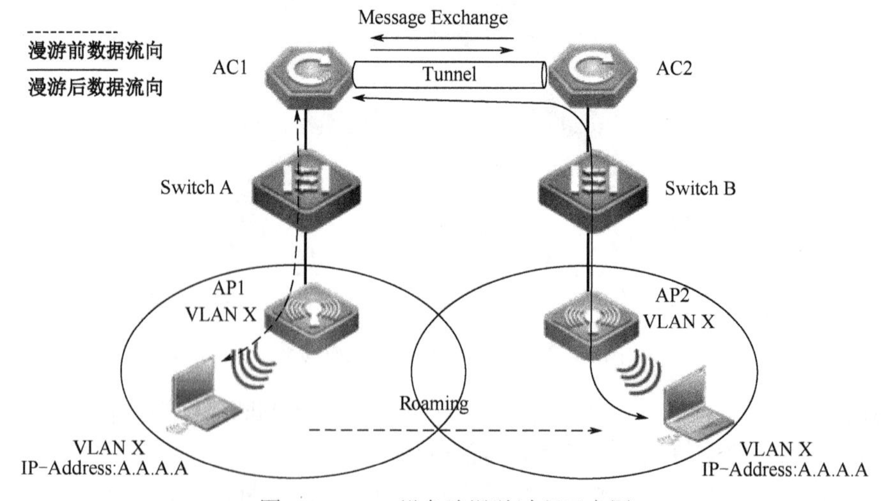

图 6-2-4　AC 设备让漫游过程示意图

具体漫游过程如下。

（1）AC 设备间二层漫游

① 终端通过 AP1 设备申请同 AC1（属于 VLAN X）发生关联，AC 设备判断该终端为首次接

入用户，为其创建并保存相关的用户数据信息，以备将来漫游时使用。

② 该终端从AP1设备覆盖区域向AP2覆盖区域移动；终端断开同AP1设备的关联，漫游到AP2设备，AP2设备同另一个无线控制器AC2设备（属于VLAN X）相连。

③ 终端申请同漫入AC设备（AC2）发生关联，漫入AC设备（AC2）向其他AC设备通告该终端的信息；漫出AC设备（AC1）收到消息后，将漫游用户的信息同步到漫入AC设备（AC2）。

④ 在终端IP地址不变的情况下，跨AC设备的二层漫游最终数据仍通过漫出AC设备（AC1）来转发。

a．从终端用户发出的数据先发到漫入AC设备（AC2），再由漫入AC设备（AC2）通过隧道传送到漫出AC设备（AC1），最后由漫出AC设备（AC1）进行普通转发。

b．发至漫游用户的数据报文也会先送到漫出AC设备（AC1），再由漫出AC设备（AC1）通过隧道传送到漫入AC设备（AC2），最后由漫入AC设备（AC2）转发给终端用户。

（2）AC设备间三层漫游。AC设备间三层漫游场景，如图6-2-5所示。

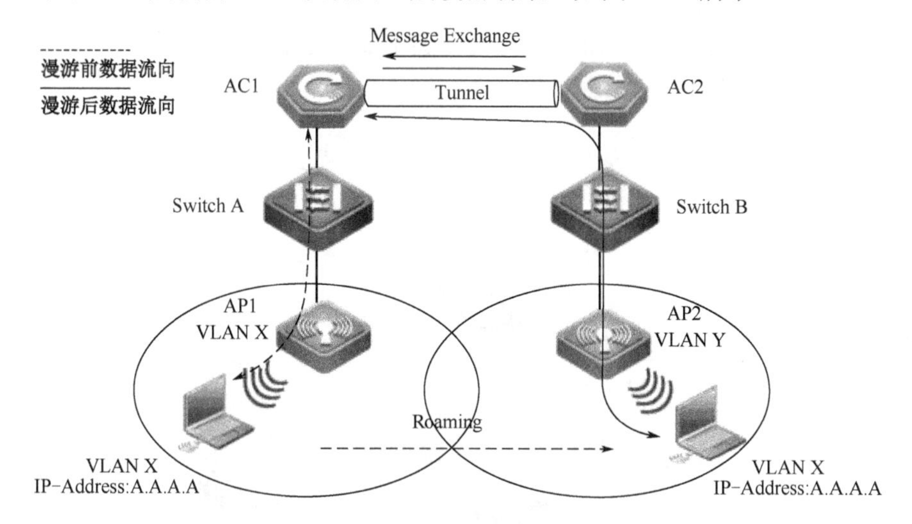

图6-2-5　AC设备间三层漫游场景

① 终端设备通过AP1设备申请同AC1设备（属于VLAN X）发生关联，AC设备判断该终端为首次接入用户，为其创建并保存相关的用户数据信息，以备将来漫游时使用。

② 该终端从AP1设备覆盖区域向AP2设备覆盖区域移动；终端断开同AP1设备的关联，漫游到AP2设备，AP2设备同另一个无线控制器AC2设备（属于VLAN Y）相连。

③ 终端申请同AC2设备发生关联，AC2设备判断出该终端为一个漫游用户；AC1设备将漫游终端用户的信息同步到AC2 设备。

④ 漫游前后在不同AC设备不同子网，在保持用户IP地址不变的情况下，跨AC设备的三层漫游最终数据仍通过漫出AC设备（AC1）来转发。

a．从终端用户发出的数据先发到漫入AC设备（AC2），再由漫入AC设备通过隧道传送到漫出AC设备（AC1），最后由漫出AC设备（AC1）进行普通转发。

b．发至漫游用户的数据报文也会先送到漫出AC设备（AC1），再由漫出AC设备（AC1）通过隧道传送到漫入AC设备（AC2），最后由漫入AC设备（AC2）转发给终端用户。

注意：在AC设备间三层漫游模型中，为了确保报文正确转发，AC1设备和AC2设备上都必须创建VLAN X和VLAN Y。

6.2.2 配置跨 AP 设备的二层漫游

配置两台 AP 设备同时广播同一个 SSID，并且属于同一个 WLAN，将无线客户端关联上其中一台 AP 设备，并能 Ping 通网关。然后，移动 STA 从 AP1 设备到 AP2 设备，由于漫游是由 STA 主动发起，因此两台 AP 设备距离需在 20m 以上；否则很难产生漫游。

另外，可以关闭该 AP 设备的射频口（或者直接给该 AP 断电）来模拟漫游场景，STA 应该会丢 1～2 个 Ping 包，并且 IP 地址没有发生变化，即完成了漫游过程。

【背景描述】

小张从学校毕业后直接进入一家企业担任网络管理员，公司办公区域很大，在同一个办公区域部署了很多 AP 设备，但其用户都在同一 WLAN 中，为了保障网络的稳定性，需要用户的笔记本电脑在办公区内移动时不会造成网络中断。

【需求分析】

需求：在办公区内，用户移动笔记本电脑时不会造成网络中断。
分析：配置跨 AP 设备的二层漫游功能。

【实验拓扑】

跨 AP 设备的二层漫游如图 6-2-6 所示。

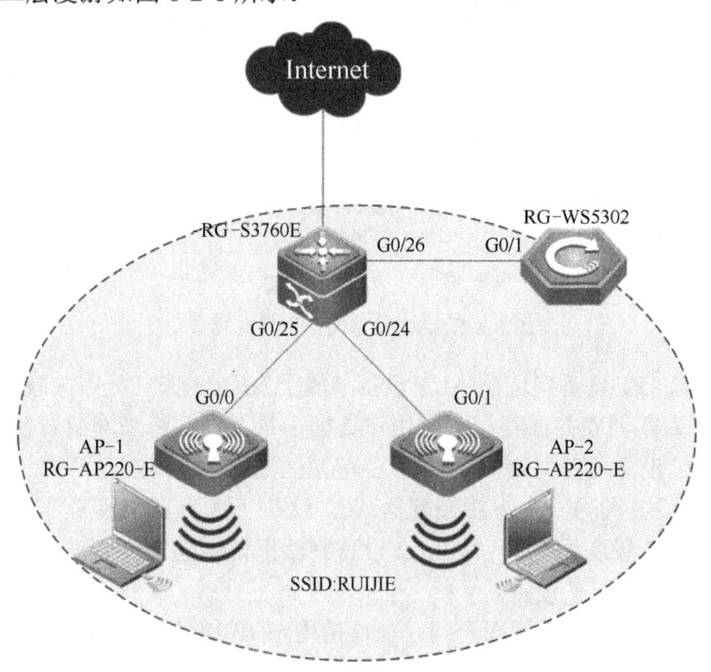

图 6-2-6 跨 AP 设备的二层漫游

【实验设备】
RG-WG54U：2 块 ；PC：2 台；RG-WS5302：1 台。
RG-AP220E：2 台；RG-S3760E：1 台；RG-E-130：2 台。
【实验步骤】
1）基本拓扑连接
根据图 6-2-6 所示的网络拓扑图，将设备连接起来，并注意设备状态灯是否正常。

2）交换机配置

```
Ruijie(config)#hostname RG-3760E          ! 为交换机命名
RG-3760E (config)#vlan 10                 ! 创建VLAN 10
RG-3760E (config)#vlan 20                 ! 创建VLAN 20
RG-3760E (config)#vlan 100                ! 创建VLAN 100
RG-3760E (config)#service dhcp            ! 启用DHCP服务
RG-3760E (config)#ip dhcp pool ap-pool    ! 创建地址池，为AP分配IP地址
RG-3760E (dhcp-config)#option 138 ip 9.9.9.9
                                          ! 配置DHCP138选项，地址为AC的环回接口地址
RG-3760E (dhcp-config)#network 192.168.10.0 255.255.255.0
                                          ! 指定地址池
RG-3760E (dhcp-config)#default-router 192.168.10.254
                                          ! 指定默认网关
RG-3760E (config)#ip dhcp pool vlan100
                                          ! 创建地址池，为用户分配IP地址
RG-3760E (dhcp-config)#domain-name 202.106.0.20
                                          ! 指定DNS服务器
RG-3760E (dhcp-config)#network 192.168.100.0 255.255.255.0
                                          ! 指定地址池
RG-3760E (dhcp-config)#default-router 192.168.100.254
                                          ! 指定默认网关
RG-3760E (config)#interface VLAN 10
RG-3760E (config-VLAN 10)#ip address 192.168.10.254 255.255.255.0
                                          ! 配置VLAN10地址
RG-3760E (config)#interface VLAN 20
RG-3760E (config-VLAN 20)#ip address 192.168.11.2 255.255.255.0
                                          ! 配置VLAN20地址
RG-3760E (config)#interface VLAN 100
RG-3760E (config-VLAN 100)#ip address 192.168.100.254 255.255.255.0
                                          ! 配置VLAN100地址
RG-3760E (config)#interface FastEthernet 0/24
RG-3760E (config-if- FastEthernet 0/24)#switchport access vlan 10
                                          ! 将接口加入到VLAN10
RG-3760E (config)#interface GigabitEthernet 0/25
RG-3760E (config-if-GigabitEthernet 0/25)#switchport access vlan 10
                                          ! 将接口加入到VLAN10
RG-3760E (config)#interface GigabitEthernet 0/26
RG-3760E (config-if-GigabitEthernet 0/26)#switchport mode trunk
                                          ! 将接口设置为Trunk模式
RG-3760E (config)#ip route 9.9.9.9 255.255.255.255 192.168.11.1
                                          ! 配置静态路由
```

3）无线交换机配置

```
Ruijie(config)#hostname AC                    ! 命名无线交换机
AC(config)#vlan 10                            ! 创建VLAN10
AC(config)#vlan 20                            ! 创建VLAN20
AC(config)#vlan 100                           ! 创建VLAN100
AC(config)#wlan-config 1 <NULL> RUIJIE        ! 创建WLAN，SSID为RUIJIE
AC(config-wlan)#enable-broad-ssid             ! 允许广播
AC(config)#ap-group default                   ! 提供WLAN服务
```

```
AC(config-ap-group)#interface-mapping 1 100
                    ！配置AP 提供WLAN 1 接入服务，配置用户的VLAN 为100
AC(config)#ap-config 001a.a979.40e8          ！登录AP
AC(config-AP)#ap-name  AP-1                  ！命名AP
AC(config)#ap-config 001a.a979.5fd2          ！登录AP
AC(config-AP)#ap-name  AP-2                  ！命名AP
AC(config)#interface GigabitEthernet 0/1
AC(config-if-GigabitEthernet 0/1)switchport mode trunk
                                             ！定义接口为Trunk模式
AC(config)#interface Loopback 0
AC(config-if-Loopback 0)#ip address 9.9.9.9 255.255.255.255
                                             ！为环回接口配置IP地址
AC(config)#interface VLAN 10                 ！激活VLAN 10接口
AC(config)#interface VLAN 20
AC(config-vlan 20)#ip address 192.168.11.1 255.255.255.252
                                             ！配置VLAN 20接口IP地址
AC(config)#interface VLAN 100                ！ 激活VLAN 100接口
AC(config)#ip route 0.0.0.0 0.0.0.0 192.168.11.2        ！配置默认路由
```

4）配置 WPA2 加密

```
AC(config)#wlansec 1
AC(wlansec)#security rsn enable
AC(wlansec)#security rsn ciphers aes enable
AC(wlansec)#security rsn akm psk enable
AC(wlansec)#security rsn akm psk set-key ascii 0123456789
```

5）连接测试

（1）在 STA 上打开无线功能，这时会扫描到“RUIJIE”这个无线网络，如图 6-2-7 所示。

（2）选择此无线网络右击，在出现的快捷菜单中选择“属性”选项，如图 6-2-8 所示。

图 6-2-7 扫描到“RUIJIE”无线网络

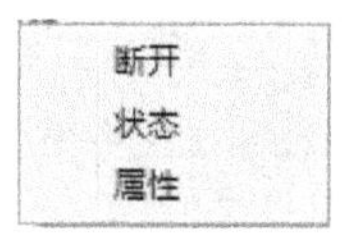

图 6-2-8 无线网络的“属性”选项

（3）打开“RUIJIE 无线网络属性”窗口，选择“安全”选项卡，如图 6-2-9 所示。

图 6-2-9 “安全”选项卡

（4）选择此无线网络，单击“连接”按钮，如图 6-2-10 所示。

（5）连接成功，如图 6-2-11 所示。

图 6-2-10　连接“RUIJIE”无线网络

图 6-2-11　连线无线网络成功

（6）打开命令窗口，使用“ipconfig”命令查看其获取的 IP 地址，如图 6-2-12 所示。

```
无线局域网适配器 无线网络连接 3:

   连接特定的 DNS 后缀 . . . . . . . : 202.106.0.20
   本地链接 IPv6 地址. . . . . . . . : fe80::88bd:25b7:5a0f:b3a%19
   IPv4 地址 . . . . . . . . . . . . : 192.168.100.1
   子网掩码  . . . . . . . . . . . . : 255.255.255.0
   默认网关. . . . . . . . . . . . . : 192.168.100.254
```

图 6-2-12　查看获取的 IP 地址

（7）在命令窗口，使用“ping”命令测试其与网关的连通性，如图 6-2-13 所示。

```
C:\Users\ThinkPad>ping 192.168.100.254

正在 Ping 192.168.100.254 具有 32 字节的数据:
来自 192.168.100.254 的回复: 字节=32 时间=2ms TTL=64
来自 192.168.100.254 的回复: 字节=32 时间=2ms TTL=64
来自 192.168.100.254 的回复: 字节=32 时间=2ms TTL=64
来自 192.168.100.254 的回复: 字节=32 时间=9ms TTL=64

192.168.100.254 的 Ping 统计信息:
    数据包: 已发送 = 4, 已接收 = 4, 丢失 = 0 (0% 丢失),
往返行程的估计时间(以毫秒为单位):
    最短 = 2ms, 最长 = 9ms, 平均 = 3ms
```

图 6-2-13　测试与网关的连通性

（8）在无线交换机上查看状态信息。

```
AC#show ap-config summary
Ap Name     Mac Address STA NUM  Up time   Ver                    Pid
--------------------------------------------------- -------------------
AP-1    001a.a979.40e8  1   0:02:54:17 RGOS 10.4(1T7), Release(110351) AP220-E
AP-2    001a.a979.5fd2  0    0:00:45:13 RGOS 10.4(1T7), Release(110351) AP220-E

AC#show capwap state
index  peer device             state
1      192.168.10.1 : 10000     Run
2      192.168.10.2 : 10000     Run

AC#sh wlan security 1
Security Policy         :WPA PSK
WPA version             :WPA2 (RSN)
```

```
AKM type                :preshare key
pairwise cipher type :AES
group cipher type      :AES
WLAN SSID               :RUIJIE
wpa_passhraselen       :10
wpa_passphrase          :
30 31 32 33 34 35 36 37 38 39
WEP auth mode        :open or share-key
```

6）漫游测试

漫游可以通过以下几种方式测试。

（1）将无线客户端关联上其中一台 AP 设备，并长 Ping 网关。然后，移动 STA 从 AP1 移向 AP2，由于漫游是由 STA 主动发起，因此两个 AP 的距离需 20m 以上。

（2）可以关闭该 AP 的射频口（或者直接给该 AP 断电）来模拟漫游场景，STA 应该会丢 1～2 个 Ping 包，并且 IP 地址没有发生变化，即完成了漫游过程。

下面使用第二种方式，进行漫游测试。

① 在 STA 上打开命令窗口，使用“ping”命令与网关进行 ICMP 测试，这时拔掉这台 AP 设备的电源，则丢弃 1～2 个 ping 包后，就能正常通信，如图 6-2-14 所示。

```
C:\Users\ThinkPad>ping 192.168.100.254 -t

正在 Ping 192.168.100.254 具有 32 字节的数据:
来自 192.168.100.254 的回复: 字节=32 时间=16ms TTL=64
来自 192.168.100.254 的回复: 字节=32 时间=2ms TTL=64
来自 192.168.100.254 的回复: 字节=32 时间=2ms TTL=64
来自 192.168.100.254 的回复: 字节=32 时间=29ms TTL=64
来自 192.168.100.254 的回复: 字节=32 时间=46ms TTL=64
来自 192.168.100.254 的回复: 字节=32 时间=118ms TTL=64
来自 192.168.100.254 的回复: 字节=32 时间=66ms TTL=64
来自 192.168.100.254 的回复: 字节=32 时间=17ms TTL=64
来自 192.168.100.254 的回复: 字节=32 时间=8ms TTL=64
来自 192.168.100.254 的回复: 字节=32 时间=2ms TTL=64
来自 192.168.100.254 的回复: 字节=32 时间=5ms TTL=64
来自 192.168.100.254 的回复: 字节=32 时间=2ms TTL=64
来自 192.168.100.254 的回复: 字节=32 时间=43ms TTL=64
请求超时。
请求超时。
来自 192.168.100.254 的回复: 字节=32 时间=23ms TTL=64
来自 192.168.100.254 的回复: 字节=32 时间=2ms TTL=64
来自 192.168.100.254 的回复: 字节=32 时间=34ms TTL=64
来自 192.168.100.254 的回复: 字节=32 时间=86ms TTL=64
来自 192.168.100.254 的回复: 字节=32 时间=19ms TTL=64
来自 192.168.100.254 的回复: 字节=32 时间=9ms TTL=64
来自 192.168.100.254 的回复: 字节=32 时间=9ms TTL=64
来自 192.168.100.254 的回复: 字节=32 时间=6ms TTL=64
来自 192.168.100.254 的回复: 字节=32 时间=2ms TTL=64
来自 192.168.100.254 的回复: 字节=32 时间=18ms TTL=64

192.168.100.254 的 Ping 统计信息:
    数据包: 已发送 = 25, 已接收 = 23, 丢失 = 2 (8% 丢失),
往返行程的估计时间(以毫秒为单位):
    最短 = 2ms, 最长 = 118ms, 平均 = 24ms
```

图 6-2-14　使用“ping”命令与网关进行 ICMP 测试

② 然后在无线交换机上可以使用命令来查看其状态，如下所示。

```
C#sh ac-config client summary by-ap-name
Total Sta Num : 1
Cnt     STA MAC      AP NAME          Wlan Id   Radio Id  Vlan Id   Valid
-----------------------------------------------------------------------
1     f07b.cb9f.3af4  AP-2               1          1       100        1
AC#*Mar 24 13:10:04: %APMG-6-ROAM_STA_DEAL: Client(f07b.cb9f.3af4) notify :
Roaming out AP (AP-2).
*Mar 24 13:10:07: %CAPWAP-7-ADDR: My address is 9.9.9.9.
```

```
    *Mar 24 13:10:07: %APMG-6-STA_ADD_RESP: Client(f07b.cb9f.3af4) roaming to
ap(AP-1) success.

    AC#sh ac-config client summary by-ap-name
    Total Sta Num : 1
    Cnt    STA MAC      AP NAME       Wlan Id  Radio Id Vlan Id  Valid
    ------------------------------------------------------------------------
    1     f07b.cb9f.3af4  AP-1              1     1     100      1
```

6.2.3 配置跨 AP 设备的三层漫游

在组建完成的无线局域网中，如果覆盖的办公区域很大，就需要在同一个办公区域部署很多台 AP，但其用户都在不同的 VLAN 中。为了保障网络的稳定性，需要用户的笔记本电脑在办公区域内移动时不会造成网络中断，这就需要配置跨 AP 的三层漫游，如图 6-2-15 所示。

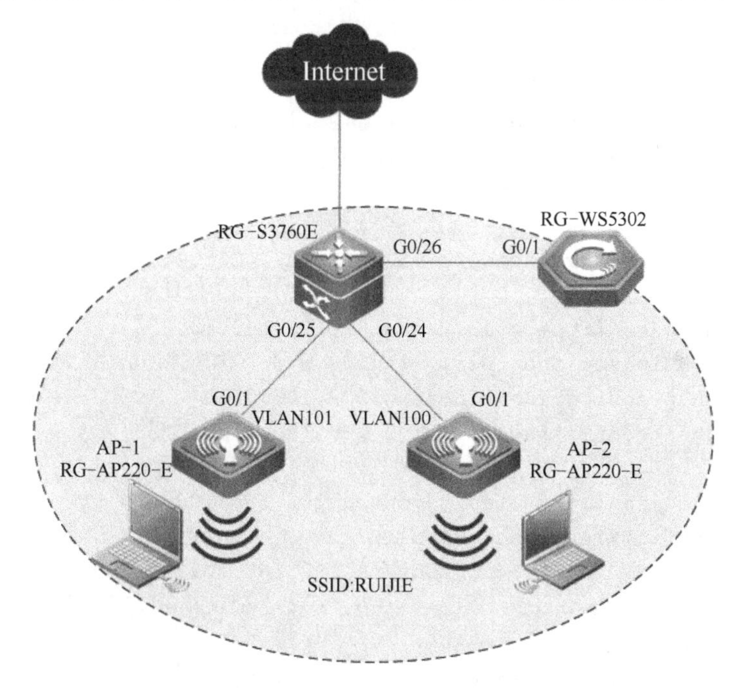

图 6-2-15 跨 AP 的三层漫游

配置跨 AP 的三层漫游技术需要了解以下漫游技术。

（1）漫出 AC：或称为 HA（Home-AC）。一个无线终端（STA）首次向漫游组内的某个无线控制器进行关联，该无线控制器即为该无线终端（STA）的漫出 AC。

（2）漫入 AC：或称为 FA（Foreign-AC）。与无线终端（STA）正在连接，且不是 HA 的无线控制器，该无线控制器即为该无线终端（STA）的漫入 AC。

（3）AC 内漫游：一个无线终端（STA）从无线控制器的一个 AP 漫游到同一个无线控制器内的另一个 AP 中，即称为 AC 内漫游。

（4）AC 间漫游：一个无线终端（STA）从无线控制器的 AP 漫游到另一个无线控制器内的 AP 中，即称为 AC 间漫游。

其中，在组建完成的如图 6-2-15 所示的拓扑中，配置两台 AP 设备同时广播同一个 SSID，并且属于不同的 VLAN，将无线客户端关联上其中一台 AP 设备，并 Ping 无线交换机的 IP 地址。

然后，关闭该 AP 设备的射频口（或者直接给该 AP 设备断电）来模拟漫游场景，STA 应该会丢 1～2 个 Ping 包，并且 IP 地址没有发生变化，即完成了三层漫游过程，当用户断开同 AP 设备的连接，并重新关联上 AP 设备后，所获取的地址为新的网段的地址。

【实验设备】

RG-WG54U：2 块，PC：2 台，RG-WS5302：1 台。
RG-AP220E：2 台，RG-S3760E：1 台，RG-E-130：2 台。

【实验步骤】

1）基本拓扑连接
根据图 6-2-15 所示的网络拓扑图，将设备连接起来，并注意设备状态灯是否正常。
2）交换机配置

```
Ruijie(config)#hostname RG-3760E            !  为交换机命名
RG-3760E (config)#vlan 10                   !  创建VLAN 10
RG-3760E (config)#vlan 20                   !  创建VLAN 20
RG-3760E (config)#vlan 100                  !  创建VLAN 100
RG-3760E (config)#service dhcp              !  启用DHCP服务
RG-3760E (config)#ip dhcp pool ap-pool  !  创建地址池，为AP分配IP地址
RG-3760E (dhcp-config)#option 138 ip 9.9.9.9
                              !  配置DHCP138选项，地址为AC的环回接口地址
RG-3760E (dhcp-config)#network 192.168.10.0 255.255.255.0
                                            !  指定地址池
RG-3760E (dhcp-config)#default-router 192.168.10.254    !  指定默认网关
RG-3760E (config)#ip dhcp pool vlan100    !  创建地址池，为用户分配IP地址
RG-3760E (dhcp-config)#domain-name 202.106.0.20         !  指定DNS服务器
RG-3760E (dhcp-config)#network 192.168.100.0 255.255.255.0
                                            !  指定地址池
RG-3760E (dhcp-config)#default-router 192.168.100.254   !  指定默认网关
RG-3760E (config)#interface VLAN 10
RG-3760E (config-VLAN 10)#ip address 192.168.10.254 255.255.255.0
                                            !  配置VLAN10地址
RG-3760E (config)#interface VLAN 20
RG-3760E (config-VLAN 20)#ip address 192.168.11.2 255.255.255.0
                                            !  配置VLAN20地址
RG-3760E (config)#interface VLAN 100
RG-3760E (config-VLAN 100)#ip address 192.168.100.254 255.255.255.0
                                            !  配置VLAN100地址
RG-3760E (config)#interface FastEthernet 0/24
RG-3760E (config-if- FastEthernet 0/24)#switchport access vlan 10
                                            !  将接口加入到VLAN10
RG-3760E (config)#interface GigabitEthernet 0/25
RG-3760E (config-if-GigabitEthernet 0/25)#switchport access vlan 10
                                            !  将接口加入到VLAN10
RG-3760E (config)#interface GigabitEthernet 0/26
RG-3760E (config-if-GigabitEthernet 0/26)#switchport mode trunk
                                            !  将接口设置为Trunk模式
RG-3760E (config)#ip route 9.9.9.9 255.255.255.255 192.168.11.1
```

```
                                             ！  配置静态路由
RG-3760E (config)#vlan 101                   ！  创建VLAN 10
RG-3760E (config)#interface VLAN 101
RG-3760E (config-if-vlan 101)#ip address 192.168.101.254 255.255.255.0
                      ！  配置VLAN 101地址
```

3）无线交换机配置

```
Ruijie(config)#hostname AC                   ！  命名无线交换机
AC(config)#vlan 10                           ！  创建VLAN10
AC(config)#vlan 20                           ！  创建VLAN20
AC(config)#vlan 100                          ！  创建VLAN100
AC(config)#wlan-config 1 <NULL> RUIJIE       ！  创建WLAN，SSID为RUIJIE
AC(config-wlan)#enable-broad-ssid            ！  允许广播
AC(config)#ap-group default                  ！  提供WLAN服务
AC(config-ap-group)#interface-mapping 1 100
                      ！  配置AP 提供WLAN 1 接入服务，配置用户的VLAN 为100
AC(config)#ap-config 001a.a979.40e8          ！  登录AP
AC(config-AP)#ap-name  AP-1                  ！  命名AP
AC(config)#ap-config 001a.a979.5fd2          ！  登录AP
AC(config-AP)#ap-name  AP-2                  ！  命名AP
AC(config)#interface GigabitEthernet 0/1
AC(config-if-GigabitEthernet 0/1)switchport mode trunk
                                             ！定义接口为Trunk模式
AC(config)#interface Loopback 0
AC(config-if-Loopback 0)#ip address 9.9.9.9 255.255.255.255
                                             ！  为环回接口配置IP地址
AC(config)#interface VLAN 10                 ！  激活VLAN10接口
AC(config)#interface VLAN 20
AC(config-vlan 20)#ip address 192.168.11.1 255.255.255.252
                                             ！  配置VLAN20接口IP地址
AC(config)#interface VLAN 100                ！  激活VLAN100接口
AC(config)#ip route 0.0.0.0 0.0.0.0 192.168.11.2        ！  配置默认路由
AC(config)#vlan 101                          ！  创建VLAN 101
AC(config)#interface VLAN 101                ！  激活VLAN 101接口
```

4）连接测试

（1）在STA上打开无线功能，这时会扫描到“RUIJIE”这个无线网络，如图6-2-16所示。

图6-2-16 扫描到“RUIJIE”无线网络

（2）选择此无线网络，单击“连接”按钮，如图6-2-17所示。

（3）连接成功，如图6-2-18所示。

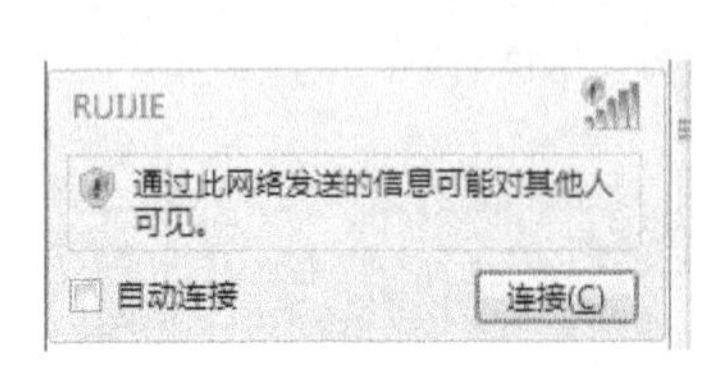

图 6-2-17 连接无线网络

图 6-2-18 连接无线网络成功

（4）打开命令窗口，使用“ipconfig”命令查看其获取的 IP 地址，如图 6-2-19 所示。

```
无线局域网适配器 无线网络连接 3:

   连接特定的 DNS 后缀 . . . . . . . : 202.106.0.20
   本地链接 IPv6 地址. . . . . . . . : fe80::88bd:25b7:5a0f:b3a%19
   IPv4 地址 . . . . . . . . . . . . : 192.168.100.1
   子网掩码 . . . . . . . . . . . . : 255.255.255.0
   默认网关. . . . . . . . . . . . . : 192.168.100.254
```

图 6-2-19 使用“ipconfig”命令查看获取的 IP 地址

（5）在命令窗口，使用“ping”命令测试其与网关的连通性，如图 6-2-20 所示。

```
C:\Users\ThinkPad>ping 192.168.100.254

正在 Ping 192.168.100.254 具有 32 字节的数据:
来自 192.168.100.254 的回复: 字节=32 时间=2ms TTL=64
来自 192.168.100.254 的回复: 字节=32 时间=2ms TTL=64
来自 192.168.100.254 的回复: 字节=32 时间=2ms TTL=64
来自 192.168.100.254 的回复: 字节=32 时间=9ms TTL=64

192.168.100.254 的 Ping 统计信息:
    数据包: 已发送 = 4, 已接收 = 4, 丢失 = 0 (0% 丢失),
往返行程的估计时间(以毫秒为单位):
    最短 = 2ms, 最长 = 9ms, 平均 = 3ms
```

图 6-2-20 使用“ping”命令测试与网关的连通性

（6）在无线交换上查看状态信息.

```
AC#sh ap-config summary
Ap Name  Mac Address   STA NUM  Up time    Ver                        Pid
-------------------------------------------------------------------------
AP-1    001a.a979.40e8  0    0:00:00:49 RGOS 10.4(1T7), Release(110351)
        AP220-E
AP-2     001a.a979.5fd2  1   0:00:07:43 RGOS 10.4(1T7), Release(110351)
        AP220-E
```

5）漫游测试

漫游可以通过以下几种方式测试。

（1）将无线客户端关联上其中一个 AP，并长 Ping 网关。然后，移动 STA 从 AP1 移向 AP2，由于漫游是由 STA 主动发起，因此两个 AP 设备的距离需 20m 以上；

（2）另外，可以关闭该 AP 的射频口（或者直接给该 AP 断电）来模拟漫游场景，STA 应该会丢 1～2 个 Ping 包，并且 IP 地址没有发生变化，即完成了漫游过程。

下面使用第二种方式，进行漫游测试。

① 在 STA 上打开命令窗口，使用“ping”命令与网关进行 ICMP 测试，这时拔掉这台 AP 设备的电源，则丢弃 1～2 Ping 包后，就会正常通信，如图 6-2-21 所示。

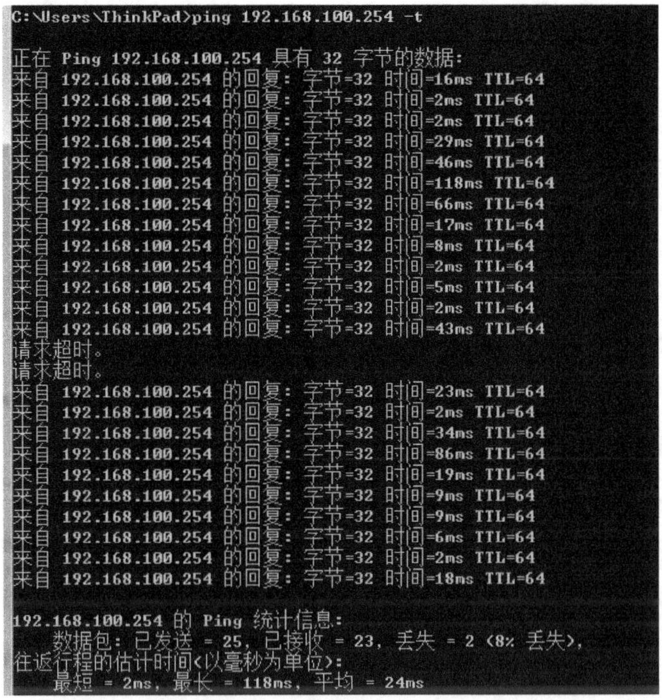

```
C:\Users\ThinkPad>ping 192.168.100.254 -t

正在 Ping 192.168.100.254 具有 32 字节的数据:
来自 192.168.100.254 的回复: 字节=32 时间=16ms TTL=64
来自 192.168.100.254 的回复: 字节=32 时间=2ms TTL=64
来自 192.168.100.254 的回复: 字节=32 时间=2ms TTL=64
来自 192.168.100.254 的回复: 字节=32 时间=29ms TTL=64
来自 192.168.100.254 的回复: 字节=32 时间=46ms TTL=64
来自 192.168.100.254 的回复: 字节=32 时间=118ms TTL=64
来自 192.168.100.254 的回复: 字节=32 时间=66ms TTL=64
来自 192.168.100.254 的回复: 字节=32 时间=17ms TTL=64
来自 192.168.100.254 的回复: 字节=32 时间=8ms TTL=64
来自 192.168.100.254 的回复: 字节=32 时间=2ms TTL=64
来自 192.168.100.254 的回复: 字节=32 时间=5ms TTL=64
来自 192.168.100.254 的回复: 字节=32 时间=2ms TTL=64
来自 192.168.100.254 的回复: 字节=32 时间=43ms TTL=64
请求超时。
请求超时。
来自 192.168.100.254 的回复: 字节=32 时间=23ms TTL=64
来自 192.168.100.254 的回复: 字节=32 时间=2ms TTL=64
来自 192.168.100.254 的回复: 字节=32 时间=34ms TTL=64
来自 192.168.100.254 的回复: 字节=32 时间=86ms TTL=64
来自 192.168.100.254 的回复: 字节=32 时间=19ms TTL=64
来自 192.168.100.254 的回复: 字节=32 时间=9ms TTL=64
来自 192.168.100.254 的回复: 字节=32 时间=9ms TTL=64
来自 192.168.100.254 的回复: 字节=32 时间=6ms TTL=64
来自 192.168.100.254 的回复: 字节=32 时间=2ms TTL=64
来自 192.168.100.254 的回复: 字节=32 时间=18ms TTL=64

192.168.100.254 的 Ping 统计信息:
    数据包: 已发送 = 25, 已接收 = 23, 丢失 = 2 (8% 丢失),
往返行程的估计时间(以毫秒为单位):
    最短 = 2ms, 最长 = 118ms, 平均 = 24ms
```

图 6-2-21　使用“ping”命令与网关进行 ICMP 测试

② 然后在无线交换机上可以使用命令来查看其状态，如下所示。

```
AC#sh ac-config client summary by-ap-name
Total Sta Num : 1
Cnt    STA MAC      AP NAME         Wlan Id   Radio Id  Vlan Id   Valid
-------------------------------------------------------------------
1    f07b.cb9f.3af4  AP-2              1         1        100        1
AC#*Mar 24 13:10:04: %APMG-6-ROAM_STA_DEAL: Client(f07b.cb9f.3af4)
notify : Roaming out AP (AP-2).
*Mar 24 13:10:07: %CAPWAP-7-ADDR: My address is 9.9.9.9.
*Mar 24 13:10:07: %APMG-6-STA_ADD_RESP: Client(f07b.cb9f.3af4)
roaming to ap(AP-1) success.

AC#sh ac-config client summary by-ap-name
Total Sta Num : 1
Cnt    STA MAC      AP NAME        Wlan Id   Radio Id  Vlan Id   Valid
-------------------------------------------------------------------
1     f07b.cb9f.3af4  AP-1              1     1       100        1
```

项目 7　实施无线局域网组网（2）

7.1　组建以 AP 为核心的无线局域网

7.1.1　配置无线 AC 关联 Fit AP

无线网络中的 AP 设备数量众多，而且需要统一管理和配置。

需要通过配置核心控制设备 AC，通过 AC 集中控制 AP 设备。该方案的优点是：通过 AC（AP 控制器）统一配置和管理 AP，包括配置下发、升级、重启等。

该方案的缺点是：需要增加网络设备 AC，增加有线网络的配置，不同厂商设备不兼容。

如图 7-1-1 所示的是无线 AC 关联 Fit AP 的网络场景，AP 设备直连 AC（或 AP 连接无线交换机再连接 AC）组建无线局域网。

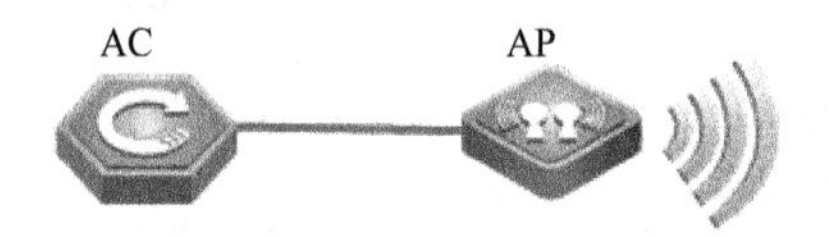

AC loopback 0地址 1.1.1.1
AP vlan: vlan 1 172.16.1.0 255.255.255.0网关地址 172.16.1.1
无线用户 vlan: vlan 2 172.168.2.0 255.255.255.0网关地址 172.16.2.1

图 7-1-1　无线 AC 关联 Fit AP 的网络场景

组建如图 7-1-1 所示的无线 AC 关联 Fit AP 网络配置要点如下。

（1）确认 AC 无线交换机和 AP 设备是同一个软件版本，使用如下命令查看：

```
Ruijie>show verison
```

（2）确认 AP 设备是工作在瘦模式下，使用如下命令验证查看 AP 模式，需要显示是“瘦”AP 模式。

```
Ruijie>show ap-mode
```

如果显示 Fat 模式，那么需要以下命令进行更改：

```
Ruijie>enable                          ! 进入特权模式
Ruijie#configure terminal              ! 进入全局配置模式
Ruijie(config)#ap-mode fit             ! 修改成瘦模式
Ruijie(config)#end                     ! 退出到特权模式
```

1）配置步骤

（1）VlAN 配置，创建用户 VLAN、AP VLAN 和互联 VLAN。

```
Ruijie>enable                          ! 进入特权模式
Ruijie#configure terminal              ! 进入全局配置模式
Ruijie(config)#vlan 1                  ! AP的VLAN
Ruijie(config-vlan)#vlan 2             ! 用户的VLAN
```

（2）配置AP、无线用户网关和loopback 0地址。

```
    Ruijie(config)#interface vlan 1                ！AP的网关
    Ruijie(config-int-vlan)#ip address  172.16.1.1 255.255.255.0
    Ruijie(config-int-vlan)#interface vlan 2       ！用户的SVI接口（必须配置）
    Ruijie(config-int-vlan)#ip address  172.16.2.1 255.255.255.0
```

```
    Ruijie(config-int-vlan)#interface loopback 0
    Ruijie(config-int-loopback)#ip address 1.1.1.1 255.255.255.0
        ！必须是loopback 0，用于AP需找AC的地址，DHCP中的option138字段
Ruijie(config-int-loopback)#exit
```

（3）配置无线信号。

① Wlan-config配置，创建SSID。

```
Ruijie(config)#wlan-config 2  Ruijie
        ！配置WLAN-config ，ID是2，SSID（无线信号）是Ruijie
Ruijie(config-wlan)#enable-broad-ssid          ！允许广播SSID
Ruijie(config-wlan)#exit
```

② AP-group配置，关联WLAN-config和用户VLAN。

```
Ruijie(config)#ap-group Ruijie_group
Ruijie(config-ap-group)#interface-mapping 2 2
                             ！把WLAN-config 2和VLAN 2进行关联
Ruijie(config-ap-group)#exit
```

③ 把AC设备上的配置分配到AP设备上。

```
Ruijie(config)#ap-config xxx
！把AP组的配置关联到AP上（XXX为某台AP的名称时，那么表示只在该AP下应用AP-group；XXX为All
时，表示应用在所有AP上，默认调用AP-group default，不能修改）
Ruijie(config-ap-config)#ap-group Ruijie_group
！注意：AP-group Ruijie_group要配置正确，否则出现无线用户搜不到SSID
Ruijie(config-ap-group)#exit
```

④ 配置AC设备连接AP设备相连的接口所属VLAN

```
Ruijie(config-int-loopback)#interface GigabitEthernet 0/1
Ruijie(config-int-GigabitEthernet 0/1)#switchport access vlan 1
                             ！与AP相连的接口，把接口划到AP的VLAN中
```

⑤ 配置AP设备的DCHP。

```
Ruijie(config)#service dhcp              ！开启DHCP服务
Ruijie(config)#ip dhcp pool ap_ruijie
                      ！创建DHCP地址池，名称是AP_ruijie
Ruijie(config-dhcp)#option 138 ip 1.1.1.1
                      ！配置Option字段，指定AC的地址，即AC的Loopback 0地址
Ruijie(config-dhcp)#network 172.16.1.0 255.255.255.0
                      ！分配给AP的地址
Ruijie(config-dhcp)#default-route 172.16.1.1
                      ！分配给AP的网关地址
Ruijie(config-dhcp)#exit
                      ！注意：AP的DHCP中的Option字段和网段、网关要配置正确，否则会
                        出现AP获取不到DHCP信息导致无法建立隧道
```

⑥ 配置无线用户的DHCP。

```
Ruijie(config)#ip dhcp pool user_ruijie
```

```
                    ！配置DHCP地址池，名称是User_ruijie
Ruijie(config-dhcp)#network 172.16.2.0 255.255.255.0
                    ！分配给无线用户的地址
Ruijie(config-dhcp)#default-route 172.16.2.1     ！分给无线用户的网关
Ruijie(config-dhcp)#dns-server 8.8.8.8           ！分配给无线用户的DNS
Ruijie(config-dhcp)#exit
```

2）验证命令

（1）使用无线客户端连接无线。

（2）在无线交换机上使用以下命令查看 AP 的配置。

```
Ruijie#sho ap-config summary                ！查看AP配置汇总
......
Ruijie#sho ap-config running-config         ！查看AP详细配置
......
```

（3）查看关联到无线的无线客户端。

```
Ruijie#show ac-config client summary by-ap-name
......
```

7.1.2 配置 Fit AP 集中转发

通过无线局域网基础配置，无线局域网内的用户能够收到无线信号，并且获取到 IP 地址，单 Fit AP 集中转发的隧道的工作机制如图 7-1-2 所示。

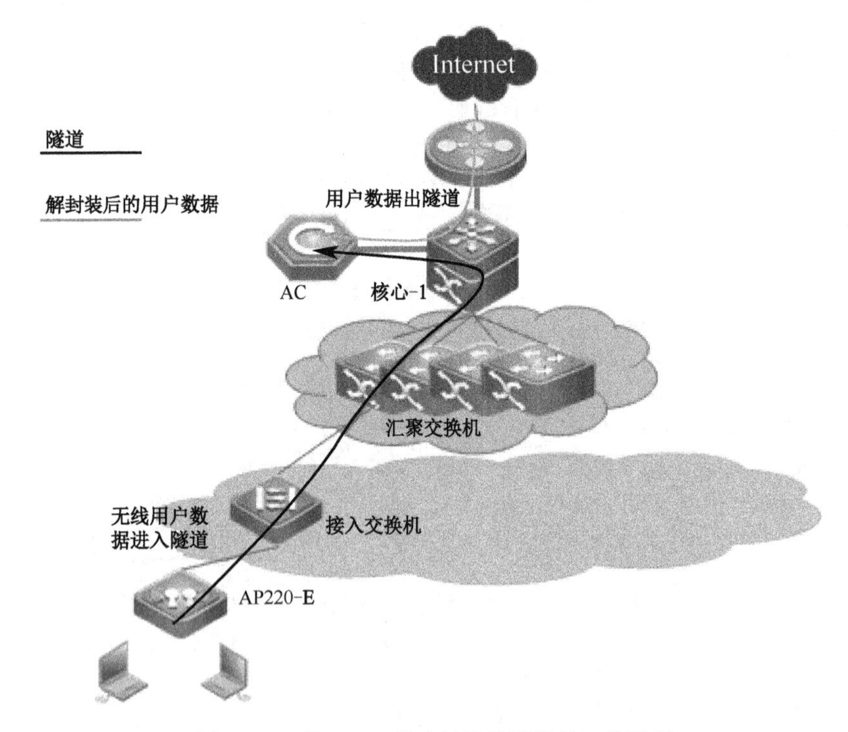

图 7-1-2 单 Fit AP 集中转发的隧道的工作机制

如图 7-1-3 所示的是网络拓扑，是组建完成单 Fit AP 集中转发的无线局域网网络场景。

如图 7-1-3 所示网络拓扑的场景为单 AC 集中转发的网络场景，所有无线局域网网络中的用户流量，都需要通过隧道技术，发往无线局域网的集中控制设备 AC，由 AC 统一转发和集中处理。

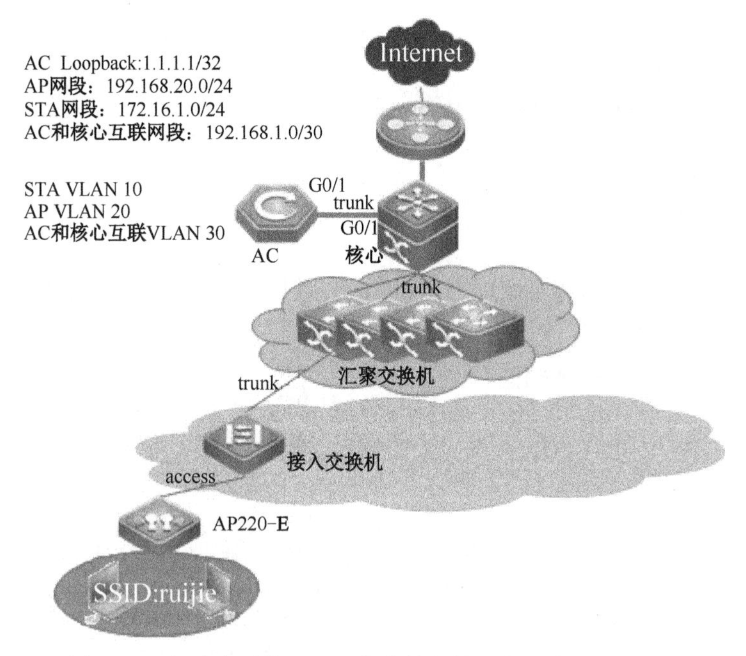

图 7-1-3　组建完成单 Fit AP 集中转发的无线局域网网络场景

1. 通过实施如下配置过程，可以实现单 Fit AP 通过隧道技术，实现集中转发的工作过程

（1）AC 配置 Loopback 接口。
（2）无线用户 VLAN、AP VLAN、AC 和核心互联 VLAN。
（3）物理接口配置。
（4）SVI 接口 IP 及路由配置。
（5）AP 及无线用户地址池配置。
（6）软件版本升级配置。
（7）对 AP 重命名。
（8）无线 SSID 配置。

2. 通过以下详细的实施步骤，完成单 Fit AP 通过隧道技术，实现集中转发

1）AC 配置 Loopback 接口

AC 需要使用 Loopback 和 AP 建立 CAPWAP 隧道，必须激活并配置 AC 设备的 Loopback 才能正常进行工作。其配置命令如下：

```
WS5708(config)#  interface Loopback 0
WS5708(config-if-Loopback 0)# ip address 1.1.1.1 255.255.255.255
```

2）配置无线局域网内的用户 VLAN、AP 设备的 VLAN、AC 设备和核心互联 VLAN

根据规划配置无线用户 VLAN、AP VLAN、AC 和核心互联 VLAN。

（1）AC 上必须配置无线用户 VLAN。

```
WS5708(config)# vlan 10
WS5708(config-vlan)# name sta
                    ！注意：如果无线用户网关在核心上，核心也必须配置无线用户VLAN
```

（2）核心、汇聚交换机、接入交换机一般都必须配置 AP VLAN。

```
核心(config)# vlan 20
核心(config-vlan)# name  AP
                    ！注意：如果AP网关在AC上，AC也必须配置AP VLAN
```

（3）AC 和核心互联 VLAN。

```
WS5708(config)# vlan 30
WS5708(config-vlan)# name AC-核心

核心(config)# vlan 30
核心(config-vlan)# name  AC-核心
```

3）物理接口配置

（1）AC 和核心互联接口，需要配置为 Trunk，并且只实现无线用户 VLAN、AP VLAN、AC 和核心互联 VLAN 之间通信。

```
WS5708(config)# interface gigabitEthernet 0/1
WS5708(config-if-GigabitEthernet 0/1)# switchport mode trunk
WS5708(config-if-GigabitEthernet 0/1)# switchport trunk allowed vlan remove
1-9,11-19,21-29,31-4094
```

```
核心(config)# interface gigabitEthernet 0/1
核心(config-if-GigabitEthernet 0/1)# switchport mode trunk
核心(config-if-GigabitEthernet 0/1)# switchport trunk allowed vlan remove
1-9,11-19,21-29,31-4094
```

（2）汇聚和核心互联接口配置为 Trunk，汇聚和接入交换机互联接口配置为 Trunk。

（3）接入交换机和 AP 互联接口，在集中转发模式下配置为 Access；在本地转发模式下配置为 Trunk。

Native 为 AP VLAN、只实现无线用户 VLAN 和 AP VLAN 通过。

① 集中转发模式（默认）。

```
接入交换机(config)# interface gigabitEthernet 0/2
接入交换机(config-GigabitEthernet 0/2)# switchport mode access
接入交换机(config-GigabitEthernet 0/2)# switchport access vlan 20
```

② 本地转发模式。

```
接入交换机(config)# interface gigabitEthernet 0/2
接入交换机(config-GigabitEthernet 0/2)# switchport mode trunk
接入交换机(config-GigabitEthernet 0/2)# switchport trunk native vlan 20
接入交换机(config-GigabitEthernet 0/2)# switchport trunk allowed vlan remove
1-9,11-19,21-4094
```

4）SVI 接口 IP 及路由配置

（1）AC 配置。

```
WS5708(config)# interface vlan 30
WS5708(config-if-VLAN 30)# ip  address 192.168.1.2 255.255.255.252
WS5708(config)# ip route 0.0.0.0 0.0.0.0 192.168.1.1
     ！备注：如果无线用户或者AP网关在AC上则AC 对应的SVI也需要配置IP地址
```

（2）核心配置。

```
核心(config)# interface vlan 30
核心(config-VLAN 30)# ip add 192.168.1.1 255.255.255.252
核心(config)# interface vlan 10
核心(config-VLAN 10)# ip address 172.16.1.1 255.255.255.0
核心(config)# interface vlan 20
核心(config-VLAN 20)# ip address 192.168.20.1 255.255.255.0
核心(config)# ip route 1.1.1.1 255.255.255.255 192.168.1.2
```

5）AP 及无线用户地址池配置

假定 AP 和无线用户地址池都在核心上。

```
核心(config)# service dhcp
核心(config)# ip dhcp pool ap
核心(dhcp-config)# network 192.168.20.0 255.255.255.0
核心(dhcp-config)# default-router 192.168.20.1
核心(dhcp-config)# option 138 ip 1.1.1.1
核心(config)# ip dhcp pool sta
核心(dhcp-config)# network 172.16.1.0 255.255.255.0
核心(dhcp-config)# default-router 172.16.1.1
核心(dhcp-config)# dns-server 218.85.157.99
```

6）软件版本升级配置

如果 AC 和 AP 软件版本不一致或者 AC 和 AP 第一次上线则需要进行版本升级配置。

7）对 AP 重命名

```
WS5708(config)# ap-config  001a.a94e.d529
WS5708(config-ap)# ap-name  ap220-e
```

8）无线 SSID 配置

```
WS5708(config)# wlan-config 1 ruijie
WS5708(config-wlan)# exit
WS5708(config)# ap-group ruijie
WS5708(config-ap-group)# interface-mapping 1 10
                                  ! WLAN-config ID 和VLAN ID 进行映射
WS5708(config)# ap-config ap220-e
WS5708(config-ap)# ap-group ruijie
```

4）配置验证

（1）确认是否可以收到无线信号并关联成功，如图 7-1-4 所示。

（2）确认无线网卡获取的 IP 地址是否正常，是否可以 ping 通网关，如图 7-1-5 和图 7-1-6 所示。

图 7-1-4　确认是否可以收到无线信号并关联成功

```
无线局域网适配器 无线网络连接:

   连接特定的 DNS 后缀 . . . . . . . :
   描述. . . . . . . . . . . . . . . : Intel(R) Centrino(R) Advanced-N 6205
   物理地址. . . . . . . . . . . . . : 08-11-96-92-24-4C
   DHCP 已启用 . . . . . . . . . . . : 是
   自动配置已启用. . . . . . . . . . : 是
   本地链接 IPv6 地址. . . . . . . . : fe80::8d6a:6e1e:ff6:371e%20(首选)
   IPv4 地址 . . . . . . . . . . . . : 172.16.1.2(首选)
   子网掩码  . . . . . . . . . . . . : 255.255.255.0
   获得租约的时间  . . . . . . . . . : 2013年2月17日 16:58:11
   租约过期的时间  . . . . . . . . . : 2013年2月18日 16:58:11
   默认网关. . . . . . . . . . . . . : 192.168.0.1
                                       172.16.1.1
   DHCP 服务器 . . . . . . . . . . . : 172.16.1.1
   DHCPv6 IAID . . . . . . . . . . . : 218632598
   DHCPv6 客户端 DUID  . . . . . . . : 00-01-00-01-16-BA-DF-FD-F0-DE-F1-9B-
   DNS 服务器  . . . . . . . . . . . : 218.85.157.99
   TCPIP 上的 NetBIOS  . . . . . . . : 已启用
```

图 7-1-5　确认无线网卡获取 IP 地址是否正常

```
C:\Users\Administrator>ping 172.16.1.1

正在 Ping 172.16.1.1 具有 32 字节的数据:
来自 172.16.1.1 的回复: 字节=32 时间=32ms TTL=64
来自 172.16.1.1 的回复: 字节=32 时间=6ms TTL=64
来自 172.16.1.1 的回复: 字节=32 时间=3ms TTL=64
来自 172.16.1.1 的回复: 字节=32 时间=3ms TTL=64

172.16.1.1 的 Ping 统计信息:
    数据包: 已发送 = 4, 已接收 = 4, 丢失 = 0 (0% 丢失),
往返行程的估计时间(以毫秒为单位):
    最短 = 3ms, 最长 = 32ms, 平均 = 11ms
```

图 7-1-6　确认无线网卡是否可以 ping 通网关

7.1.3　配置 Fit AP 本地转发

在组建 WLAN 的无线局域网中，安装在网络中的 AC 设备，通过 CAPWAP 协议控制管理下联的 AP 设备，其中，通过 CAPWAP 隧道协议，为无线局域网中组网的 AC 设备和 AP 设备之间提供通信隧道，其数据流的传输过程如图 7-1-7 所示。

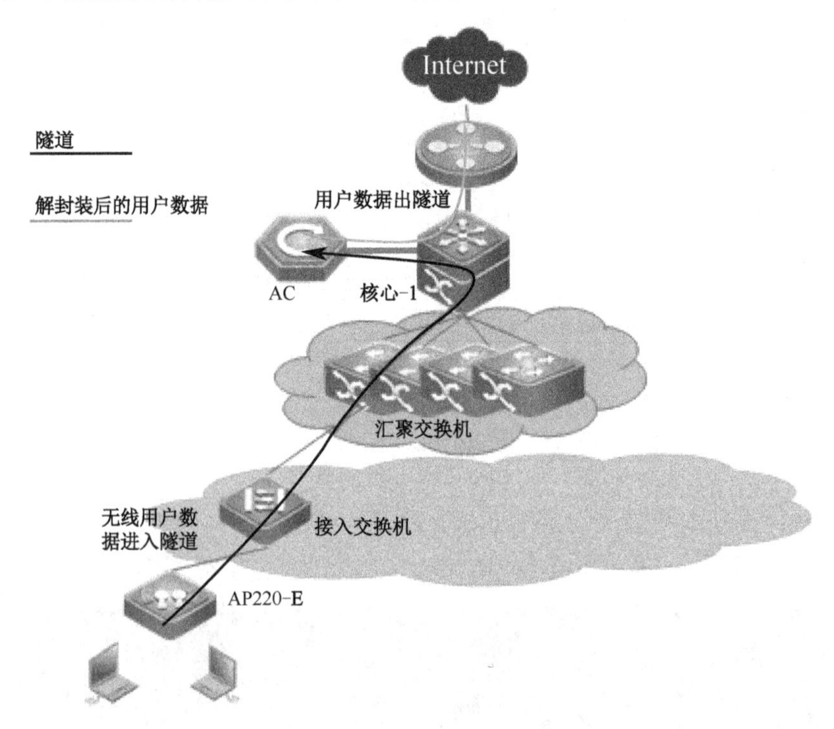

图 7-1-7　数据流的传输过程

通常情况下，无线局域网中的所有用户的所有流量，都需要先经过集中控制设备 AC，通过 AC 才能进行转发。

但是，这种集中转发的无线局域网组网的模型，有可能会改变网络中的客户的流量，涉及网络管理、计费及安全等难题。因此，客户希望无线局域网网络中的用户流量，不走 AC 设备，而直接通过 AP 设备进行转发，这就是本地转发功能。

如图 7-1-8 所示的场景，是组建完成无线局域网内 Fit AP 本地转发网络拓扑。

无线局域网网络中的用户数据流量，不经过集中控制设备 AC，而是在 AP 设备上直接被转发到有线网络。AC 只做控制和管理，不参与用户数据转发。

注意：本地转发仅支持二层漫游。

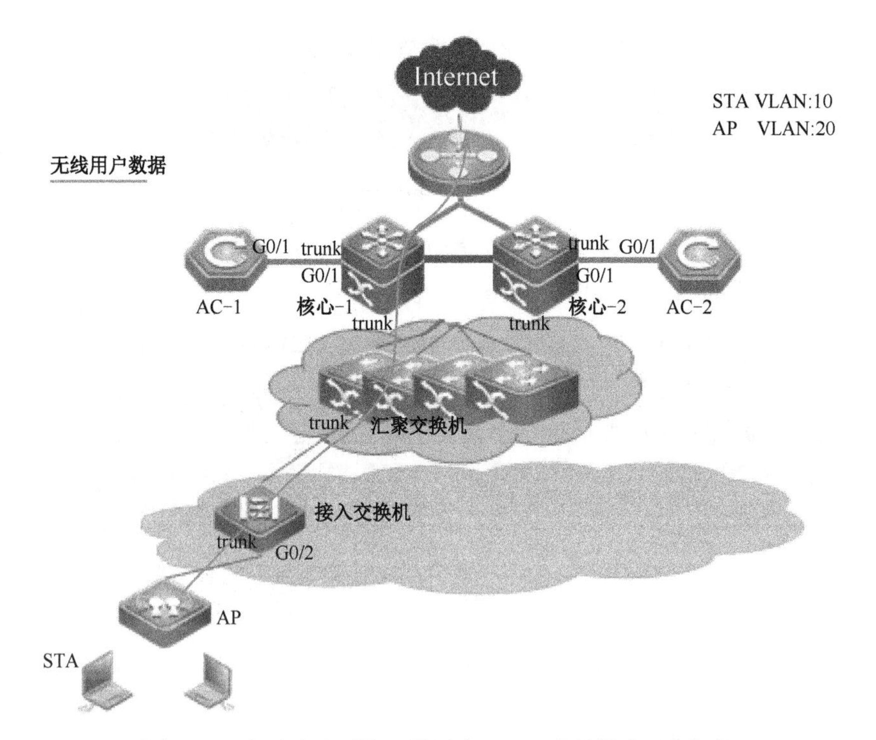

图 7-1-8　组建完成无线局域网内 Fit AP 本地转发网络拓扑

配置无线局域网内的 Fit AP 设备，只能在本地转发配置要点可分为以下几个步骤。

（1）接入交换机和 AP 互联接口，需要配置为 Trunk，并且 AP VLAN 为 Native。

（2）将 SSID 模式调整为本地转发。

（3）AP-group 映射 WLAN-Id 和 VLAN-ID 重新配置。

详细的配置过程如下所示。

1）配置接入交换机

接入交换机和 AP 设备的互联接口配置为 Trunk、Native 为 AP VLAN，只连通无线用户 VLAN 和 AP VLAN。

```
    接入交换机(config)#interface gigabitEthernet 0/2
    接入交换机(config-GigabitEthernet 0/2)#switchport mode trunk
    接入交换机(config-GigabitEthernet 0/2)#switchport trunk native vlan 20
                                    //必须把AP所属于的VLAN配置为Native VLAN
    接入交换机(config-GigabitEthernet 0/2)#switchport trunk allowed vlan remove
1-9,11-19,21-4094
```

2）将 SSID 模式调整为本地转发

```
    AC-1(config)#wlan-config 1 ruijie
    AC-1(config-wlan)#tunnel local        ! 开启WLAN-ID 1 的本地转发功能
```

3）Ap-group 映射 WLAN ID 和 VLAN ID 重新配置

```
    AC-1(config)#ap-group ruijie
    AC-1(config-ap-group)#no interface-mapping 1 10
    AC-1(config-ap-group)#interface-mapping 1 10
```

4）配置验证

（1）登录到 AP，查看射频卡配置。

```
    AC-1#show run interface dot11radio 1/0
```

查看 MAC-mode locall 的模式为本地转发，查询的结果如图 7-1-9 所示。

```
interface Dot11radio 1/0.1
 encapsulation dot1Q 10
 mac-mode locall
 slottime short
 mcast_rate 54
```

图 7-1-9 查看 MAC-mode locall 的模式

（2）无线用户关联到无线网络，在接入交换机上查看 MAC 表，无线用户的 MAC 地址是从和 AP 设备互联接口学习到的信息，如图 7-1-10 所示。

```
Vlan       MAC Address          Type      Interface
---------- -------------------- --------  -------------------
  10       0000.5e00.0101       DYNAMIC   GigabitEthernet 0/1
  10       001a.a97e.9dce       DYNAMIC   GigabitEthernet 0/1
  10       001a.a9bc.179f       DYNAMIC   GigabitEthernet 0/3
  10       0026.c763.3310       DYNAMIC   GigabitEthernet 0/1
  10       0811.9692.244c       DYNAMIC   GigabitEthernet 0/2
  20       001a.a94e.d52a       DYNAMIC   GigabitEthernet 0/2
  30       0000.5e00.0101       DYNAMIC   GigabitEthernet 0/1
  30       001a.a97e.9dce       DYNAMIC   GigabitEthernet 0/1
  30       001a.a9bc.179f       DYNAMIC   GigabitEthernet 0/3
```

图 7-1-10 无线用户的 MAC 地址

7.2 组建跨 AC 的无线局域网漫游

7.2.1 配置跨 AC 的二层漫游

在无线局域网中，无线终端用户都需要具有移动通信能力。

但由于单台无线 AP 设备的信号覆盖范围都是有限的，终端用户在无线局域网内移动过程中，往往会出现从一台 AP 服务区跨越到另一台 AP 服务区的情况。为了避免移动用户在不同的 AP 之间切换时，网络通信中断，从而引入了无线漫游的概念。

无线漫游就是指无线工作站（Station，STA）在移动到两台 AP 覆盖范围的临界区域时，STA 与新的 AP 进行关联并与原有 AP 断开关联，而且在此过程中保持不间断的网络连接。简单来说，就如同手机的移动通话功能，手机从一个基站的覆盖范围移动到另一个基站的覆盖范围时，能提供不间断、无缝的通话能力。

对于用户来说，漫游的行为是透明的无缝漫游，即用户在漫游过程中，不会感知到漫游的发生。这同手机相类似，手机在移动通话过程中可能变换了不同的基站而感觉不到也不必去关心。WLAN 漫游过程中 STA 的 IP 地址始终保持不变。

实现跨 AC 设备的二层漫游的基本思路如下。

配置两台 AP 设备同时广播同一个 SSID，并且属于相同的 VLAN，将无线客户端关联上其中一台 AP，并长 Ping 无线交换机的 IP 地址。然后，关闭该 AP 的射频口（或者直接给该 AP 断电）来模拟漫游场景，STA 应该会丢 1～2 个 Ping 包，并且 IP 地址没有发生变化，即完成了二层漫游过程，当用户断开同 AP 的连接，并重新关联上 AP 后，所获取的地址为新的网段的地址。

如图 7-2-1 所示的网络拓扑是某公司办公区域无线局域网的网络场景，在同一个办公区域部署了两台无线交换机，办公区域中的用户分别通过不同 AC 设备下的 AP 设备访问网络，而且所有的用户都在同一个子网中，为了保障网络的稳定性，需要用户的笔记本电脑在办公区域内移动时不会造成网络中断。

搭建如图 7-2-1 所示的网络拓扑，需要用到以下设备。

RG-WG54U：2 块，PC ：2 台，RG-WS5302：2 台，RG-AP220E：2 台。

RG-S3760E：1 台，RG-S2328G：2 台，RG-E-130：2 台。

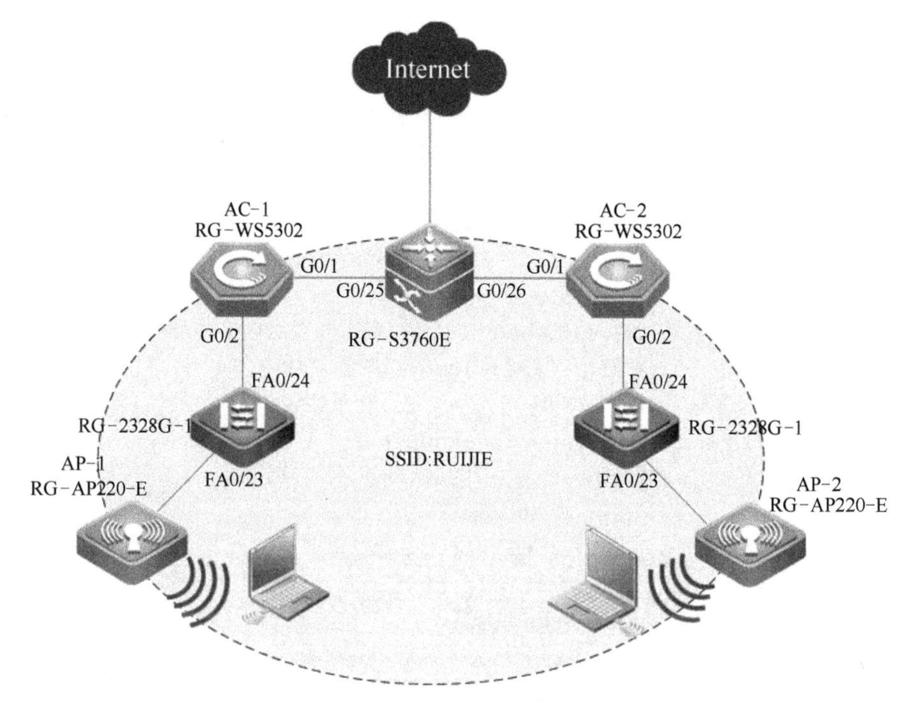

图 7-2-1　某公司无线局域网的网络场景

通过以下步骤和配置操作，完成跨 AC 的二层漫游功能实现，保障用户在办公区域内，用户移动笔记本电脑时不会造成网络中断。

1）基本拓扑连接

根据图 7-2-1 所示的网络拓扑图，将以上提供的组建无线局域网内的设备连接起来，并注意设备状态灯是否正常。

2）交换机配置

```
Ruijie(config)#hostname RG-3760E             ！ 为交换机命名
RG-3760E (config)#vlan 12                    ！创建VLAN 12
RG-3760E (config)#vlan 100                   ！创建VLAN 100
RG-3760E (config)#interface VLAN 12
RG-3760E (config-VLAN 12)# ip address 10.1.3.2 255.255.255.0
                                             ！配置VLAN12地址
RG-3760E (config)#interface VLAN 100
RG-3760E (config-VLAN 100)#ip address 192.168.100.254 255.255.255.0
                                             ！配置VLAN100地址
RG-3760E (config)#interface GigabitEthernet 0/25
RG-3760E (config-if-GigabitEthernet 0/25)#switchport mode trunk
                                             ！将接口加入到VLAN10
RG-3760E (config)#interface GigabitEthernet 0/26
RG-3760E (config-if-GigabitEthernet 0/26)#switchport mode trunk
                                             ！将接口设置为Trunk模式
RG-3760E (config)#router ospf 10
RG-3760E (config-router)#network 10.1.3.0 0.0.0.255 area 0
RG-3760E (config-router)#network 192.168.100.0 0.0.0.255 area 0
```

3）无线交换机 AC-1 配置

```
Ruijie(config)#hostname AC-1           ！命名无线交换机
```

```
AC-1(config)#vlan 11                    ！创建VLAN11
AC-1(config)#vlan 12                    ！创建VLAN12
AC-1(config)#vlan 100                   ！创建VLAN100
AC-1(config)#wlan-config 1 <NULL> RUIJIE
                                        ！创建WLAN，SSID为RUIJIE
AC-1(config-wlan)#enable-broad-ssid     ！允许广播
AC-1(config)#ap-group default           ！提供WLAN服务
AC-1(config-ap-group)#interface-mapping 1 100
                ！配置AP 提供WLAN 1 接入服务，配置用户的VLAN 为100
AC-1(config)#ap-config 001a.a979.40e8     ！登录AP
AC-1(config-AP)#ap-name  AP-1             ！命名AP
AC-1(config)#interface GigabitEthernet 0/1
AC-1(config-if-GigabitEthernet 0/1)switchport mode trunk
                ！定义接口为Trunk模式
AC-1(config)#interface GigabitEthernet 0/2
AC-1(config-if-GigabitEthernet 0/1)switchport mode trunk
                ！定义接口为Trunk模式
AC-1(config)#interface Loopback 0
AC-1(config-if-Loopback 0)#ip address 9.9.9.9 255.255.255.255
                ！为环回接口配置IP地址
AC-1(config)#interface VLAN 11
AC-1(config-if-vlan 11)#ip address 10.1.2.1 255.255.255.0
                ！激活VLAN11接口
AC-1(config)#interface VLAN 12
AC-1(config-if-vlan 12)#ip address 10.1.3.3 255.255.255.0
                ！激活VLAN12接口
AC-1(config)#interface VLAN 100
AC-1(config-if-vlan 100)#ip address 192.168.100.252 255.255.255.0
                ！激活VLAN100接口
AC-1(config)#ip dhcp pool ap-pool1
AC-1(config-pool)#option 138 ip 9.9.9.9
AC-1(config-pool)#network 10.1.2.0 255.255.255.0
AC-1(config-pool)#default-router 10.1.2.1
                ！配置DHCP服务，为AP分配地址
AC-1(config)#ip dhcp pool user1
AC-1(config-pool)#domain-name 202.106.0.20
AC-1(config-pool)#network 192.168.100.0 255.255.255.0
AC-1(config-pool)#default-router 192.168.100.254
                ！配置DHCP服务，为用户分配地址
AC-1(config)#mobility-group MG
AC-1(config-mobility)#mobility-fast
AC-1(config-mobility)#multicast disable
AC-1(config-mobility)#member 8.8.8.8      ！配置漫游组
AC-1(config)#router ospf 10
AC-1(config-router)#network 9.9.9.9 0.0.0.0 area 0
AC-1(config-router)#network 10.1.2.0 0.0.0.255 area 0
AC-1(config-router)#network 192.168.100.0 0.0.0.255 area 0
```

```
                  ! 配置OSPF路由协议
```

4）无线交换机 AC-2 配置

```
Ruijie(config)#hostname AC-2                  ! 命名无线交换机
AC-2(config)#vlan 10                          ! 创建VLAN10
AC-2(config)#vlan 11                          ! 创建VLAN11
AC-2(config)#vlan 12                          ! 创建VLAN12
AC-2(config)#vlan 100                         ! 创建VLAN100
AC-2(config)#wlan-config 1 <NULL> RUIJIE
                  ! 创建WLAN，SSID为RUIJIE
AC-2(config-wlan)#enable-broad-ssid           ! 允许广播
AC-2(config)#ap-group default                 ! 提供WLAN服务
AC-2(config-ap-group)#interface-mapping 1 100
                  ! 配置AP 提供WLAN 1 接入服务，配置用户的VLAN 为100
AC-2(config)#ap-config 001a.a979.23e4         ! 登录AP
AC-2(config-AP)#ap-name  AP-2                 ! 命名AP
AC-2(config)#interface GigabitEthernet 0/1
AC-2(config-if-GigabitEthernet 0/1)switchport mode trunk
                  ! 定义接口为Trunk模式
AC-2(config)#interface GigabitEthernet 0/2
AC-2(config-if-GigabitEthernet 0/1)switchport mode trunk
                  ! 定义接口为Trunk模式
AC-2(config)#interface Loopback 0
AC-2(config-if-Loopback 0)#ip address 8.8.8.8 255.255.255.255
                  ! 为环回接口配置IP地址
AC-2(config)#interface VLAN 10
AC-2(config-if-vlan 11)#ip address 10.1.1.1 255.255.255.0
                  ! 激活VLAN11接口
AC-2(config)#interface VLAN 12
AC-2(config-if-vlan 12)#ip address 10.1.3.1 255.255.255.0
                  ! 激活VLAN12接口
AC-2(config)#interface VLAN 100
AC-2(config-if-vlan 100)#ip address 192.168.100.253 255.255.255.0
                  ! 激活VLAN100接口
AC-2(config)#ip dhcp pool ap-pool1
AC-2(config-pool)#option 138 ip 8.8.8.8
AC-2(config-pool)#network 10.1.1.0 255.255.255.0
AC-2(config-pool)#default-router 10.1.1.1
                  ! 配置DHCP服务，为AP分配地址
AC-2(config)#ip dhcp pool user1
AC-2(config-pool)#domain-name 202.106.0.20
AC-2(config-pool)#network 192.168.100.0 255.255.255.0
AC-2(config-pool)#default-router 192.168.100.254
                  ! 配置DHCP服务，为用户分配地址
AC-2(config)#mobility-group MG
AC-2(config-mobility)#mobility-fast
AC-2(config-mobility)#multicast disable
AC-2(config-mobility)#member 9.9.9.9          ! 配置漫游组
```

```
AC-2(config)#router ospf 10
AC-2(config-router)# network 8.8.8.8 0.0.0.0 area 0
AC-2(config-router)#network 10.1.1.0 0.0.0.255 area 0
AC-2(config-router)#network 192.168.100.0 0.0.0.255 area 0
AC-2(config-router)#network 10.1.3.0 0.0.0.255 area 0
```

5）二层交换机配置

```
Ruijie(config)#hostname RG-228G-1
RG-228G-1 (config)#vlan 11
RG-228G-1 (config)#interface FastEthernet 0/1
RG-228G-1(config-if-FastEthernet 0/1)#switchport mode trunk
RG-228G-1 (config)#interface FastEthernet 0/2
RG-228G-1 (config-if-FastEthernet 0/2)#switchport access vlan 11
```

6）连接测试

（1）在 STA 上打开无线功能，这时会扫描到“RUIJIE”这个无线网络，如图 7-2-2 所示。

图 7-2-2　扫描到“RUIJIE”无线网络

（2）选择此无线网络，单击“连接”按钮，如图 7-2-3 所示。

（3）连接成功，如图 7-2-4 所示。

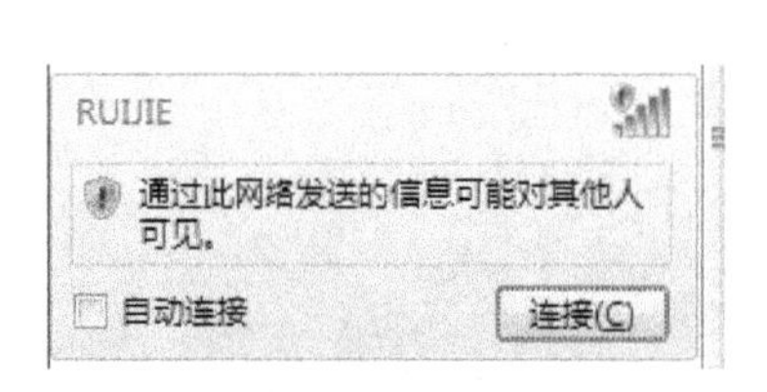

图 7-2-3　连接无线网络

图 7-2-4　连接无线网络成功

（4）打开命令窗口，使用“ipconfig”命令查看其获取的 IP 地址，如图 7-2-5 所示。

```
无线局域网适配器 无线网络连接 3:

   连接特定的 DNS 后缀 . . . . . . . : 202.106.0.20
   本地链接 IPv6 地址. . . . . . . . : fe80::88bd:25b7:5a0f:b3a%19
   IPv4 地址 . . . . . . . . . . . . : 192.168.100.1
   子网掩码  . . . . . . . . . . . . : 255.255.255.0
   默认网关. . . . . . . . . . . . . : 192.168.100.254
```

图 7-2-5　使用“ipconfig”命令查看获取的 IP 地址

（5）在命令窗口，使用“ping”命令测试其与网关的连通性，如图 7-2-6 所示。

```
C:\Users\ThinkPad>ping 192.168.100.254

正在 Ping 192.168.100.254 具有 32 字节的数据:
来自 192.168.100.254 的回复: 字节=32 时间=2ms TTL=64
来自 192.168.100.254 的回复: 字节=32 时间=2ms TTL=64
来自 192.168.100.254 的回复: 字节=32 时间=2ms TTL=64
来自 192.168.100.254 的回复: 字节=32 时间=9ms TTL=64

192.168.100.254 的 Ping 统计信息:
    数据包: 已发送 = 4, 已接收 = 4, 丢失 = 0 (0% 丢失),
往返行程的估计时间(以毫秒为单位):
    最短 = 2ms, 最长 = 9ms, 平均 = 3ms
```

图 7-2-6 使用“ping”命令测试其与网关的连通性

（6）使用如下命令在无线交换机上查看状态信息。

```
AC-1#show ap-config summary
Ap Name    Mac Address STA NUM  Up time  Ver                    Pid
----------------------------------------------------------------------
AP-1   001a.a979.40e8  1  0:00:14:18 RGOS 10.4(1T7), Release(110351) AP220-E

AC-1#show mobility summary
Mobility Group MG
Multicast Mode ................................ Disable
Multicast Address.............................. 0.0.0.0
Mobility Keepalive Interval.................... 10
Mobility Keepalive Count....................... 3
Mobility Group Status.......................... Fast Mode

Mobility Members:
IP Address          Client/Server  Data Tunnel    Ctrl Tunnel
8.8.8.8            Server        OK            OK

Mobility List Members:

AC-2#sh ap-config summary
Ap Name   Mac Address  STA NUM  Up time Ver                Pid
----------------------------------------------------------------------
AP-2   001a.a979.5fd2  1   0:00:11:15 RGOS 10.4(1T7), Release(110351) AP220-E

AC-2#sh mobility summary
Mobility Group MG
Multicast Mode ................................ Disable
Multicast Address.............................. 0.0.0.0
Mobility Keepalive Interval.................... 10
Mobility Keepalive Count....................... 3
Mobility Group Status.......................... Fast Mode

Mobility Members:
IP Address          Client/Server  Data Tunnel    Ctrl Tunnel
9.9.9.9            Client        OK            OK
```

```
Mobility List Members:
```

7）漫游测试

漫游可以通过以下几种方式测试。

（1）第一种方式进行漫游测试

① 将无线客户端关联上其中一台 AP，并长 Ping 网关。然后，移动 STA 从 AP1 移向 AP2，由于漫游是由 STA 主动发起，因此两台 AP 设备的距离需在 20m 以上。

② 另外，可以关闭该 AP 的射频口（或者直接给该 AP 断电）来模拟漫游场景，STA 应该会丢 1～2 个 Ping 包，并且 IP 地址没有发生变化，即完成了漫游过程。

（2）第二种方式，进行漫游测试。

在 STA 上打开命令窗口，使用“ping”命令与网关进行 ICMP 测试，这时拔掉这台 AP 的电源，则丢 1～2 个 Ping 包后，就会正常通信，如图 7-2-7 所示。

```
C:\Users\ThinkPad>ping 192.168.100.254 -t

正在 Ping 192.168.100.254 具有 32 字节的数据:
来自 192.168.100.254 的回复: 字节=32 时间=16ms TTL=64
来自 192.168.100.254 的回复: 字节=32 时间=2ms TTL=64
来自 192.168.100.254 的回复: 字节=32 时间=2ms TTL=64
来自 192.168.100.254 的回复: 字节=32 时间=29ms TTL=64
来自 192.168.100.254 的回复: 字节=32 时间=46ms TTL=64
来自 192.168.100.254 的回复: 字节=32 时间=118ms TTL=64
来自 192.168.100.254 的回复: 字节=32 时间=66ms TTL=64
来自 192.168.100.254 的回复: 字节=32 时间=17ms TTL=64
来自 192.168.100.254 的回复: 字节=32 时间=8ms TTL=64
来自 192.168.100.254 的回复: 字节=32 时间=2ms TTL=64
来自 192.168.100.254 的回复: 字节=32 时间=5ms TTL=64
来自 192.168.100.254 的回复: 字节=32 时间=2ms TTL=64
来自 192.168.100.254 的回复: 字节=32 时间=43ms TTL=64
请求超时。
请求超时。
来自 192.168.100.254 的回复: 字节=32 时间=23ms TTL=64
来自 192.168.100.254 的回复: 字节=32 时间=2ms TTL=64
来自 192.168.100.254 的回复: 字节=32 时间=34ms TTL=64
来自 192.168.100.254 的回复: 字节=32 时间=86ms TTL=64
来自 192.168.100.254 的回复: 字节=32 时间=19ms TTL=64
来自 192.168.100.254 的回复: 字节=32 时间=9ms TTL=64
来自 192.168.100.254 的回复: 字节=32 时间=9ms TTL=64
来自 192.168.100.254 的回复: 字节=32 时间=6ms TTL=64
来自 192.168.100.254 的回复: 字节=32 时间=2ms TTL=64
来自 192.168.100.254 的回复: 字节=32 时间=18ms TTL=64

192.168.100.254 的 Ping 统计信息:
    数据包: 已发送 = 25, 已接收 = 23, 丢失 = 2 (8% 丢失),
往返行程的估计时间(以毫秒为单位):
    最短 = 2ms, 最长 = 118ms, 平均 = 24ms
```

图 7-2-7 使用“ping”命令与网关进行 ICMP 测试

7.2.2 配置跨 AC 的三层漫游

某公司办公区域很大，需要在同一个办公区域内部署两台无线交换机，办公区域中的员工分别通过布置在办公区域中的不同 AC 设备下的 AP 设备访问网络。

为了保障网络的稳定性，需要保障员工的笔记本电脑在办公区域内移动时，不会造成网络中断，实现跨 AC 的三层漫游。

在同一办公网中配置跨 AC 设备的三层漫游，需要在办公区域中安装并配置两台 AP 设备，并同时广播同一个 SSID，但属于不同的 VLAN。将办公区域中无线客户端关联到其中一台 AP 设备，并 Ping 无线交换机的 IP 地址。

然后，关闭该 AP 的射频口（或者直接给该 AP 断电）来模拟漫游场景，STA 应该会丢 1～2 个 Ping 包，并且 IP 地址没有发生变化，即完成了三层漫游过程，当用户断开同 AP 的连接，并重新关联上AP后，所获取的地址为新的网段的地址。

如图7-2-8所示的网络是跨AC设备的三层漫游无线局域网。要求在办公区域内，员工移动笔记本电脑时不会造成网络中断，能在办公区域中实现跨AC的三层漫游。

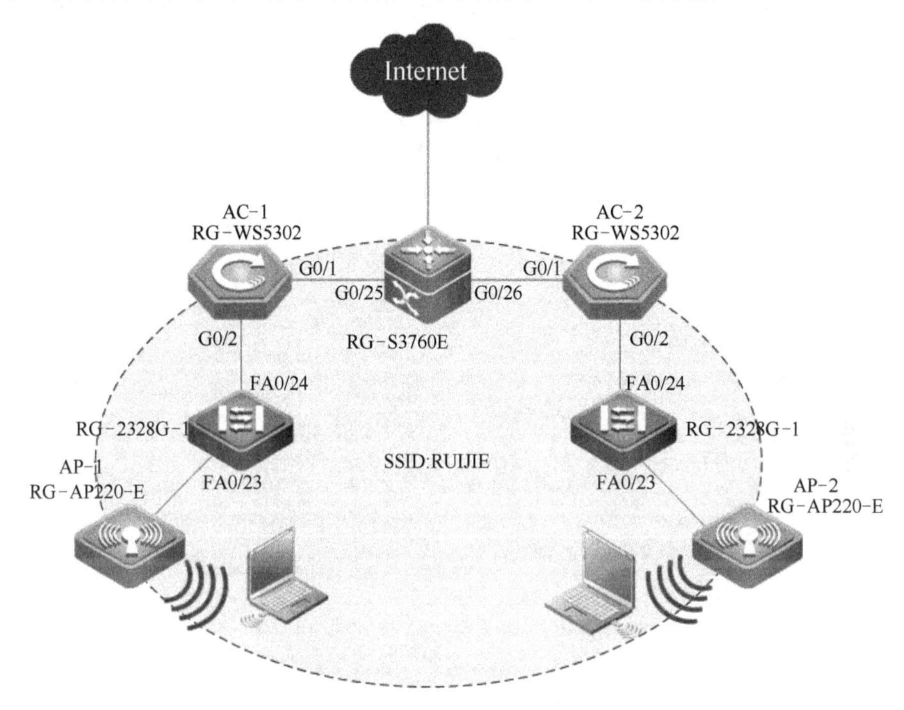

图7-2-8　跨AC设备的三层漫游无线局域网

组建办公网的跨AC的三层漫游无线局域网需要使用到的无线局域网组网设备如下。

RG-WG54U：2块，PC：2台，RG-WS5302：2台，RG-AP220E：2台。

RG-S3760E：1台，RG-S2328G：2台，RG-E-130：2台。

完整的安装配置过程如下所示。

1）基本拓扑连接

根据图7-2-8所示的无线局域网组网拓扑图，连接设备，并注意设备状态灯是否正常。

2）交换机配置

```
Ruijie(config)#hostname RG-3760E
                    #为交换机命名
RG-3760E (config)#vlan 12
                    #创建VLAN 12
RG-3760E (config)#vlan 100
                    #创建VLAN 100
RG-3760E (config)#vlan 200
                    #创建VLAN 200
RG-3760E (config)#interface VLAN 12
RG-3760E (config-VLAN 12)# ip address 10.1.3.2 255.255.255.0
                    #配置VLAN12地址
RG-3760E (config)#interface VLAN 100
RG-3760E (config-VLAN 100)#ip address 192.168.100.254 255.255.255.0
                    #配置VLAN100地址
RG-3760E (config)#interface VLAN 200
```

```
RG-3760E (config-VLAN 100)#ip address 192.168.200.254 255.255.255.0
                        #配置VLAN200地址
RG-3760E (config)#interface GigabitEthernet 0/25
RG-3760E (config-if-GigabitEthernet 0/25)#switchport mode trunk
                        #将接口定为Trunk模式
RG-3760E (config)#interface GigabitEthernet 0/26
RG-3760E (config-if-GigabitEthernet 0/26)#switchport mode trunk
                        #将接口设置为Trunk模式
RG-3760E (config)#router ospf 10
RG-3760E (config-router)#network 10.1.3.0 0.0.0.255 area 0
RG-3760E (config-router)#network 192.168.100.0 0.0.0.255 area 0
RG-3760E (config-router)#network 192.168.200.0 0.0.0.255 area 0
```

3）无线交换机 AC-1 配置

```
Ruijie(config)#hostname AC-1
                        #命名无线交换机
AC-1(config)#vlan 11
                        #创建VLAN11
AC-1(config)#vlan 12
                        #创建VLAN12
AC-1(config)#vlan 100
                        #创建VLAN100
AC-1(config)#vlan 200
                        #创建VLAN200
AC-1(config)#wlan-config 1 <NULL> RUIJIE
                        #创建WLAN，SSID为RUIJIE
AC-1(config-wlan)#enable-broad-ssid
                        #允许广播
AC-1(config)#ap-group default1
                        #提供WLAN服务
AC-1(config-ap-group)#interface-mapping 1 200
                        #配置AP 提供WLAN 1 接入服务，配置用户的VLAN 为100
AC-1(config)#ap-config 001a.a979.40e8
                        #登录AP
AC-1(config-AP)#ap-name  AP-1
                        #命名AP
AC-1(config)#interface GigabitEthernet 0/1
AC-1(config-if-GigabitEthernet 0/1)switchport mode trunk
                        #定义接口为Trunk模式
AC-1(config)#interface GigabitEthernet 0/2
AC-1(config-if-GigabitEthernet 0/1)switchport mode trunk
                        #定义接口为Trunk模式
AC-1(config)#interface Loopback 0
AC-1(config-if-Loopback 0)#ip address 9.9.9.9 255.255.255.255
                        #为环回接口配置IP地址
AC-1(config)#interface VLAN 11
AC-1(config-if-vlan 11)#ip address 10.1.2.1 255.255.255.0
                        #激活VLAN11接口
```

```
AC-1(config)#interface VLAN 12
AC-1(config-if-vlan 12)#ip address 10.1.3.3 255.255.255.0
                    #激活VLAN12接口
AC-1(config)#interface VLAN 100
AC-1(config)#interface VLAN 200
AC-1(config-if-vlan 100)#ip address 192.168.200.253 255.255.255.0
                    #激活VLAN100接口
AC-1(config)#ip dhcp pool ap-pool1
AC-1(config-pool)#option 138 ip 9.9.9.9
AC-1(config-pool)#network 10.1.2.0 255.255.255.0
AC-1(config-pool)#default-router 10.1.2.1
                    #配置DHCP服务，为AP分配地址
AC-1(config)#ip dhcp pool user1
AC-1(config-pool)#domain-name 202.106.0.20
AC-1(config-pool)#network 192.168.200.0 255.255.255.0
AC-1(config-pool)#default-router 192.168.200.254
                    #配置DHCP服务，为用户分配地址
AC-1(config)#mobility-group MG
AC-1(config-mobility)#mobility-fast
AC-1(config-mobility)#multicast disable
AC-1(config-mobility)#member 8.8.8.8
                    #配置漫游组
AC-1(config)#router ospf 10
AC-1(config-router)#network 9.9.9.9 0.0.0.0 area 0
AC-1(config-router)#network 10.1.2.0 0.0.0.255 area 0
AC-1(config-router)#network 192.168.200.0 0.0.0.255 area 0
                    #配置OSPF路由协议
```

4）无线交换机 AC-2 配置

```
Ruijie(config)#hostname AC-2
                    #命名无线交换机
AC-2(config)#vlan 10
                    #创建VLAN 10
AC-2(config)#vlan 11
                    #创建VLAN 11
AC-2(config)#vlan 12
                    #创建VLAN 12
AC-2(config)#vlan 100
                    #创建VLAN 100
AC-2(config)#vlan 200
                    #创建VLAN 200
AC-2(config)#wlan-config 1 <NULL> RUIJIE
                    #创建WLAN，SSID为RUIJIE
AC-2(config-wlan)#enable-broad-ssid
                    #允许广播
AC-2(config)#ap-group default
                    #提供WLAN服务
AC-2(config-ap-group)#interface-mapping 1 100
```

```
                    #配置AP 提供WLAN 1 接入服务，配置用户的VLAN 为100
AC-2(config)#ap-config 001a.a979.23e4
                    #登录AP
AC-2(config-AP)#ap-name  AP-2
                    #命名AP
AC-2(config)#interface GigabitEthernet 0/1
AC-2(config-if-GigabitEthernet 0/1)switchport mode trunk
                    #定义接口为Trunk模式
AC-2(config)#interface GigabitEthernet 0/2
AC-2(config-if-GigabitEthernet 0/1)switchport mode trunk
                    #定义接口为Trunk模式
AC-2(config)#interface Loopback 0
AC-2(config-if-Loopback 0)#ip address 8.8.8.8 255.255.255.255
                    #为环回接口配置IP地址
AC-2(config)#interface VLAN 10
AC-2(config-if-vlan 11)#ip address 10.1.1.1 255.255.255.0
                    #激活VLAN 11接口
AC-2(config)#interface VLAN 12
AC-2(config-if-vlan 12)#ip address 10.1.3.1 255.255.255.0
                    #激活VLAN 12接口
AC-2(config)#interface VLAN 100
AC-2(config-if-vlan 100)#ip address 192.168.100.253 255.255.255.0
                    #激活VLAN 100接口
AC-2(config)#ip dhcp pool ap-pool1
AC-2(config-pool)#option 138 ip 8.8.8.8
AC-2(config-pool)#network 10.1.1.0 255.255.255.0
AC-2(config-pool)#default-router 10.1.1.1
                    #配置DHCP服务，为AP分配地址
AC-2(config)#ip dhcp pool user1
AC-2(config-pool)#domain-name 202.106.0.20
AC-2(config-pool)#network 192.168.100.0 255.255.255.0
AC-2(config-pool)#default-router 192.168.100.254
                    #配置DHCP服务，为用户分配地址
AC-2(config)#mobility-group MG
AC-2(config-mobility)#mobility-fast
AC-2(config-mobility)#multicast disable
AC-2(config-mobility)#member 9.9.9.9
                    #配置漫游组
AC-2(config)#router ospf 10
AC-2(config-router)# network 8.8.8.8 0.0.0.0 area 0
AC-2(config-router)#network 10.1.1.0 0.0.0.255 area 0
AC-2(config-router)#network 192.168.100.0 0.0.0.255 area 0
AC-2(config-router)#network 10.1.3.0 0.0.0.255 area 0
```

5）二层交换机配置

```
Ruijie(config)#hostname RG-228G-1
RG-228G-1 (config)#vlan 11
RG-228G-1 (config)#interface FastEthernet 0/1
```

```
RG-228G-1(config-if-FastEthernet 0/1)#switchport mode trunk
RG-228G-1 (config)#interface FastEthernet 0/2
RG-228G-1 (config-if-FastEthernet 0/2)#switchport access vlan 11
```

6）连接测试

（1）在 STA 上打开无线功能，这时会扫描到“RUIJIE”这个无线网络，如图 7-2-9 所示。

（2）选择此无线网络，单击“连接”按钮，如图 7-2-10 所示。

（3）连接成功，如图 7-2-11 所示。

图 7-2-9　扫描到“RUIJIE”无线网络

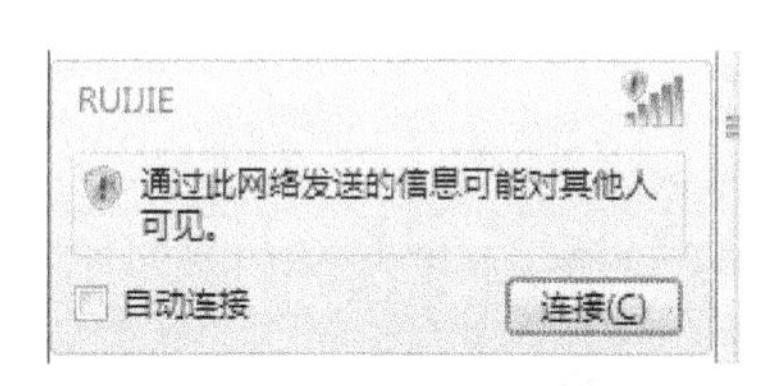

图 7-2-10　连接无线网络

图 7-2-11　连接无线网络成功

（4）打开命令窗口，使用“ipconfig”命令查看其获取的 IP 地址，如图 7-2-12 所示。

```
无线局域网适配器 无线网络连接 3:

   连接特定的 DNS 后缀 . . . . . . . : 202.106.0.20
   本地链接 IPv6 地址. . . . . . . . : fe80::88bd:25b7:5a0f:b3a%19
   IPv4 地址 . . . . . . . . . . . . : 192.168.100.1
   子网掩码  . . . . . . . . . . . . : 255.255.255.0
   默认网关. . . . . . . . . . . . . : 192.168.100.254
```

图 7-2-12　查看获取的 IP 地址

（5）在命令窗口，使用“ping”命令测试其与网关的连通性，如图 7-2-13 所示。

```
C:\Users\ThinkPad>ping 192.168.100.254

正在 Ping 192.168.100.254 具有 32 字节的数据:
来自 192.168.100.254 的回复: 字节=32 时间=2ms TTL=64
来自 192.168.100.254 的回复: 字节=32 时间=2ms TTL=64
来自 192.168.100.254 的回复: 字节=32 时间=2ms TTL=64
来自 192.168.100.254 的回复: 字节=32 时间=9ms TTL=64

192.168.100.254 的 Ping 统计信息:
    数据包: 已发送 = 4，已接收 = 4，丢失 = 0 (0% 丢失)，
往返行程的估计时间(以毫秒为单位):
    最短 = 2ms，最长 = 9ms，平均 = 3ms
```

图 7-2-13　测试与网关的连通性

（6）在无线交换机上查看状态信息。

```
AC-1#show ap-config summary
Ap Name    Mac Address STA NUM  Up time  Ver                    Pid
---------------------------------------------------------------------
AP-1   001a.a979.40e8  1  0:00:14:18 RGOS 10.4(1T7), Release(110351) AP220-E

AC-1#show mobility summary
Mobility Group MG
Multicast Mode ................................ Disable
Multicast Address.............................. 0.0.0.0
Mobility Keepalive Interval.................... 10
Mobility Keepalive Count....................... 3
Mobility Group Status.......................... Fast Mode

Mobility Members:
IP Address          Client/Server  Data Tunnel    Ctrl Tunnel
8.8.8.8            Server         OK            OK

Mobility List Members:

AC-2#sh ap-config summary
Ap Name   Mac Address  STA NUM  Up time Ver                Pid
---------------------------------------------------------------------
AP-2   001a.a979.5fd2  1   0:00:11:15 RGOS 10.4(1T7), Release(110351) AP220-E

AC-2#sh mobility summary
Mobility Group MG
Multicast Mode ................................ Disable
Multicast Address.............................. 0.0.0.0
Mobility Keepalive Interval.................... 10
Mobility Keepalive Count....................... 3
Mobility Group Status.......................... Fast Mode

Mobility Members:
IP Address          Client/Server  Data Tunnel    Ctrl Tunnel
9.9.9.9            Client         OK            OK

Mobility List Members:
```

7）漫游测试

漫游可以通过以下几种方式测试。

（1）第一种方式进行漫游测试。

① 将无线客户端关联上其中一台 AP，并长 Ping 网关。然后，移动 STA 从 AP1 移向 AP2，由于漫游是有 STA 主动发起，因此两台 AP 需要离得 20m 以上。

② 另外，可以关闭该 AP 的射频口（或者直接给该 AP 断电）来模拟漫游场景，STA 应该会丢 1～2 个 Ping 包，并且 IP 地址没有发生变化，即完成了漫游过程。

（2）第二种方式进行漫游测试。

在 STA 上打开命令窗口，使用“ping”命令与网关进行 ICMP 测试，这时拔掉这台 AP 的电源，则丢 1～2 个 Ping 包后，就会正常通信，如图 7-2-14 所示。

```
C:\Users\ThinkPad>ping 192.168.100.254 -t

正在 Ping 192.168.100.254 具有 32 字节的数据:
来自 192.168.100.254 的回复: 字节=32 时间=16ms TTL=64
来自 192.168.100.254 的回复: 字节=32 时间=2ms TTL=64
来自 192.168.100.254 的回复: 字节=32 时间=2ms TTL=64
来自 192.168.100.254 的回复: 字节=32 时间=29ms TTL=64
来自 192.168.100.254 的回复: 字节=32 时间=46ms TTL=64
来自 192.168.100.254 的回复: 字节=32 时间=118ms TTL=64
来自 192.168.100.254 的回复: 字节=32 时间=66ms TTL=64
来自 192.168.100.254 的回复: 字节=32 时间=17ms TTL=64
来自 192.168.100.254 的回复: 字节=32 时间=8ms TTL=64
来自 192.168.100.254 的回复: 字节=32 时间=2ms TTL=64
来自 192.168.100.254 的回复: 字节=32 时间=5ms TTL=64
来自 192.168.100.254 的回复: 字节=32 时间=2ms TTL=64
来自 192.168.100.254 的回复: 字节=32 时间=43ms TTL=64
请求超时。
请求超时。
来自 192.168.100.254 的回复: 字节=32 时间=23ms TTL=64
来自 192.168.100.254 的回复: 字节=32 时间=2ms TTL=64
来自 192.168.100.254 的回复: 字节=32 时间=34ms TTL=64
来自 192.168.100.254 的回复: 字节=32 时间=86ms TTL=64
来自 192.168.100.254 的回复: 字节=32 时间=19ms TTL=64
来自 192.168.100.254 的回复: 字节=32 时间=9ms TTL=64
来自 192.168.100.254 的回复: 字节=32 时间=9ms TTL=64
来自 192.168.100.254 的回复: 字节=32 时间=6ms TTL=64
来自 192.168.100.254 的回复: 字节=32 时间=2ms TTL=64
来自 192.168.100.254 的回复: 字节=32 时间=18ms TTL=64

192.168.100.254 的 Ping 统计信息:
    数据包: 已发送 = 25, 已接收 = 23, 丢失 = 2 (8% 丢失),
往返行程的估计时间(以毫秒为单位):
    最短 = 2ms, 最长 = 118ms, 平均 = 24ms
```

图 7-2-14　使用“ping”命令与网关进行 ICMP 测试

7.2.3　配置相同 SSID 提供不同接入服务

某公司为了方便员工在公司的办公区域内实现移动办公，组建了互联互通的无线局域网。

为了实现便捷的管理和易用性，需要设置所有 AP 设备广播相同的 SSID。但是，在后台可以灵活地设置不同的接入服务。

在同一办公区域的无线局域网中相同 SSID 提供不同接入服务，通常实施的步骤如下。

配置两个不同的 WLAN，但是 SSID 相同；将 AP-1 关联到 Default，AP-2 关联到 Default1，配置两个不同的用户 VLAN：100、101；设置 Default 发射 WLAN1 的信号，用户属于 VLAN100，设置 Default1 发射 WLAN2 的信号，用户属于 VLAN101。

如图 7-2-15 所示的网络场景，是某公司在办公区搭建的无线局域网环境，公司为了便捷的管理和易用性，需要设置所有 AP 广播相同的 SSID。

通过实施以下步骤，完成办公区域中配置无线局域网的设备，完成相同 SSID 提供不同接入服务。

1）基本拓扑连接

根据图 7-2-15 所示的拓扑图，将以下无线局域网组网的设备连接起来，并注意设备状态灯是否正常。

RG-WG54U：2 块，PC：2 台，RG-WS5302：1 台。

RG-AP220E：2 台，RG-S3760E：1 台，RG-E-130：2 台。

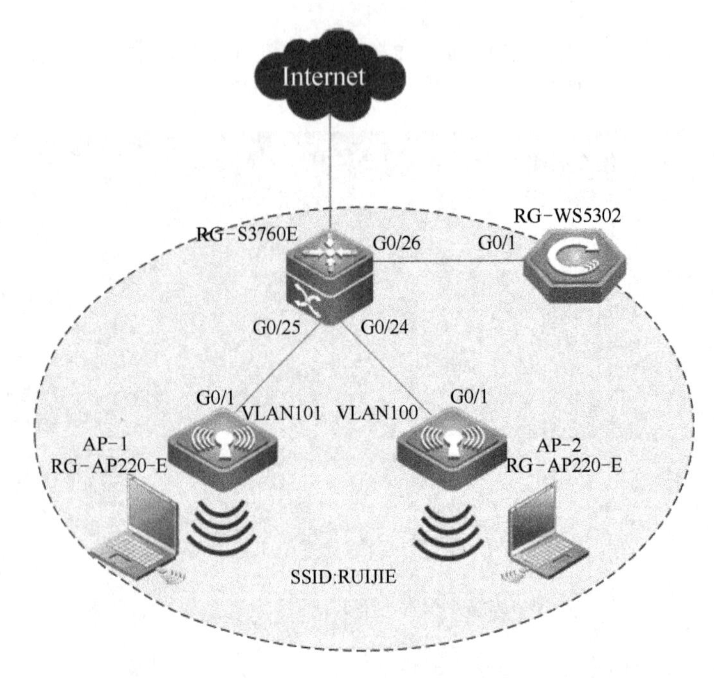

图 7-2-15 某公司在办公区搭建的无线局域网环境

2）交换机配置

```
Ruijie(config)#hostname RG-3760E
                    ! 为交换机命名
RG-3760E (config)#vlan 10
                    ! 创建VLAN 10
RG-3760E (config)#vlan 20
                    ! 创建VLAN 20
RG-3760E (config)#vlan 100
                    ! 创建VLAN 100
RG-3760E (config)#vlan 101
                    ! 创建VLAN 101
RG-3760E (config)#service dhcp
                    ! 启用DHCP服务
RG-3760E (config)#ip dhcp pool ap-pool
                    ! 创建地址池，为AP分配IP地址
RG-3760E (dhcp-config)#option 138 ip 9.9.9.9
                    ! 配置DHCP138选项，地址为AC的环回接口地址
RG-3760E (dhcp-config)#network 192.168.10.0 255.255.255.0
                    ! 指定地址池
RG-3760E (dhcp-config)#default-router 192.168.10.254
                    ! 指定默认网关
RG-3760E (config)#ip dhcp pool vlan100
                    ! 创建地址池，为用户分配IP地址
RG-3760E (dhcp-config)#domain-name 202.106.0.20
                    ! 指定DNS服务器
RG-3760E (dhcp-config)#network 192.168.100.0 255.255.255.0
                    ! 指定地址池
RG-3760E (dhcp-config)#default-router 192.168.100.254
                    ! 指定默认网关
```

```
RG-3760E (config)#ip dhcp pool vlan101
                        ！创建地址池，为VLAN 101用户分配IP地址
RG-3760E (dhcp-config)#domain-name 202.106.0.20
                        ！指定DNS服务器
RG-3760E (dhcp-config)#network 192.168.101.0 255.255.255.0
                        ！指定地址池
RG-3760E (dhcp-config)#default-router 192.168.101.254
                        ！指定默认网关
RG-3760E (config)#interface VLAN 10
RG-3760E (config-VLAN 10)#ip address 192.168.10.254 255.255.255.0
                        ！配置VLAN 10地址
RG-3760E (config)#interface VLAN 20
RG-3760E (config-VLAN 20)#ip address 192.168.11.2 255.255.255.0
                        ！配置VLAN 20地址
RG-3760E (config)#interface VLAN 100
RG-3760E (config-VLAN 100)#ip address 192.168.100.254 255.255.255.0
                        ！配置VLAN 100地址
RG-3760E (config)#interface VLAN 101
RG-3760E (config-VLAN 101)#ip address 192.168.101.254 255.255.255.0
                        ！配置VLAN 101地址
RG-3760E (config)#interface GigabitEthernet 0/25
RG-3760E (config-if-GigabitEthernet 0/25)#switchport access vlan 10
                        ！将接口加入到VLAN 10
RG-3760E (config)#interface GigabitEthernet 0/26
RG-3760E (config-if-GigabitEthernet 0/26)#switchport mode trunk
                        ！将接口设置为Trunk模式
RG-3760E (config)#ip route 9.9.9.9 255.255.255.255 192.168.11.1
                        ！配置静态路由
```

3）无线交换机配置

```
Ruijie(config)#hostname AC
                        ！命名无线交换机
AC(config)#vlan 10
                        ！创建VLAN 10
AC(config)#vlan 20
                        ！创建VLAN 20
AC(config)#vlan 100
                        ！创建VLAN 100
AC(config)#vlan 101
                        ！创建VLAN 101
AC(config)#wlan-config 1 <NULL> RUIJIE
                        ！创建WLAN，SSID为RUIJIE
AC(config-wlan)#enable-broad-ssid
                        ！允许广播
AC(config)#wlan-config 2 <NULL> RUIJIE
                        ！创建WLAN，SSID为RUIJIE
AC(config-wlan)#enable-broad-ssid
                        ！允许广播
AC(config)#ap-group default
                        ！提供WLAN服务
```

```
AC(config-ap-group)#interface-mapping 1 100
                    ! 配置AP 提供WLAN 1 接入服务，配置用户的VLAN 为100
AC(config)#ap-group default1
                    ! 提供WLAN服务
AC(config-ap-group)#interface-mapping 2 101
                    ! 配置AP 提供WLAN 2 接入服务，配置用户的VLAN 为101
AC(config)#ap-config 001a.a979.40e8
                    ! 登录AP
AC(config-AP)#ap-name  AP-1
                    ! 命名AP
AC(config-AP)#ap-group default
                    ! 加入default组
AC(config)#ap-config 001a.a979.5fd2
                    ! 登录AP
AC(config-AP)#ap-name  AP-2
                    ! 命名AP
AC(config-AP)#ap-group default1
                    ! 加入Default1组
AC(config)#interface GigabitEthernet 0/1
AC(config-if-GigabitEthernet 0/1)switchport mode trunk
                    ! 定义接口为Trunk模式
AC(config)#interface Loopback 0
AC(config-if-Loopback 0)#ip address 9.9.9.9 255.255.255.255
                    ! 为环回接口配置IP地址
AC(config)#interface VLAN 10
                    ! 激活VLAN 10接口
AC(config)#interface VLAN 20
AC(config-vlan 20)#ip address 192.168.11.1 255.255.255.252
                    ! 配置VLAN 20接口IP地址
AC(config)#interface VLAN 100
                    ! 激活VLAN 100接口
AC(config)#ip route 0.0.0.0 0.0.0.0 192.168.11.2
                    ! 配置默认路由
AC(config)#vlan 101
                    ! 创建VLAN 101
AC(config)#interface VLAN 101
                    ! 激活VLAN 101接口
```

4）连接测试

（1）在 STA 上打开无线功能，这时会扫描到“RUIJIE”这个无线网络，如图 7-2-16 所示。

图 7-2-16　扫描到“RUIJIE”无线网络

（2）选择此无线网络，单击“连接”按钮，如图 7-2-17 所示。

（3）连接成功，如图 7-2-18 所示。

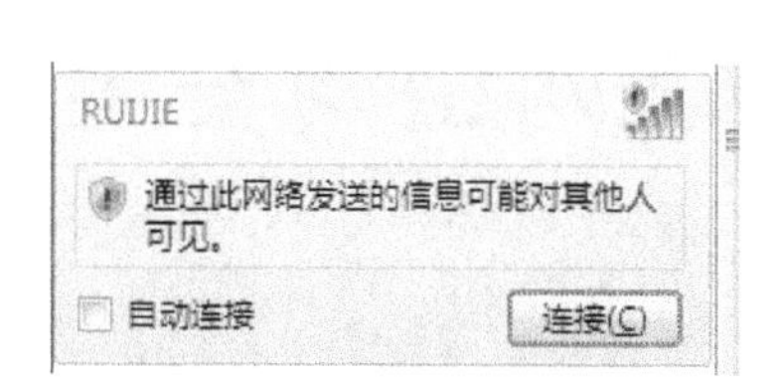

图 7-2-17　连接无线网络

图 7-2-18　连接无线网络成功

（4）打开命令窗口，使用“ipconfig”命令查看其获取的 IP 地址，如图 7-2-19 所示。

```
无线局域网适配器 无线网络连接 3:

   连接特定的 DNS 后缀 . . . . . . . . : 202.106.0.20
   本地链接 IPv6 地址. . . . . . . . . : fe80::88bd:25b7:5a0f:b3a%19
   IPv4 地址 . . . . . . . . . . . . . : 192.168.100.1
   子网掩码  . . . . . . . . . . . . . : 255.255.255.0
   默认网关. . . . . . . . . . . . . . : 192.168.100.254
```

图 7-2-19　查看获取的 IP 地址

（5）在命令窗口，使用“ping”命令测试其与网关的连通性，如图 7-2-20 所示。

```
C:\Users\ThinkPad>ping 192.168.100.254

正在 Ping 192.168.100.254 具有 32 字节的数据:
来自 192.168.100.254 的回复: 字节=32 时间=2ms TTL=64
来自 192.168.100.254 的回复: 字节=32 时间=2ms TTL=64
来自 192.168.100.254 的回复: 字节=32 时间=2ms TTL=64
来自 192.168.100.254 的回复: 字节=32 时间=9ms TTL=64

192.168.100.254 的 Ping 统计信息:
    数据包: 已发送 = 4, 已接收 = 4, 丢失 = 0 (0% 丢失),
往返行程的估计时间(以毫秒为单位):
    最短 = 2ms, 最长 = 9ms, 平均 = 3ms
```

图 7-2-20　测试与网关的连通性

（6）在无线交换机上查看状态信息。

```
AC#show ap-config summary
Ap Name  Mac Address    STA NUM  Up time    Ver                        Pid
----------------------------------------------------------------------
AP-1   001a.a979.40e8  0    0:00:00:49 RGOS 10.4(1T7), Release(110351)
       AP220-E
AP-2    001a.a979.5fd2  1    0:00:07:43 RGOS 10.4(1T7), Release(110351)
       AP220-E
```

当用户连接 AP-1 时会获得 VLAN100 的 IP 地址，当用户连接 AP-2 时会获得 VLAN101 的 IP 地址。

项目 8 保护无线局域网组网安全

8.1 无线局域网安全概述

8.1.1 了解无线局域网安全机制

由于无线通信开放的传输介质，使得无线局域网 WLAN 的安全性能，成为人们关注的焦点，尽管 IEEE 802.11b/IEEE 802.11a/IEEE 802.11g 等一系列无线局域网标准相继出台，但是 WLAN 的安全性能仍有待进一步提升。

1. WLAN 常用安全措施

虽然 IEEE 802.11a/IEEE 802.11g 标准已经制定，但是目前最广泛使用的 WLAN 产品仍然是 IEEE 802.11b 产品。

IEEE 802.11 协议主要定义了以下几种无线局域网基本安全机制。

（1）服务集标识符（SSID）保护安全。

（2）物理地址（MAC）过滤控制安全。

（3）有线对等保密机制（WEP）安全。

下面分别就这些安全机制，予以解释。

1）服务集标识符（SSID）保护安全

无线局域网中，首先为多个接入点 AP 设备配置不同的服务集标识符（Service Set Identifier，SSID），无线终端必须知道 SSID，才能在网络中发送和接收数据。若某移动终端搜索到附近的无线局域网信息后，企图接入 WLAN，AP 设备首先检查无线终端显示的 SSID，符合则允许接入 WLAN。

在无线设备上配置服务集标识符 SSID，起到保护无线局域网的安全接入机制，在 WLAN 中，实际上为客户端和 AP 提供了一个共享密钥，SSID 由 AP 设备对外广播，非常容易被非法入侵者窃取，通过 AP 设备入侵 WLAN。甚至非法入侵者亦可伪装为 AP，达到欺骗无线终端的目的，如图 8-1-1 所示，不相同的 SSID 拒绝接入无线局域网中。

通过对多个无线 AP 设置不同的服务集标识符（Service Set Identifier，SSID），并要求无线工作站出示正确的 SSID 才能访问 AP 设备，这样就可以允许不同群组的用户接入，并对资源访问的权限进行区别限制。

因此可以认为 SSID 是一个简单的口令，从而提供一定的安全，但如果配置 AP 向外广播其 SSID，那么安全程度还将下降。由于一般情况下，用户自己配置客户端系统，因此很多人都知道该 SSID，很容易共享给非法用户。如果配置无线 AP 的 SSID 为不广播的模式，就能阻止外来人员随意访问该无线局域网。

2）物理地址（MAC）过滤控制

物理地址过滤控制是采用硬件控制的机制，来实现对接入无线终端的识别。由于无线终端的网卡都具备唯一的 MAC 地址，因此可以通过检查无线终端数据包的源 MAC 地址，来识别无线终端的合法性。

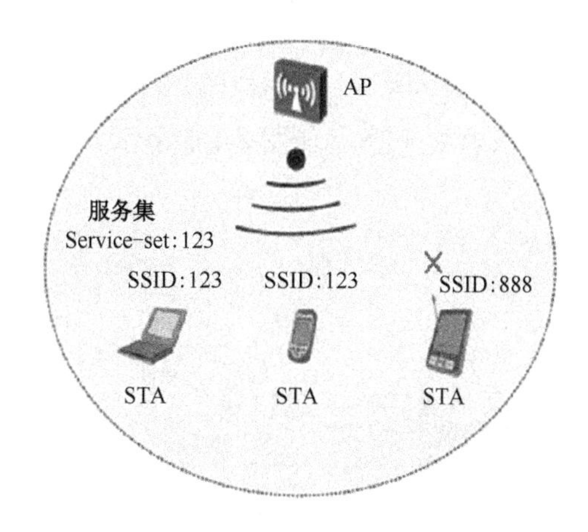

图 8-1-1 不相同的 SSID 拒绝接入无线局域网中

地址过滤控制方式要求预先在 AP 服务器中，写入合法的 MAC 地址列表，只有当客户机的 MAC 地址和合法 MAC 地址列表中地址匹配，AP 设备才允许客户机与之通信，实现物理地址过滤。

但是由于很多无线网卡支持重新配置 MAC 地址，因此非法入侵者很有可能从开放的无线电波中截获数据帧，分析出合法用户的 MAC 地址，然后伪装成合法用户，非法接入 WLAN，使得网络安全遭到破坏。

由于每台无线工作站的无线网卡都有唯一的物理地址，因此可以在 AP 设备中手工维护一组允许访问的 MAC 地址列表，实现 MAC 地址过滤。这个方案要求 AP 设备中的 MAC 地址列表必须随时更新，手工对 MAC 地址列表进行添加和删除操作可扩展性差。而且 MAC 地址在理论上可以伪造，因此这也是较低级别的安全技术。MAC 地址过滤属于硬件认证，而不是用户认证，因此只适用于小型的无线网络。

另外，随着无线终端的增减，MAC 地址列表需要随时更新，但是 AP 设备中的合法 MAC 地址列表目前都是手工维护，因此这种方式的扩展能力很差，只适用于小型无线网络。

3）有线对等保密机制（WEP）

在 IEEE 802.11 协议中，有一个对数据基于共享密钥的加密机制，称为“有线对等保密（WEP）”的技术。

有线对等保密（WEP）机制是一种基于 RC-4 算法的 40 位或 128 位加密技术。通过在移动终端设备和 AP 设备上，配置 4 组 WEP 密钥，加密传输数据时可以轮流使用，允许加密密钥动态改变。

有线对等保密（Wired Equivalent Privacy，WEP）在链路层采用 RC-4 对称加密技术，用户的加密密钥必须与 AP 的密钥相同时才能接入网络并访问网络资源。WEP 提供了 40 位（有时也称为 64 位）和 128 位长度的密钥机制，但是它仍然存在许多缺陷。例如，一个服务区内的所有用户都共享同一个密钥，如果一个用户的密钥泄露将会影响到整个网络的安全性。而且 40 位的密钥在今天很容易被破解。WEP 中使用静态的密钥，需要手工维护，扩展能力差。为了提高安全性，建议采用 128 位的密钥。

由于 WEP 机制中所使用密钥只能是 4 组中的一个，因此其实质上还是静态 WEP 加密。

同时，AP 设备和它所联系的所有移动终端，都使用相同的加密密钥，使用同一台 AP 设备上的用户，也使用相同的加密密钥，但因此带来如下问题：一旦其中一个用户的密钥泄漏，其他用户的密钥也无法保密了。

2. 构建安全的无线局域网

为了提高无线局域网的安全性，必须引入更加安全的认证机制、加密机制及控制机制。

1）虚拟专用网络（VPN）

虚拟专用网是指在一个公共 IP 网络平台上，通过隧道及加密技术保证专用数据的网络安全性，只要具有 IP 的连通性，就可以建立 VPN，如图 8-1-2 所示。

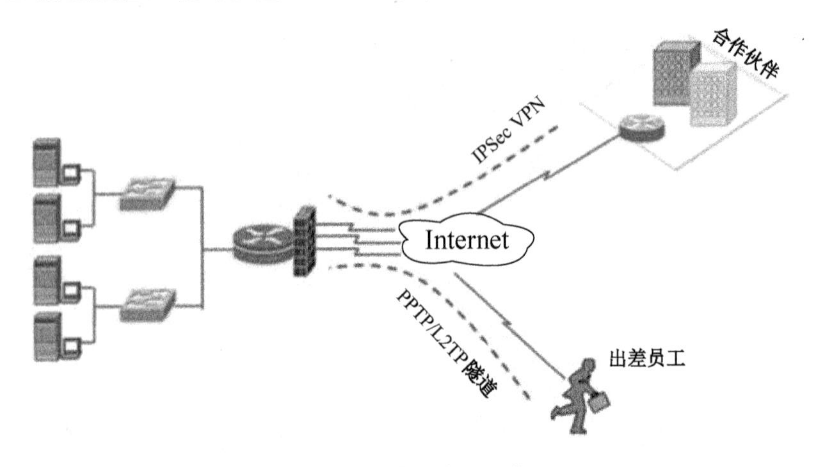

图 8-1-2 虚拟专用网络

VPN 技术不属于 IEEE 802.11 标准协议，它是一种以更强大更可靠的加密方法，来保证传输安全的一种新技术。

对于无线商用网络，基于 VPN 的解决方案是当今 WEP 机制和 MAC 地址过滤机制的最佳替代者。VPN 方案已经广泛应用于 Internet 远程用户的安全接入。

在远程用户接入的应用中，VPN 在不可信的网络（如 Internet）上提供一条安全的、专用的通道或隧道。各种隧道协议，包括点到点的隧道协议（PPTP）和第二层隧道协议（L2TP）都可以与标准的、集中的认证协议一起使用，如远程用户接入认证服务协议（RADIUS）。

同样，VPN 技术可以应用在无线安全接入上，如图 8-1-3 所示。在这个应用中，不可信的网络是无线网络。AP 可以被定义成无 WEP 机制的开放式接入（各 AP 仍应定义成采用 SSID 机制把无线网络分割成多个无线服务子网），但是无线接入网络已经被 VPN 服务器和 VLAN（AP 和 VPN

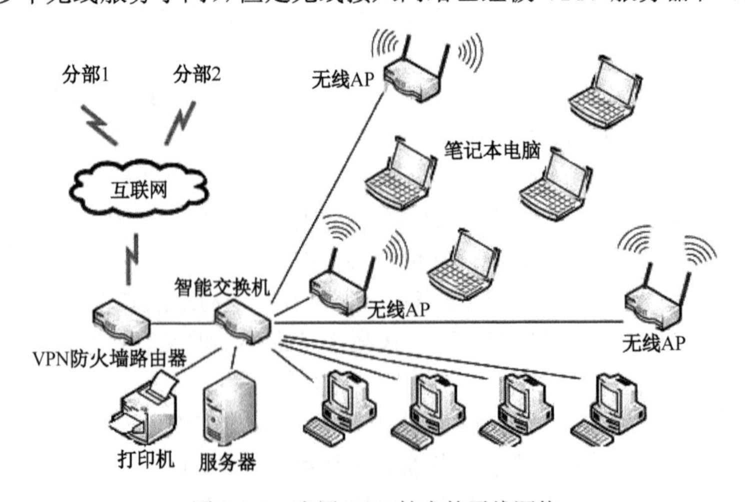

图 8-1-3 应用 VPN 技术的无线网络

服务器之间的线路）从企业内部网络中隔离开来。VPN 服务器提供无线网络的认证和加密，并充当企业内部网络的网关。与 WEP 机制和 MAC 地址过滤接入不同，VPN 方案具有较强的扩充、升级性能，可应用于大规模的无线网络。

2）RADIUS 远程认证拨入用户协议

RADIUS 认证机制是在认证过程中提供认证信息的安全方法，无线终端和 RADIUS 服务器在无线局域网上，通过接入点进行双向认证。企业不需要管理每个无线接入点内部的 MAC 地址表或用户，通过在 RADIUS 系统内设置单一数据库，就能实现既可以简化管理，又能提供一种更有效的可扩展集中认证机制。

接入点的作用如同一个 RADIUS 用户，它可收集用户认证信息并把这些信息传送到指定的 RADIUS 服务器上。RADIUS 服务器接收用户的各种连接请求，进行用户鉴别，对接入点做出响应，向用户提供服务所必须的信息。接入点对 RADIUS 认证服务器的回复响应起作用，许可或拒绝网络接入，如图 8-1-4 所示。

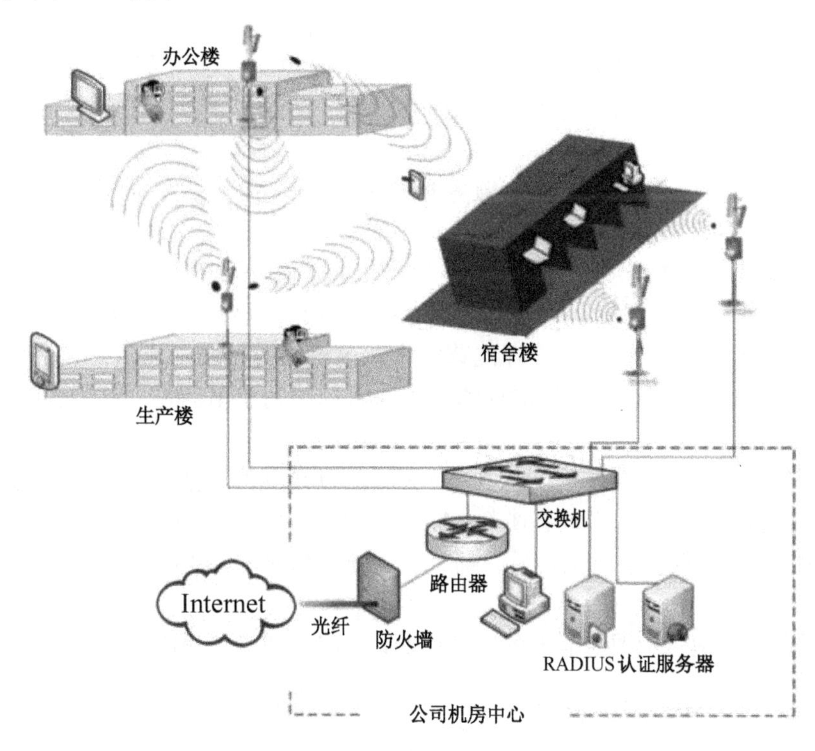

图 8-1-4　接入点通过 RADIUS 认证服务器许可或拒绝网络接入

扩展认证协议（EAP）是 RADIUS 的扩展。可以使无线客户适配器与 RADIUS 服务器通信。

3）802.1x 端口访问控制机制

802.1 x 标准是一种基于端口访问控制技术的安全机制，针对以太网而提出的基于端口进行网络访问控制的安全性标准。尽管 802.1x 标准最初是为有线以太网设计制定的，但它也适用于符合 802.11 标准的无线局域网，被视为是 WLAN 的一种增强性网络安全解决方案。这个 MAC 地址层安全协议存在于安全过程中的认证阶段。应用 802.1 x 标准，当一台设备请求接入 AP 设备时，AP 设备需要一个信任集。

用户必须提供一定形式的证明让 AP 设备通过一个标准的 RADIUS（远程拨号用户认证服务）服务器进行鉴别和授权。当无线终端与 AP 设备关联后，是否可以使用 AP 设备的服务要取决于 IEEE 802.1x 标准的认证结果。如果认证通过，则 AP 设备为用户打开这个逻辑端口，否则不允许用户接入网络。

对验证服务器与 AP 之间数据通信进行加密处理，将 IEEE 802.11 协议与 RADIUS 服务器和 IEEE 802.1x 标准相结合，除了可以为 WLAN 提供认证和加密这两项安全措施外，还可以提供密钥管理功能，快速重置密钥，使用 IEEE 802.1x 标准周期性地把这些密钥传送给各相关用户，而这正是 IEEE 802.11 协议所缺少的。

4）WPA（Wi-Fi Protected Access）协议和强健安全网络（RSN）

在采用 WEP 安全标准的情况下，拥有 WLAN 的网络不能成为企业的核心网，只能是接入网，所以必须解决 WLAN 的安全问题。因此，即将推出的 IEEE 802.11i 标准，是围绕 IEEE 802.1x 标准基于端口的用户和设备认证展开的。它主要包含 WPA 和 RSN 两方面的开发。

（1）无线保护访问（WPA）规范。无线保护访问（Wi-Fi Protected Access，WPA）的 Wi-Fi 联盟的规范包括为资料加密及网络访问控制而新制订的 IEEE 802.11i 标准。

WPA 采用密钥集成协议（Temporal Key Integrity Protocol ，TKIP）和算法进行加密。 TKIP 与 WEP 同样基于 RC-4 加密算法，但是 TKIP 引入 4 个新算法。

WPA 将使用 IEEE 802.1x 端口访问控制协议进行访问控制，这是最近才完成的既控制登录有线又控制登录无线局域网的标准。运用 WPA 技术，每一个用户都有自己的加密密钥，并且可以定期更改密钥。

在企业里，用户身份认证将通过认证服务器进行，与 WEP 相比，它能扩展更多的用户。家庭网络用户通过“预共享密钥”模式就能使用，不需要身份认证服务器。

WPA 的主要目的是在老设备上引入安全孔概念，通过固件和驱动程序升级。

（2）强健安全网络（RSN）。强健安全网络在接入点和移动设备之间使用的是动态身份验证方法和加密运算法则。在 IEEE 802.11i 标准草案中所建议的身份验证方案是以 IEEE 802.1x 协议和“可扩展身份验证协议”（EAP）为依据的。加密运算法则使用的是“高级加密标准”AES 加密算法。

认证和加密算法的动态谈判能使 RSN 具有灵活的升级能力，随着安全技术的进步，可以加入新的算法，对付新的威胁。使用动态谈判、802.1x、EAP 和 AES，RSN 明显比 WEP 和 WPA 安全性更高。但 RSN 对硬件要求较高，只有拥有加速处理算法硬件的新设备，才能显示出 WLAN 产品所期望的性能。

总之，WPA 在一定程度上改进老设备安全性能，而 RSN 才是 IEEE 802.11 标准无线安全未来。

8.1.2 掌握 WLAN 安全标准

由于无线通信开放的传输介质，使得无线局域网（WLAN）的安全性能，成为人们关注的焦点，尽管 IEEE 802.11b/a/g 标准等一系列无线局域网标准相继出台，但是 WLAN 的安全性能仍有待进一步提升。

无线局域网 WLAN 的安全标准，大致有三种：分别是 WEP、WPA 和 WAPI。

1. WEP 安全标准

WEP（Wired Equivalent Privacy）是 IEEE 802.11b 采用的安全标准，用于提供一种加密机制，保护数据链路层的安全，使无线网络 WLAN 的数据传输安全达到与有线 LAN 相同的级别。

WEP 安全标准采用 RC-4 算法实现对称加密。通过预置在 AP 设备和无线网卡之间共享密钥。在通信时，WEP 标准要求传输程序创建一个特定于数据包的初始化向量（IV），将其与预置密钥相结合，生成用于数据包加密的加密密钥。接收程序接收此初始化向量，并将其与本地预置密钥相结合，恢复初加密密钥。

WEP 允许 40 位长的密钥，这对于大部分应用而言都太短。同时 WEP 不支持自动更换密钥，所有密钥必须手动重设，这导致了相同密钥的长期重复使用。尽管使用了初始化向量，但初始化向量被明文传递，并且允许在 5 个小时内重复使用，对加强密钥强度并无作用。

此外，WEP 中采用的 RC-4 算法被证明是存在漏洞的。综上所述，密钥设置的局限性和算法本身的不足使得 WEP 存在较明显的安全缺陷，WEP 提供的安全保护效果，只能被定义为“聊胜于无”。

2. WPA 安全标准

WPA（Wi-Fi Protected Access）是保护 Wi-Fi 登录安全的装置。它分为 WPA1 和 WPA2 两个版本，是 WEP 的升级版本，针对 WEP 的几个缺点进行了弥补。

WPA 安全标准是 IEEE 802.11i 协议的组成部分，在 IEEE 802.11i 协议没有完备之前，是 IEEE 802.11i 协议的临时替代版本。不同于 WEP 安全标准，WPA 安全标准同时提供加密和认证。它保证了数据链路层的安全，同时保证了只有授权用户才可以访问无线网络 WLAN。

WPA 采用 TKIP 协议（Temporal Key Integrity Protocol）作为加密协议，该协议提供密钥重置机制，并且增强了密钥的有效长度，通过这些方法弥补了 WEP 协议的不足。认证可采取两种方法，一种采用 IEEE 802.11x 协议方式，一种采用预置密钥 PSK 方式。

3. WAPI 安全标准

WAPI（无线局域网 WLAN Authentication and Privacy Infrastructure）是我国自主研发并大力推行的无线局域网 WLAN 安全标准，它通过了 IEEE（注意，不是 Wi-Fi）认证和授权，是一种认证和私密性保护协议，其作用类似于 IEEE 802.11b 中的 WEP，提供更加完善的安全保护。

WAPI 安全标准采用非对称（椭圆曲线密码）和对称密码体制（分组密码）相结合的方法实现安全保护，实现了设备的身份鉴别、链路验证、访问控制和用户信息在无线传输状态下的加密保护。

WAPI 除实现移动终端和 AP 之间的相互认证之外，还可以实现移动网络对移动终端及 AP 的认证。同时，AP 和移动终端证书的验证交给 AS 完成，一方面减少了 MT 和 AP 的电量消耗，另一方面为 MT 和 AP 使用不同颁发者颁发的公钥证书提供了可能。

8.1.3　无线局域网安全技术介绍

由于无线局域网采用公共的电磁波作为载体，因此与有线线缆不同，任何人都有条件窃听或干扰信息，因此在无线局域网中，网络安全很重要。

常见的无线局域网安全技术主要分 5 种，以下分别介绍。

1. 服务区标识符(SSID)

无线工作站必须出示正确的 SSID 才能访问 AP 设备，因此可以认为 SSID 是一个简单的口令，从而提供一定的安全。如果配置 AP 向外广播其 SSID，那么安全程度将下降，由于一般情况下，用户自己配置客户端系统，因此很多人都知道该 SSID，很容易共享给非法用户。

目前有的厂家支持“any”（任何）SSID 方式，无论无线工作站在任何 AP 范围内，客户端都会自动连接到 AP，这将跳过 SSID 安全功能。

2. 物理地址（MAC）过滤

每个无线工作站网卡都由唯一的物理地址标示，因此可以在 AP 设备中手工维护一组允许访问的 MAC 地址列表，实现物理地址过滤。物理地址过滤属于硬件认证，而不是用户认证。这种方式要求 AP 设备中的 MAC 地址列表必须随时更新，目前都是手工操作；如果用户增加，则扩展能力很差，因此只适用于小型网络规模。

3. 有线等同保密（WEP）

在链路层采用 RC-4 对称加密技术，密钥长 40 位，从而防止非授权用户的监听及非法用户的访问。用户的加密密匙必须与 AP 的密匙相同，并且一个服务区内的所有用户都共享同一把密钥。

WEP 虽然通过加密提供网络的安全性，但也存在许多缺陷：一个用户丢失密钥将使整个网络不安全；40 位的密钥在今天很容易被破解；密钥是静态的，并且要手工维护，扩展能力差。为了提供更高的安全性，IEEE 802.11i 标准提供了 WEP2，该技术与 WEP 类似。

其中，WEP2 采用 128 位加密密钥，从而提供更高的安全保证。WEP2 目前不保证互操作性。

4. 虚拟专用网络（VPN）

虚拟专用网是指在一个公共 IP 网络平台上通过隧道及加密技术保证专用数据的网络安全性，目前许多企业及运营商已经采用 VPN 技术。VPN 可以替代有线等同保密解决方案及物理地址过滤解决方案。

采用 VPN 技术的另外一个好处是可以提供基于远程认证拨入用户服务（Remote Authentication Dial-In User Service，RADIUS）的用户认证及计费。VPN 技术不属于 IEEE 802.11 标准定义，因此它是一种增强性网络解决方案。

5. 端口访问控制技术（802.1x）

该技术也是用于无线局域网的一种增强性网络安全解决方案。当无线工作站 STA 与无线访问点 AP 设备关联后，是否可以使用 AP 设备的服务要取决于 IEEE 802.1x 标准的认证结果。如果认证通过，则 AP 设备为 STA 打开这个逻辑端口，否则不允许用户上网。

IEEE 802.1x 标准要求无线工作站安装 802.1x 客户端软件，无线访问点要内嵌 802.1x 认证代理，同时它还作为 RADIUS 客户端，将用户的认证信息转发给 RADIUS 服务器。IEEE 802.1x 标准除提供端口访问控制能力之外，还提供基于用户的认证系统及计费，特别适用于公共无线接入解决方案。

8.2 实施无线局域网安全防范

8.2.1 配置 AP SSID 隐藏

在无线局域网组建的网络中，AP 会定期广播 SSID 信息，向外通告无线局域网网络的存在，移动到无线局域网网络中的用户，使用无线网卡搜索，可以发现无线网络。

为避免无线局域网网络被非法用户通过 SSID 搜索到并建立非法连接，可以禁用 AP 广播 SSID，隐藏无线 SSID 信息。

无线局域网网络只允许部分客户端使用，或者不想让其他用户搜索到无线信息，那么可以使用该方案。该方案优点是无线网络的隐蔽性和安全性高。该方案的缺点是需要手工输入无线的SSID。

如图 8-2-1 所示的是组建无线局域网网络配置 AP SSID 隐藏的网络场景，将无线局域网网络中的 SSID 隐藏，需要通过手工输入方式，添加 SSID 才能关联成功。

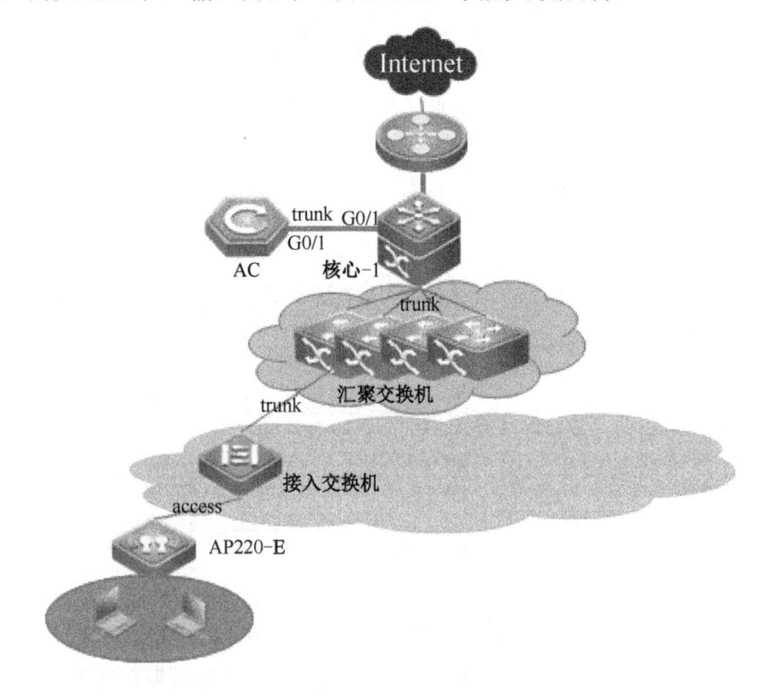

图 8-2-1 组建无线局域网网络配置 AP SSID 隐藏的网络场景

配置 AP SSID 隐藏关键是：

（1）将 SSID 模式调整为非广播模式。

（2）AP-group 映射 WLAN-ID 和 VLAN ID 重新配置。

按照图 8-2-1 所示的场景完成设备的连接。按照如下配置步骤，完成无线局域网中设备的配置操作。

（1）将 SSID 模式调整为非广播模式。

```
AC-1(config)#wlan-config 1 ruijie
AC-1(config-wlan)#no enable-broad-ssid          ! 关闭广播SSID
```

（2）Ap-group 映射 WLAN-ID 和 VLAN-ID 重新配置。

```
AC-1(config)#ap-group ruijie
AC-1(config-ap-group)#no interface-mapping 1 10
AC-1(config-ap-group)#interface-mapping 1 10
```

3. 通过如下配置验证

（1）在客户端上无法搜索到 SSID。

（2）登陆到 AP 上使用命令确认射频卡使用的 BSSID。

```
show dot11 mbssid
......
```

（3）使用 WirelessMon 软件查看 MAC 地址为 AP 的 BSSID 的 SSID 是否为空，如图 8-2-2 所示。

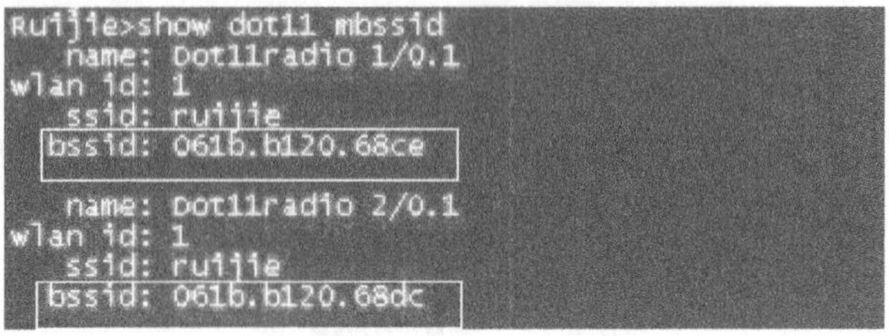

```
Ruijie>show dot11 mbssid
    name: Dot11radio 1/0.1
wlan id: 1
    ssid: ruijie
  bssid: 061b.b120.68ce

    name: Dot11radio 2/0.1
wlan id: 1
    ssid: ruijie
  bssid: 061b.b120.68dc
```

图 8-2-2 查看 MAC 地址为 AP 的 BSSID 的 SSID 是否为空

8.2.2 配置无线加密功能

由于无线网络使用的是开放性媒介，采用公共电磁波作为载体来传输数据信号，通信双方没有线缆连接。如果传输链路未采取适当的加密保护，数据传输的风险就会大大增加。因此在 WLAN 中无线安全显得尤为重要。

为了增强无线网络安全性，无线设备需要提供无线层面下的认证和加密两个安全机制。

（1）认证机制：认证机制用来对用户的身份进行验证，以限定特定的用户（授权的用户）可以使用网络资源。

（2）加密机制：加密机制用来对无线链路的数据进行加密，以保证无线网络数据只被所期望的用户接收和理解。

如图 8-2-3 所示的网络拓扑图为配置无线加密功能组网环境，配置“胖”AP 设备的无线连接功能通过：开启无线加密功能、配置无线加密类型及配置无线密码等三项功能，实现无线局域网中的用户，在连接无线局域网网络时，需要输入密码认证。

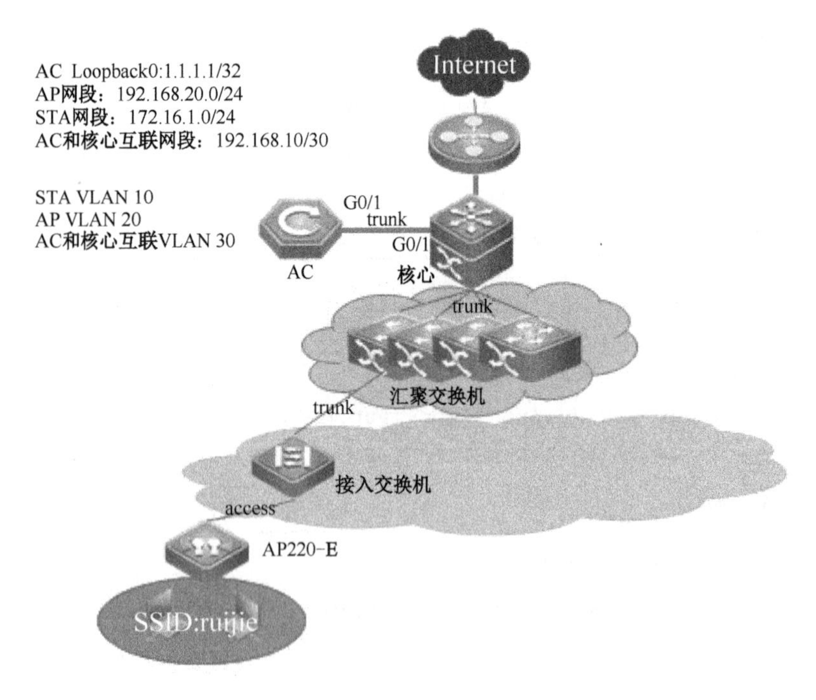

图 8-2-3 配置无线加密功能组网环境

详细的配置“胖”AP 信号的加密配置步骤如下。

1. WPA 共享密钥认证

```
WS5708(config)#wlansec 1
WS5708(config-wlansec)#security wpa enable
                    ! 开启无线加密功能
WS5708(config-wlansec)#security wpa ciphers aes enable
                    ! 无线启用AES加密
WS5708(config-wlansec)#security wpa akm psk enable
                    ! 无线启用共享密钥认证方式
WS5708(config-wlansec)#security wpa akm psk set-key ascii 1234567890
                    ! 无线密码，密码位数不能小于8位
```

2. WPA2 共享密钥认证

```
WS5708(config)#wlansec 1
WS5708(config-wlansec)#security rsn enable
                    ! 开启无线加密功能
WS5708(config-wlansec)#security rsn ciphers aes enable
                    ! 无线启用AES加密
WS5708(config-wlansec)#security rsn akm psk enable
                    ! 无线启用共享密钥认证方式
WS5708(config-wlansec)#security rsn akm psk set-key ascii 1234567890
                    ! 无线密码，密码位数不能小于8位
```

注意：一个 SSID 可以同时配置 WPA1 和 WPA2，但密码必须相同

3. 配置“胖”AP 信号的加密配置验证

（1）在无线局域网的终端设备上搜索到“ruijie”无线信号，如图 8-2-4 所示。

（2）关联时弹出输入网络密钥。在终端设备上关联时弹出“键入网络安全密钥”对话框，如图 8-2-5 所示。

图 8-2-4 在终端设备上搜索到“ruijie”无线信号

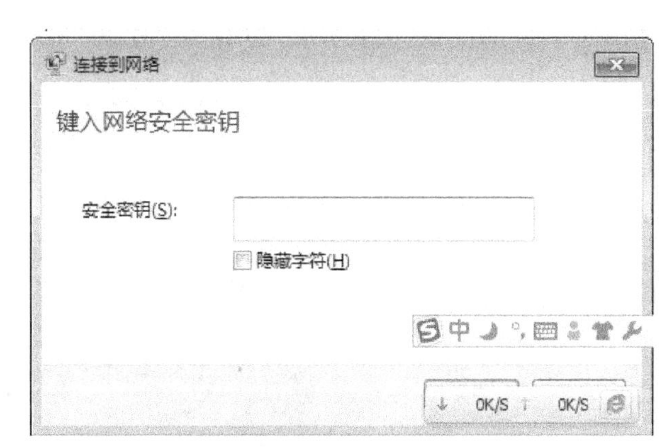

图 8-2-5 “键入网络安全密钥”对话框

（3）输入无线密码后关联成功。在终端设备上关联时输入网络密钥后关联成功，如图 8-2-6 和图 8-2-7 所示。

图 8-2-6 输入无线密码后关联成功

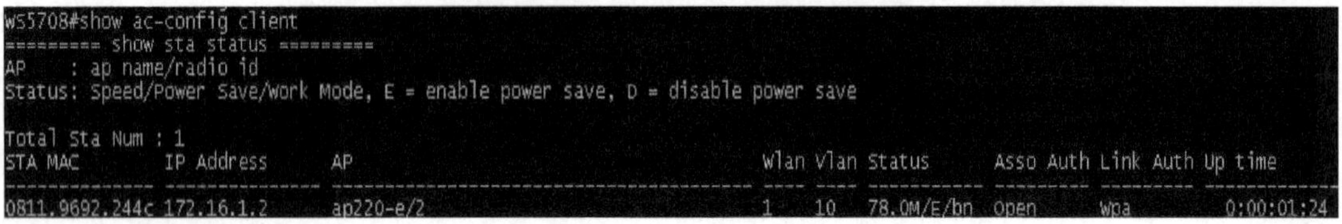

```
WS5708#show ac-config client
========= show sta status =========
AP     : ap name/radio id
Status: Speed/Power Save/Work Mode, E = enable power save, D = disable power save

Total Sta Num : 1
STA MAC        IP Address     AP                                       Wlan Vlan Status      Asso Auth Link Auth Up time
-------------- -------------- ---------------------------------------- ---- ---- ----------- --------- --------- -----------
0811.9692.244c 172.16.1.2     ap220-e/2                                1    10   78.0M/E/bn  Open      Wpa       0:00:01:24
```

图 8-2-7 网络连接设置

8.2.3 搭建无线局域网络的 MAC 认证

某医院的住院楼进行无线覆盖，目的是为了给护理部的移动查房组建一个无线局域网，保证每位护士都有一个手持终端用来采集病人的信息，如体温、血压和其他参数，而这些信息将来需要通过无线网络来传送到护理中心。

医院的查房无线局域网建设要求，由于手持终端的操作系统局限性，采用加密和 Web 认证都不现实，而使用手持终端的 MAC 地址作为认证的依据，具有实现方便、规划简单等优点。因此需要通过加密方式来对无线终端进行接入控制，可以通过在安装完成的医院无线局域网环境中，搭建无线网络的 MAC 认证的方式来完成。

如图 8-2-8 所示的网络拓扑图，是搭建医院无线局域网的网络场景，需要使用到的无线局域网的组网设备如下。

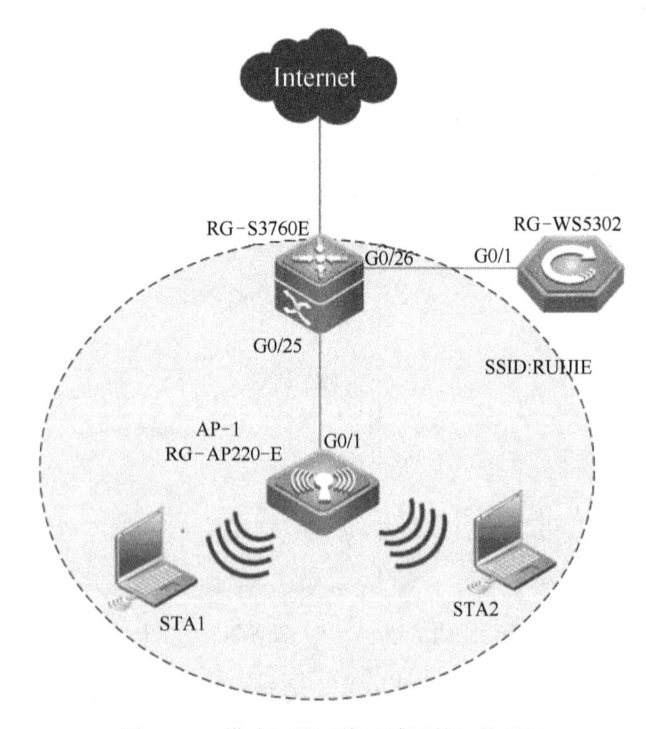

图 8-2-8 搭建医院无线局域网的网络场景

RG-WG54U：2 块，PC：2 台，RG-WS5302：1 台。

RG-AP220E：1 台，RG-S3760E：1 台，RG-E-130：1 台。

通过在搭建完成的无线局域网的 AP 设备上，添加一个白名单，无线客户端的 MAC 地址如果与无线交换机数据库上的 MAC 地址相匹配，只允许指定 MAC 地址的用户使用网络，验证是否只有该用户可以接入网络。则无线客户端能够通过 MAC 地址验证，能够访问无线网络。

详细的实施步骤如下。

1）基本拓扑连接

根据图 8-2-8 所示的网络拓扑图，将无线组网的设备连接起来，组建医院无线局域网网络环境，并注意设备状态灯是否正常。

2）交换机配置

```
Ruijie(config)#hostname RG-3760E
RG-3760E (config)#vlan 10
RG-3760E (config)#vlan 20
RG-3760E (config)#vlan 100

RG-3760E (config)#service dhcp
RG-3760E (config)#ip dhcp pool ap-pool
RG-3760E (dhcp-config)#option 138 ip 9.9.9.9
RG-3760E (dhcp-config)#network 192.168.10.0 255.255.255.0
RG-3760E (dhcp-config)#default-router 192.168.10.254
RG-3760E (config)#ip dhcp pool vlan100
RG-3760E (dhcp-config)#domain-name 202.106.0.20
RG-3760E (dhcp-config)#network 192.168.100.0 255.255.255.0
RG-3760E (dhcp-config)#default-router 192.168.100.254

RG-3760E (config)#interface VLAN 10
RG-3760E (config-VLAN 10)#ip address 192.168.10.254 255.255.255.0
RG-3760E (config)#interface VLAN 20
RG-3760E (config-VLAN 20)#ip address 192.168.11.2 255.255.255.0
RG-3760E (config)#interface VLAN 100
RG-3760E (config-VLAN 100)#ip address 192.168.100.254 255.255.255.0
RG-3760E (config)#interface GigabitEthernet 0/25
RG-3760E (config-if-GigabitEthernet 0/25)#switchport access vlan 10
RG-3760E (config)#interface GigabitEthernet 0/26
RG-3760E (config-if-GigabitEthernet 0/26)#switchport mode trunk
RG-3760E (config)#ip route 9.9.9.9 255.255.255.255 192.168.11.1
```

3）无线交换机配置

```
Ruijie(config)#hostname AC
AC(config)#vlan 10
AC(config)#vlan 20
AC(config)#vlan 100
AC(config)#wlan-config 1 <NULL> RUIJIE
AC(config-wlan)#enable-broad-ssid
AC(config)#ap-group default
AC(config-ap-group)#interface-mapping 1 100
AC(config)#ap-config 001a.a979.40e8
AC(config-AP)#ap-name  AP-1
```

```
AC(config)#interface GigabitEthernet 0/1
AC(config-if-GigabitEthernet 0/1)switchport mode trunk
AC(config)#interface Loopback 0
AC(config-if-Loopback 0)#ip address 9.9.9.9 255.255.255.255
AC(config)#interface VLAN 10
AC(config)#interface VLAN 20
AC(config-vlan 20)#ip address 192.168.11.1 255.255.255.252
AC(config)#interface VLAN 100
AC(config)#ip route 0.0.0.0 0.0.0.0 192.168.11.2
```

4）配置 MAC 认证

```
AC(config)#wids
AC(config-wids)# whitelist mac-address F07B.CB9F.3AF4
```

5）连接测试

（1）在 STA1（其 MAC 地址为 F07B.CB9F.3AF4）上打开无线功能，这时会扫描到“RUIJIE”这个无线网络，如图 8-2-9 所示。

图 8-2-9　扫描到“RUIJIE”无线网络

（2）选择此无线网络，单击“连接”按钮，如图 8-2-10 所示。

（3）连接成功，如图 8-2-11 所示。

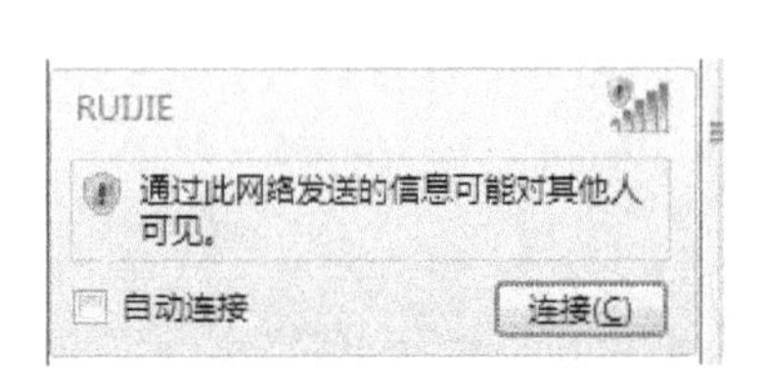

图 8-2-10　连接“RUIJIE”无线网络

图 8-2-11　连接无线网络成功

（4）打开命令窗口，使用“ipconfig”命令查看其获取的 IP 地址，如图 8-2-12 所示。

```
无线局域网适配器 无线网络连接 3:

   连接特定的 DNS 后缀 . . . . . . . : 202.106.0.20
   本地链接 IPv6 地址. . . . . . . . : fe80::88bd:25b7:5a0f:b3a%19
   IPv4 地址 . . . . . . . . . . . . : 192.168.100.1
   子网掩码 . . . . . . . . . . . . : 255.255.255.0
   默认网关. . . . . . . . . . . . . : 192.168.100.254
```

图 8-2-12　查看获取的 IP 地址

（5）在命令窗口，使用“ping”命令测试其与网关的连通性，如图 8-2-13 所示。

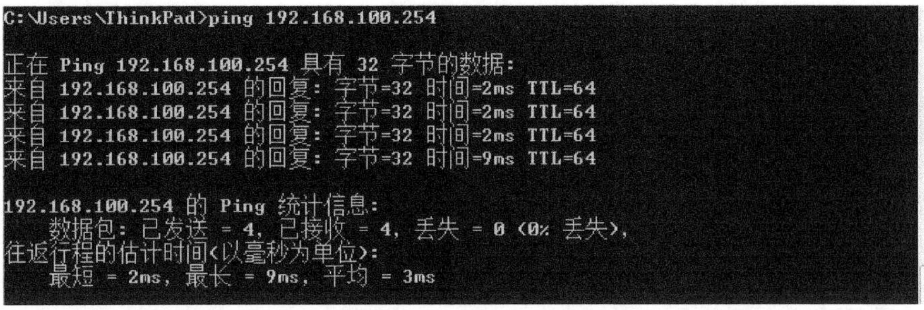

```
C:\Users\ThinkPad>ping 192.168.100.254

正在 Ping 192.168.100.254 具有 32 字节的数据:
来自 192.168.100.254 的回复: 字节=32 时间=2ms TTL=64
来自 192.168.100.254 的回复: 字节=32 时间=2ms TTL=64
来自 192.168.100.254 的回复: 字节=32 时间=2ms TTL=64
来自 192.168.100.254 的回复: 字节=32 时间=9ms TTL=64

192.168.100.254 的 Ping 统计信息:
    数据包: 已发送 = 4, 已接收 = 4, 丢失 = 0 (0% 丢失),
往返行程的估计时间(以毫秒为单位):
    最短 = 2ms, 最长 = 9ms, 平均 = 3ms
```

图 8-2-13　测试与网关的连通性

（6）在 STA2 上打开无线功能，这时会扫描到“RUIJIE”这个无线网络，单击“连接”按钮时，会连接失败。

8.2.4　部署防 ARP 攻击功能

在无线局域网组建的网络中，由于接入无线网络用户的多样性及不确定性，使得在无线端极有可能出现私设 IP 地址，或者客户端中 ARP 病毒发起 ARP 攻击的情况。因此，在无线设备上，部署防 ARP 攻击功能，可以有效地解决这些问题。

在安装完成的无线局域网中，部署防 ARP 攻击功能的网络场景如图 8-2-14 所示。

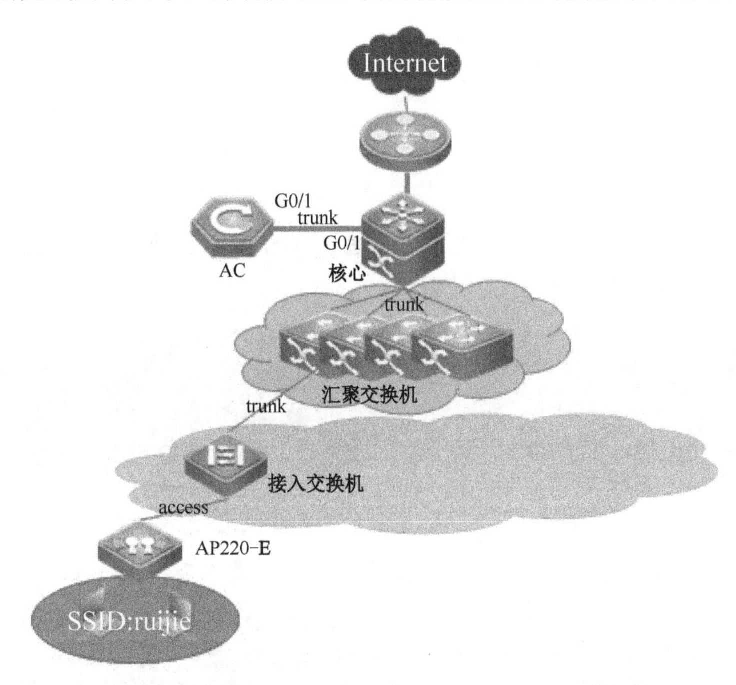

图 8-2-14　部署防 ARP 攻击功能的网络场景

需要在安装完成无线局域网中的 AP 设备上，部署防 ARP 攻击功能，实施包括：在 AC-1 上，开启 DHCP snooping，并且配置信任端口；配置 ARP 防护功能及清除 ARP 及 proxy_arp 表，可以有效地防止无线用户私自配置 IP 地址导致 IP 地址冲突，或者使用 ARP 攻击软件，导致网络瘫痪的安全事件发生。

详细的配置步骤如下。

1. AC-1 开启 dhcp snooping 并且配置信任端口

```
AC-1(config)#ip dhcp snooping                 ! 全局启用dhcp snooping
AC-1(config)#interface gigabitEthernet 0/1
AC-1(config-if-GigabitEthernet 0/1)#ip dhcp snooping trust
                                              ! 上联接口配置为信任端口
```

2. 配置 ARP 防护功能

（1）未开启 Web 认证功能时。

```
AC-1(config)#wlansec 1
AC-1(config-wlansec)#ip verify source         ! 开启IP防护功能
AC-1(config-wlansec)#arp-check                ! 开启ARP检测功能
```

（2）开启 Web 认证功能时。

```
AC-1(config)#web-auth dhcp-check
                                 ! 开启Web认证下的dhcp检测功能（IP防护功能类似）
AC-1(config)#wlansec 1
AC-1(config-wlansec)#arp-check                ! ARP检测功能
```

备注：目前只有临时版本 RGOS 10.4（1b17），Release（149629）及 RGOS 10.4（1b18）版本支持 Web-auth dhcp-check 配置，Web 认证功能和 IP source guard 功能冲突。

3. 清除 ARP 及 proxy_arp 表

```
AC-1#clear arp-cache
AC-1#clear proxy_arp
```

4. 配置验证

（1）无线局域网中的用户连接到无线网络，通过 DHCP 获取到 IP 地址，被添加到 DHCP snooping 数据库中，如图 8-2-15 所示。

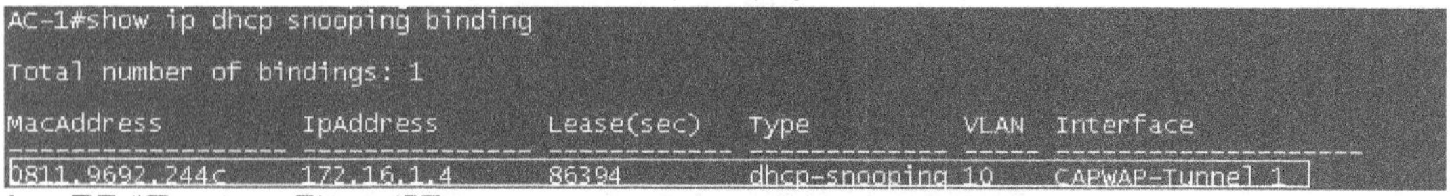

```
AC-1#show ip dhcp snooping binding
Total number of bindings: 1
MacAddress          IpAddress        Lease(sec)   Type           VLAN  Interface
------------------- ---------------- ------------ -------------- ----- --------------------
0811.9692.244c      172.16.1.4       86394        dhcp-snooping  10    CAPWAP-Tunnel 1
```

图 8-2-15　无线局域网中的用户被添加到数据库中

（2）手动配置无线网卡 IP 地址，无法 ping 通网关，如图 8-2-16 所示。

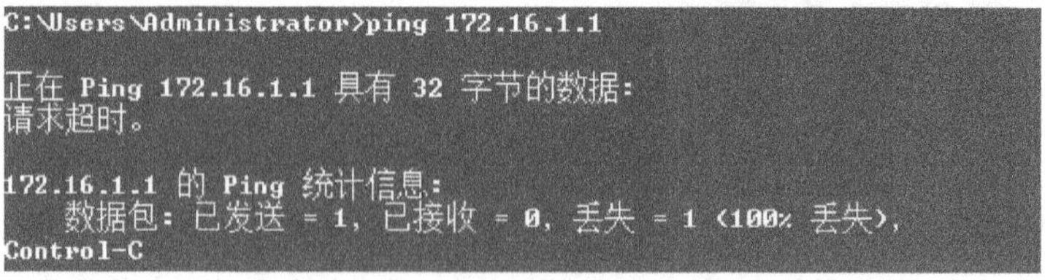

```
C:\Users\Administrator>ping 172.16.1.1

正在 Ping 172.16.1.1 具有 32 字节的数据:
请求超时。

172.16.1.1 的 Ping 统计信息:
    数据包: 已发送 = 1, 已接收 = 0, 丢失 = 1 (100% 丢失),
Control-C
```

图 8-2-16　手动配置无线网卡 IP 地址

（3）将无线网卡 IP 地址静态配置为其他正常用户的 IP 地址，其他正常用户不会提示地址冲突。

8.3　实施无线局域网安全认证

8.3.1　了解无线局域网的 802.1x 认证

1. 802.1x 协议概述

802.1x 协议起源于 802.11 协议，后者是 IEEE 的无线局域网协议，制订 802.1x 协议的目的是为了解决无线局域网用户的接入认证问题。IEEE 802LAN 协议定义的无线局域网并不提供接入认证，只要用户能接入无线局域网控制设备（如 LANS witch），就可以访问无线局域网中的设备或资源。这在早期企业网有线 LAN 应用环境下，并不存在明显的安全隐患。

随着移动办公及驻地网运营等应用的大规模发展，服务提供者需要对用户的接入进行控制和配置。尤其是 WLAN 的应用和 LAN 接入在电信网上大规模开展，有必要对端口加以控制以实现用户级的接入控制，802.lx 就是 IEEE 为了解决基于端口的接入控制（Port-Based Network Access Control）而定义的一个标准。

2. 802.1x 认证体系

802.1x 是一种基于端口的认证协议，是一种对用户进行认证的方法和策略。端口可以是一个物理端口，也可以是一个逻辑端口（如 VLAN）。对于无线局域网来说，一个端口就是一个信道。802.1x 认证的最终目的就是确定端口是否可用。

对于一个端口，如果认证成功那么就“打开”这个端口，允许所有的报文通过；如果认证不成功就使这个端口保持“关闭”，即只允许 802.1x 的认证协议报文通过。

802.1x 认证体系结构如图 8-3-1 所示。它的体系结构中包括请求者系统、认证系统和认证服务器系统三部分。

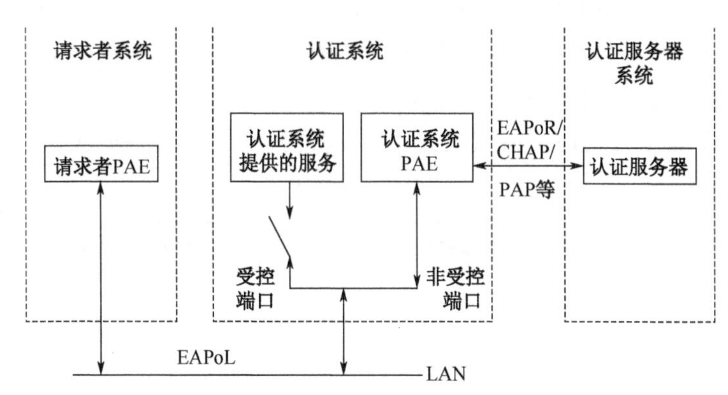

图 8-3-1　802.1x 认证体系结构

（1）请求者系统。请求者是位于无线局域网链路一端的实体，由连接到该链路另一端的认证系统对其进行认证。请求者通常是支持 802.1x 认证的用户终端设备，用户通过启动客户端软件发起 802.lx 认证，后面的认证请求者和客户端二者表达相同含义。

（2）认证系统。认证系统对连接到链路另一端的认证请求者进行认证。认证系统通常为支持 802.lx 协议的网络设备，它为请求者提供服务端口，该端口可以是物理端口也可以是逻辑端口，一般在用户接入设备（如 LAN Switch 和 AP）上实现 802.1x 认证。后面的认证系统、认证点和接入设备三者表达相同含义。

（3）认证服务器系统。认证服务器是为认证系统提供认证服务的实体，建议使用 RADIUS 服务器来实现认证服务器的认证和授权功能。请求者和认证系统之间运行 802.1x 定义的 EAPoL（Extensible Authentication Protocol over LAN）协议。

当认证系统工作于中继方式时，认证系统与认证服务器之间也运行 EAP 协议，EAP 帧中封装认证数据，将该协议承载在其他高层次协议中（如 RADIUS），以便穿越复杂的网络到达认证服务器；当认证系统工作于终结方式时，认证系统终结 EAPoL 消息，并转换为其他认证协议（如 RADIUS），传递用户认证信息给认证服务器系统。

认证系统每个物理端口内部包含有受控端口和非受控端口。非受控端口始终处于双向连通状态，主要用来传递 EAPoL 协议帧，可随时保证接收认证请求者发出的 EAPoL 认证报文；受控端口只有在认证通过的状态下才打开，用于传递网络资源和服务。

3. 802.1x 认证流程

基于 802.1x 的认证系统，在客户端和认证系统之间使用 EAPoL 格式封装 EAP 协议传送认证信息，认证系统与认证服务器之间通过 RADIUS 协议传送认证信息。由于 EAP 协议的可扩展性，基于 EAP 协议的认证系统，可以使用多种不同的认证算法，如 EAP-MD5、EAP-TLS、EAP-SIM、EAP-TTLS 及 EAP-AKA 等认证方法。

其中常见的无线 PEAP 认证包括 802.11 无线关联阶段、PEAP 认证阶段、无线 Key 配置阶段、客户端 IP 地址获取阶段、正常网络访问阶段及最后的下线阶段。

接下来就依照这个认证过程中的各个阶段进行详细描述。

1）802.11 无线关联阶段

STA（WorkStation，通常指个人 PC）上的认证客户端（Supplicant）通过无线开放模式和无线设备之间建立连接。

（1）第一对交互过程用于客户端请求希望关联的 SSID，无线设备进行请求应答。

（2）接下来的一对交互过程使用开放模式进行认证，真正的身份校验放到了 PEAP 阶段完成。

（3）最后一对交互过程是在进行无线关联，通过该对话可以协商出双方所支持的通信速率、无线数据传输时的密钥传递、管理和加密方式。

客户端和无线设备完成上述交互过程后，无线关联过程也就完成了，工作过程如图 8-3-2 所示。

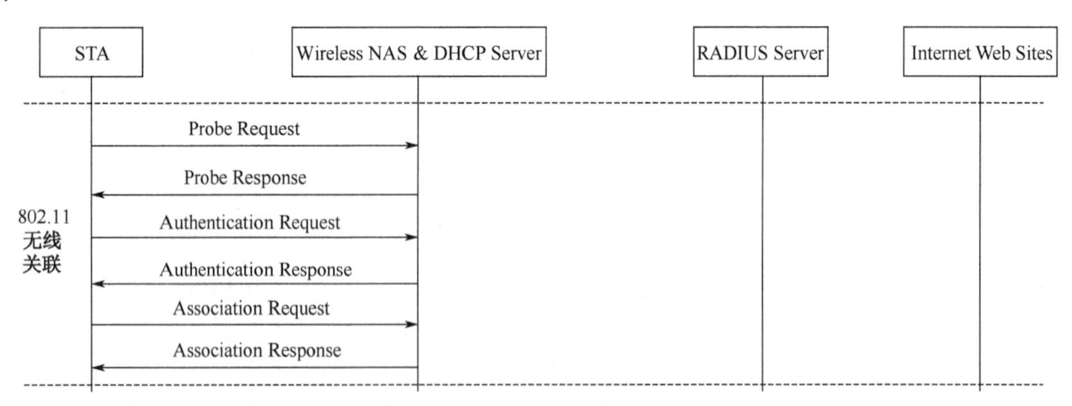

图 8-3-2　客户端和无线设备无线关联工作过程

2）PEAP 认证阶段

（1）802.1x 认证起始阶段。

① 客户端向无线设备发送一个 EAPoL-Start 报文，开始 802.1x 认证。

② 无线设备向客户端发送 EAP-Request/ID 报文，要求客户端将用户信息送上来。

③ 客户端回应 EAP-Response/ID 给无线设备，该报文中包含用户标识，通常为认证用户 ID（由于 PEAP 的 TLS 安全通道内，依然使用 EAP 协议进行认证，而 EAP 认证过程中会再请求一次用户 ID，那么方案设计者可以通过本次的 Response/ID 来隐藏真实的用户 ID，而在 TLS 安全通道内的 EAP 交互中携带真实的用户 ID，这样可以增强用户认证凭证的保密性）。

④ 无线设备以 EAP Over Radius 的形式将 EAP-Response/ID 传送给 RADIUS 服务器。

（2）协商 PEAP 认证并建立 TLS 安全通道。

① RADIUS 服务器收到 EAP-Response/ID 后根据配置确定使用 PEAP 认证，并向无线设备发送 RADIUS Access-Challenge 报文，报文中包含 RADIUS 服务器发送给客户端的 PEAP-Start 报文，表示希望使用 PEAP 方法进行接下来的认证。

② 无线设备将 EAP-Request/PEAP-Start 发送给认证客户端。

③ 客户端收到 EAP-Request/PEAP-Start 报文后，生成客户端随机数、客户端支持的加密算法列表、TLS 协议版本、会话 ID 等信息，并将这些信息封装到 PEAP-Client Hello 报文中发送给无线设备。

④ 无线设备以 EAP Over Radius 的形式将 PEAP-Client Hello 发送给 Radius 服务器。

⑤ Radius 服务器收到客户端发来的 PEAP-Client Hello 报文后，从 PEAP-Client Hello 报文加密算法列表中选择自己支持的一组加密算法并同 RADIUS 服务器产生的随机数、RADIUS 服务器证书、证书请求信息、Server_Hello_Done 属性形成一个 Server Hello 报文封装在 Access-Challenge 报文中，发送给客户端。

⑥ 无线设备提取 RADIUS 报文中的 EAP 属性，将其封装成 EAP-Request 报文并最终发送给客户端。

⑦ 客户端收到来自服务器 EAP-Request 报文后，验证 Radius 服务器的证书是否合法。如果合法则提取 RADIUS 服务器证书中公钥，同时产生一个随机密码串（称为 Pre-Master-Secret），并使用服务器公钥对其进行加密，最后将加密后信息（称为 Client-Key-Exchange）及客户端数字证书（可设置成空）、TLS Finished 等属性封装成 EAP-Rsponse/TLS OK 报文并发送给无线交换机。

⑧ 无线设备以 EAP Over RADIUS 的形式将 EAP-Response/TLS OK 报文发送给 RADIUS 服务器。

⑨ RADIUS 服务器收到客户端发送过来的报文后，用自己的证书私钥对 Client-Key-Exchange 进行解密，从而获取到 Pre-Master-Secret，然后将 Pre-Master-Secret 进行运算处理，加上 Client 和 Server 产生的随机数，生成加密密钥、加密初始化向量和 HMAC 密钥，这时双方已经安全协商出一套加密办法（RADIUS 服务器借助 HMAC 密钥，对 TLS 通道内认证信息做安全摘要处理，然后和认证消息放到一起。借助加密密钥，加密初始化向量来加密上面的消息，封装在 RADIUS Access-Challenge 报文中，通过无线设备传送给客户端）。

至此 PEAP 协议 TLS 安全通道已经建立成功，后续的认证过程将使用协商出的加密密钥和摘要密钥进行数据的加密和校验。

（3）通道内认证。

① 无线设备提取 RADIUS 报文中 EAP 属性，将其封装成 EAP-Request 报文后发送给客户端。

② 客户端收到 RADIUS 服务器发来的报文后，用服务器相同的方法生成加密密钥，加密初始化向量和 HMAC 的密钥，并用相应的密钥及其方法对报文进行解密和校验，然后产生认证回应报文，用与服务器相同的密钥进行加密和校验，最后封装成 EAP-Response 报文并发送给无线设备。

③ 无线设备同样以 EAP Over Radius 报文格式将客户端 EAP-Response 发送给 RADIUS 服务

器，这样反复进行通道内的认证交互，直到认证完成。

④ RADIUS 服务器完成对客户端身份校验后，发送 RADIUS Access-Accept 报文给无线设备，该报文中包含了 RADIUS 服务器所提供的 MPPE 属性。

⑤ 无线设备收到 RADIUS Access-Accept 报文后，会提取 MPPE 属性中的密钥作为无线 WPA 加密用主密钥（PMK）。同时无线设备会发送 EAP-Success 报文给客户端通知其 PEAP 认证成功。

⑥ 无线设备给 RADIUS 服务器发送 RADIUS 记账开始报文，通知服务器开始对用户进行计费。

详细的认证过程如图 8-3-3 所示。

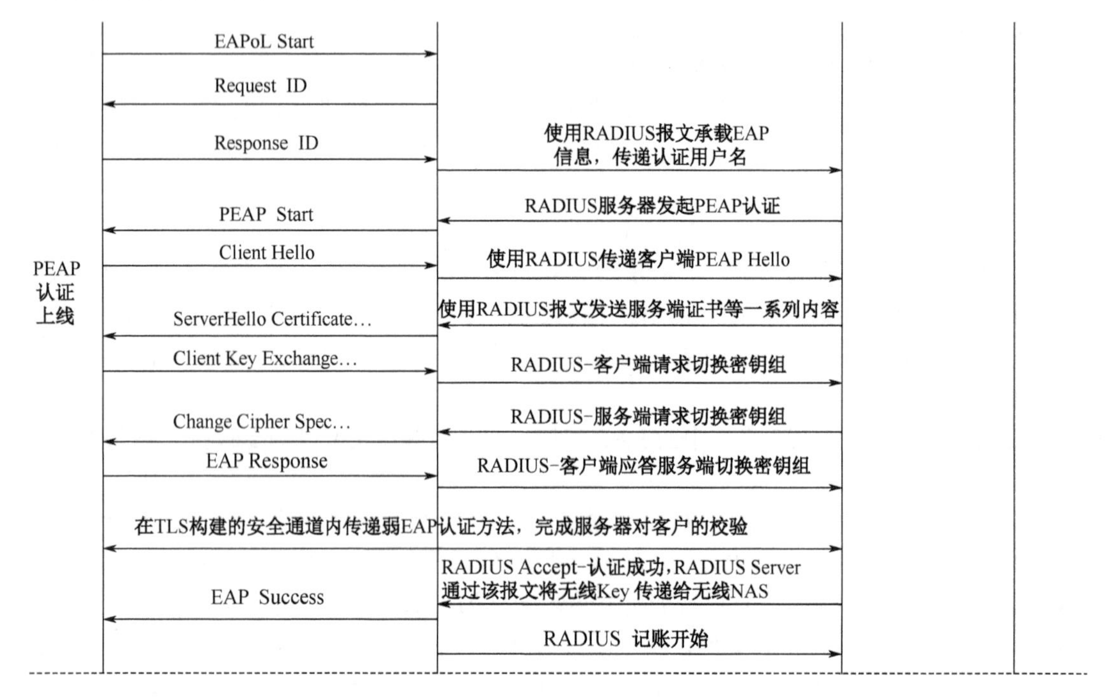

图 8-3-3 通道内认证过程

3）无线 key 配置阶段

客户端的无线设备之间通过 EAPoL-Key，交互完成无线加密密钥的配置，最终客户端会将加密密钥（Key）信息通过网卡驱动接口设置到网卡中，供网卡对进出网卡的数据进行加密解密处理。无线设备也会配置相同的加密密钥，完成空口数据的无线加密解密。

接下来 PC 和无线设备间的通信数据均为密文通信。

注意：在无线设备和客户端的数据传输过程中，为了保证数据的安全，WPA 要求定时或定量（包的数目）进行单播密钥更新，当更新的时间或数据传输的数目到了，无线设备会发起密钥更新协商。

4）客户端 DHCP 地址获取阶段

客户端同无线设备使用 DHCP 协议进行交互，完成 IP 地址获取。

5）正常网络访问阶段

获取到 IP 地址后，PC 就可以正常访问互联网了。无线设备会将来自客户端所在 PC 的密文进行解密后发送到相关设备最终传输到互联网。

密钥设置、地址获取及网络访问过程如图 8-3-4 所示。

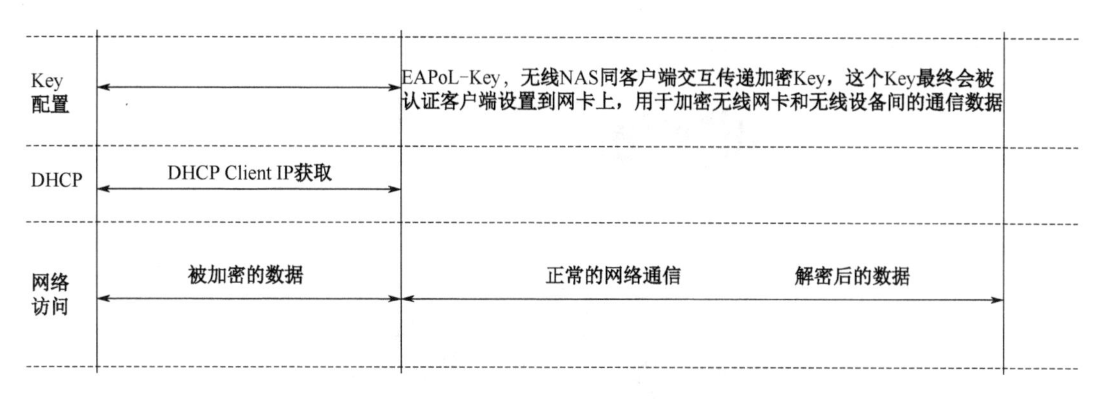

图 8-3-4　密钥设置、地址获取及网络访问过程

6）认证下线阶段

（1）客户端发送 DHCP Release 报文给无线设备，释放之前获取的 IP 地址。

（2）客户端发送 EAPoL-Logoff 报文给无线设备，通知该设备此次 PEAP 认证过程结束。

（3）无线设备收到 EAPoL-Logoff 报文后，发送 RADIUS 记账结束报文给 RADIUS 服务器，告知 RADIUS 服务器该用户已经下线。

7）解除 802.11 无线关联阶段

最后一个阶段是客户端请求无线设备解除无线关联。

认证下线及解除 802.11 无线关联的过程如图 8-3-5 所示。

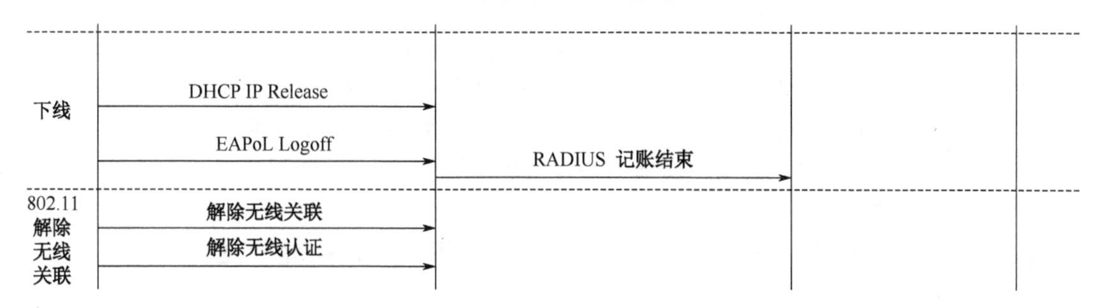

图 8-3-5　认证下线及解除 802.11 无线关联的过程

8.3.2　搭建采用 WEP 加密方式的无线网络

某企业为方便员工移动办公的需要，在公司内部组建了无线局域网。

有一天网络管理员发现公司内搜到的 SSID，直接就可以接入无线网络，没有任何认证加密手段，由于无线网络不像有线网络有严格的物理范围，要接入网络必须要有网线，而无线网不同，无线信号覆盖的区域内都可以搜索到，这样收到信号的人就可以不经认证而接入网络，很不安全。

于是决定采用 WEP 加密的方式来对无线网络进行加密及接入控制，只有输入正确密钥的才可以接入无线网络，并且空中的数据传输也是加密的，这样就可以有效地防止非法用户接入，防止无线信号被窃听。

如图 8-3-6 所示的网络场景是某公司内部组建完成的无线局域网工作环境，为保障无线局域网的安全需求，需要在 AP 设备上配置 WEP 加密方式网络功能，需要设备如下。

RG-WG54U：1 块，PC：1 台，RG-WS5302：1 台。

RG-AP220E：1 台，RG-S3760E：1 台，RG-E-130：1 台。

WEP 加密方式的无线网络采用共享密钥形式接入、加密方式，即在 AP 设备上设置了相应的 WEP 密钥，在客户端也需要输入和 AP 设备端一样的密钥才可以正常接入，并且 AP 与无线客户端的通信也通过了 WEP 加密。即使空中有人抓取到无线数据包，也看不到里面相应的内容。

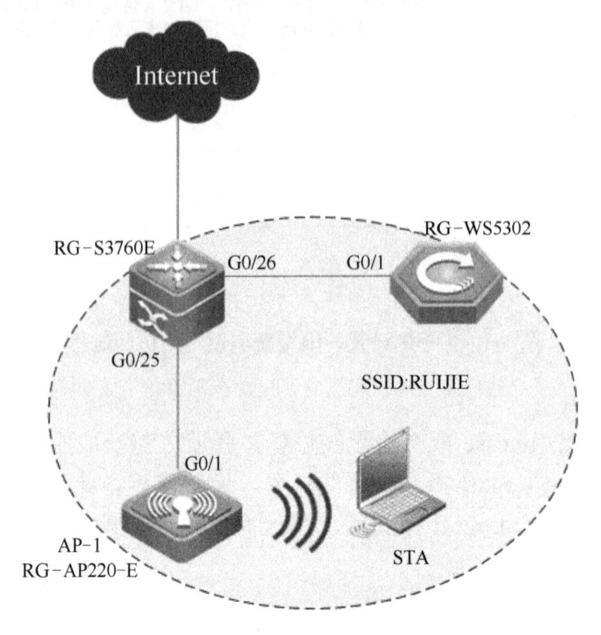

图 8-3-6　某公司内部组建的无线局域网

由于 WEP 加密方式存在漏洞，现在有些软件可以对此密钥进行破解，因此，这种加密方式不是最安全的加密方式。但是由于大部分的客户端都支持 WEP，因此现在的应用场合还是很多的。

采用 WEP 加密的无线接入服务，能够保证无线网络的安全性。用户连接该无线网络需要输入预先设定的加密密钥，不输入密钥或输入错误的密钥，用户不能接入网络。

WEP 加密方式的无线局域网网络搭建方法步骤如下。

1）基本拓扑连接

根据图 8-3-6 所示的网络拓扑图，将设备连接起来，并注意设备状态灯是否正常。

2）交换机配置

```
Ruijie(config)#hostname RG-3760E
RG-3760E (config)#vlan 10
RG-3760E (config)#vlan 20
RG-3760E (config)#vlan 100

RG-3760E (config)#service dhcp
RG-3760E (config)#ip dhcp pool ap-pool
RG-3760E (dhcp-config)#option 138 ip 9.9.9.9
RG-3760E (dhcp-config)#network 192.168.10.0 255.255.255.0
RG-3760E (dhcp-config)#default-router 192.168.10.254
RG-3760E (config)#ip dhcp pool vlan100
RG-3760E (dhcp-config)#domain-name 202.106.0.20
RG-3760E (dhcp-config)#network 192.168.100.0 255.255.255.0
RG-3760E (dhcp-config)#default-router 192.168.100.254

RG-3760E (config)#interface VLAN 10
RG-3760E (config-VLAN 10)#ip address 192.168.10.254 255.255.255.0
RG-3760E (config)#interface VLAN 20
RG-3760E (config-VLAN 20)#ip address 192.168.11.2 255.255.255.0
```

```
RG-3760E (config)#interface VLAN 100
RG-3760E (config-VLAN 100)#ip address 192.168.100.254 255.255.255.0
RG-3760E (config)#interface GigabitEthernet 0/25
RG-3760E (config-if-GigabitEthernet 0/25)#switchport access vlan 10
RG-3760E (config)#interface GigabitEthernet 0/26
RG-3760E (config-if-GigabitEthernet 0/26)#switchport mode trunk
RG-3760E (config)#ip route 9.9.9.9 255.255.255.255 192.168.11.1
```

3）无线交换机配置

```
Ruijie(config)#hostname AC
AC(config)#vlan 10
AC(config)#vlan 20
AC(config)#vlan 100

AC(config)#wlan-config 1 <NULL> RUIJIE
AC(config-wlan)#enable-broad-ssid
AC(config)#ap-group default
AC(config-ap-group)#interface-mapping 1 100
AC(config)#ap-config 001a.a979.40e8
AC(config-AP)#ap-name  AP-1

AC(config)#interface GigabitEthernet 0/1
AC(config-if-GigabitEthernet 0/1)switchport mode trunk
AC(config)#interface Loopback 0
AC(config-if-Loopback 0)#ip address 9.9.9.9 255.255.255.255
AC(config)#interface VLAN 10
AC(config)#interface VLAN 20
AC(config-vlan 20)#ip address 192.168.11.1 255.255.255.252
AC(config)#interface VLAN 100

AC(config)#ip route 0.0.0.0 0.0.0.0 192.168.11.2
```

4）配置 WEP 加密

```
AC(config)#wlansec 1
AC(wlansec)#security static-wep-key encryption 40 ascii 1 12345
```

5）连接测试

（1）在 STA 上打开无线功能，这时会扫描到“RUIJIE”无线网络，如图 8-3-7 所示。

（2）选择此无线网络，单击“连接”按钮，如图 8-3-8 所示。

图 8-3-7　扫描到“RUIJIE”无线网络

图 8-3-8　连接“RUIJIE”无线网络

（3）在“连接到网络”对话框中，输入安全密钥，如图 8-3-8 所示。

（4）连接成功，如图 8-3-9 所示。

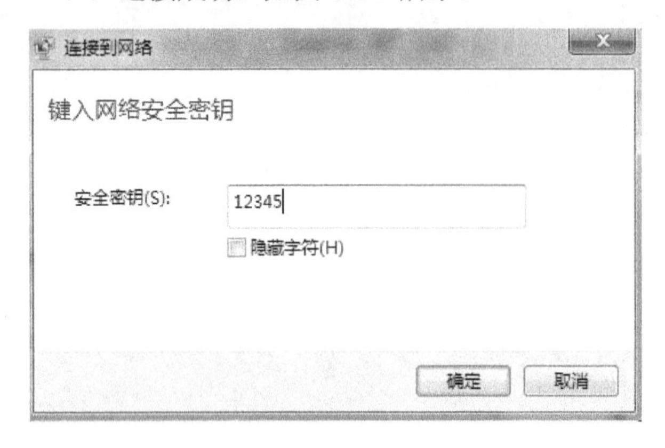

图 8-3-8 “连接到网络”对话框

图 8-3-9 无线网络连接成功

（5）打开命令窗口，使用“ipconfig”命令查看其获取的 IP 地址，如图 8-3-10 所示。

```
无线局域网适配器 无线网络连接 3:

   连接特定的 DNS 后缀 . . . . . . . : 202.106.0.20
   本地链接 IPv6 地址. . . . . . . . : fe80::88bd:25b7:5a0f:b3a%19
   IPv4 地址 . . . . . . . . . . . . : 192.168.100.1
   子网掩码  . . . . . . . . . . . . : 255.255.255.0
   默认网关. . . . . . . . . . . . . : 192.168.100.254
```

图 8-3-10 查看获取的 IP 地址

（6）在命令窗口，使用“ping”命令测试其与网关的连通性，如图 8-3-11 所示。

```
C:\Users\ThinkPad>ping 192.168.100.254

正在 Ping 192.168.100.254 具有 32 字节的数据:
来自 192.168.100.254 的回复: 字节=32 时间=2ms TTL=64
来自 192.168.100.254 的回复: 字节=32 时间=2ms TTL=64
来自 192.168.100.254 的回复: 字节=32 时间=2ms TTL=64
来自 192.168.100.254 的回复: 字节=32 时间=9ms TTL=64

192.168.100.254 的 Ping 统计信息:
    数据包: 已发送 = 4，已接收 = 4，丢失 = 0 (0% 丢失)，
往返行程的估计时间(以毫秒为单位):
    最短 = 2ms，最长 = 9ms，平均 = 3ms
```

图 8-3-11 测试与网关的连通性

（7）登录无线 AC 设备，在无线交换机上查看状态信息如下。

```
AC#show ap-config summary
Ap Name    Mac Address  STA NUM  Up time  Ver                 Pid
-----------------------------------------------------------------------
AP-1   001a.a979.40e8  1    0:00:49:09 RGOS 10.4(1T7), Release(110351)
       AP220-E

AC#show ac-config client summary by-ap-name
Total Sta Num : 1
Cnt    STA MAC        AP NAME              Wlan Id   Radio Id  Vlan Id
       Valid
```

```
---------------------------------------------------------------------
1     f07b.cb9f.3af4  AP-1                1        1         100      1

AC#show capwap state
index  peer device              state
1      192.168.10.1 : 10000      Run

AC#sh wlan security 1
Security Policy     :static WEP
WPA version        :WPA2 or WPA1
AKM type           :PSK or 802.1x
pairwise cipher type:AES or TKIP
group cipher type   :AES or TKIP
WLAN SSID          :RUIJIE
wpa_passhraselen    :0
wpa_passphrase      :

WEP auth mode       :open or share-key
WEP index.........  :0
WEP key is HEX      :FALSE
WEP key length      :5
WEP passphrase      :
31 32 33 34 35
```

项目9　无线局域网组网设备安装检查

9.1　无线 AP 设备的安装

9.1.1　无线 AP 设备安装准备

无线 AP 设备的安装准备通过以下步骤完成。

（1）需要收集每台 AP 设备的 MAC 地址信息，并记录下来，方便后续确认每台 AP 的位置。一般 MAC 地址信息位于 AP 设备的背面，如图 9-1-1 所示。但有的设备如 AP110-W 型号的 AP 设备的 MAC 地址信息位于正面板盖下面，如图 9-1-2 所示。

图 9-1-1　AP 设备上的 MAC 地址信息

图 9-1-2　位于正向板盖下面的 MAC 地址信息

（2）如果是 AP620H 设备，则设备外观上无法查看到 MAC 地址信息，可以在包装上查看到，或者将 AP 设备加电、登录，使用“show ap-st aclist”命令查看、收集。

（3）需要根据每台 AP 设备的位置，对它们进行命名，并贴上标签。

（4）直接将 AP 设备交由施工队进行安装即可。

对 AP 设备进行详细物理安装，具体可以参考随机赠送的说明书，或者也可以到相关设备厂商的官网上，下载相关硬件设备安装文档，如《放装 AP 安装指导》《室外 AP20H 安装指导》《智分 AP220-E（M）安装指导》《墙面 AP110-W 安装指导》《WOC 方案安装指导》等产品说明书。

9.1.2　放装室内 AP 安装指导

1. 室内 AP 设备上架固定

不同的室内 AP 设备挂壁外观及螺丝个数略有不同，但操作步骤基本一致。

室内 AP 设备安装步骤如下。

（1）先在墙上打 4 个直径为 5mm 左右的孔，间距为 120×275mm 的长方形四个顶角。

（2）将安装导管置入孔内，并使安装导管外沿与墙面平齐。

（3）将壁挂用螺钉固定在墙壁或天花板上，如图 9-1-3 所示。

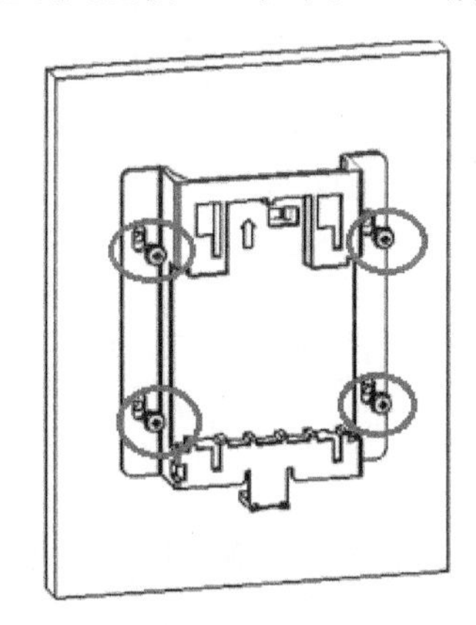

图 9-1-3　将壁挂用螺钉固定在墙壁或天花板上

（4）将无线 AP 设备底面的三个孔，对准壁挂上的三个定位柱扣紧，然后将 AP 设备背对壁挂螺丝方向拉 8mm。将壁挂上的螺丝拧紧，直至顶到 AP 的测边孔上。

需要注意的是，AP 设备的挂壁钢钉，需要完全钉入墙体，避免安装时会顶住设备背部，如图 9-1-4 所示。

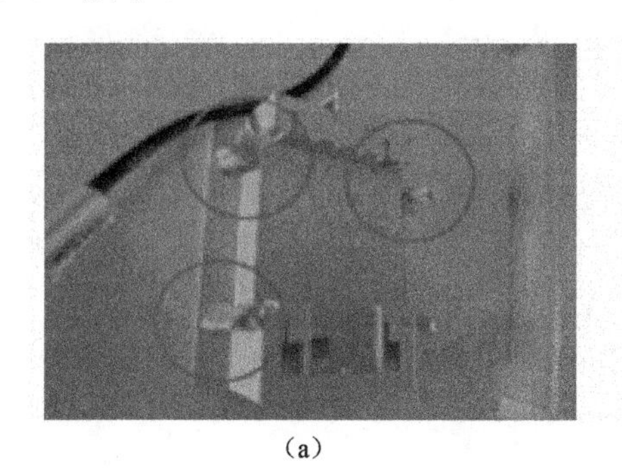

（a）

（b）

图 9-1-4　AP 设备的挂壁钢钉完全钉入墙体

（5）AP 设备的底卡扣需要扣好，如图 9-1-5 所示。

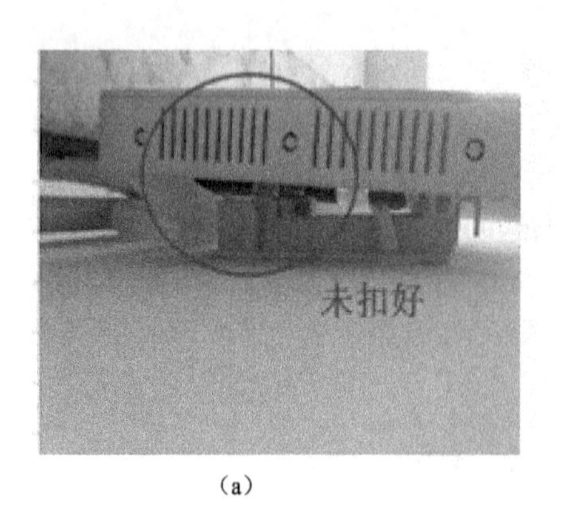

(a)

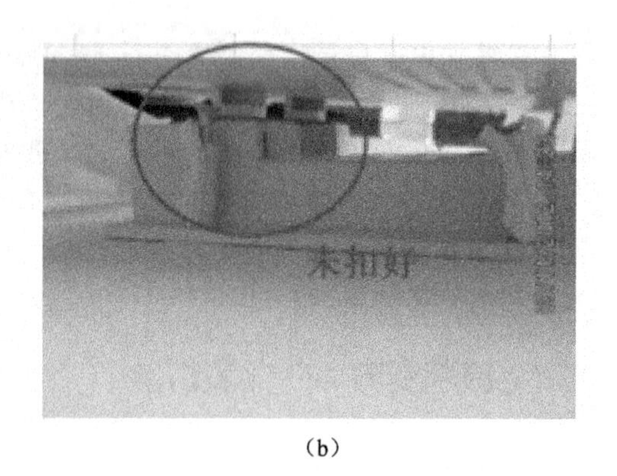

(b)

图 9-1-5 AP 设备的底卡扣需要扣好

需要注意的是，个别型号的 AP 设备，如 AP320-I、AP330-I、AP530-I 等，建议进行挂壁部署，网线从上到下连接 AP 设备，如图 9-1-6 所示。如果是 6 类网线，则需要理顺网线，避免网线太乱，使设备无法扣住。

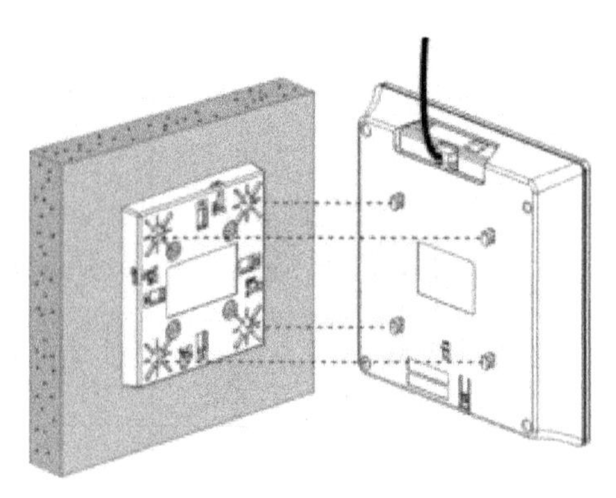

图 9-1-6 网线从上到下连接 AP 设备

2. AP 设备的外接天线安装

针对有外接天线的 AP 设备，通过以下安装步骤，完成 AP 设备的外接天线安装。

1）柱状天线安装

在包装盒中，取出随机配置的全向天线，旋入 AP 主机上的 SMA 接头。注意 3 根天线之间应尽量平行放置，建议垂直 AP 设备主机放置，如图 9-1-7 所示。

图 9-1-7 柱状天线安装

2）吸顶天线安装

吸顶天线有多种，但是安装方式基本相同。

（1）根据不同的天线类型在天花板上钻孔。

① 如型号为 TQJ-2458MOD×3 的天线，安装钻孔时，需要在天花板上开 4 个圆孔，用于固定天线，如图 9-1-8 所示。

该种类型的天线钻孔时需要注意：中间孔径为 20mm（最大 25mm），用来固定天线；距圆心半径 40mm 的圆周上间隔 120° 度均匀开 3 个直径 16mm 的孔，用于穿引线缆。

② 如型号为 TQJ-24-58MOC×6 的天线，在安装钻孔时，需要在天花板上开 1 个圆孔，用于固定天线，中间孔径为 20mm（最大 25mm），如图 9-1-9 所示。

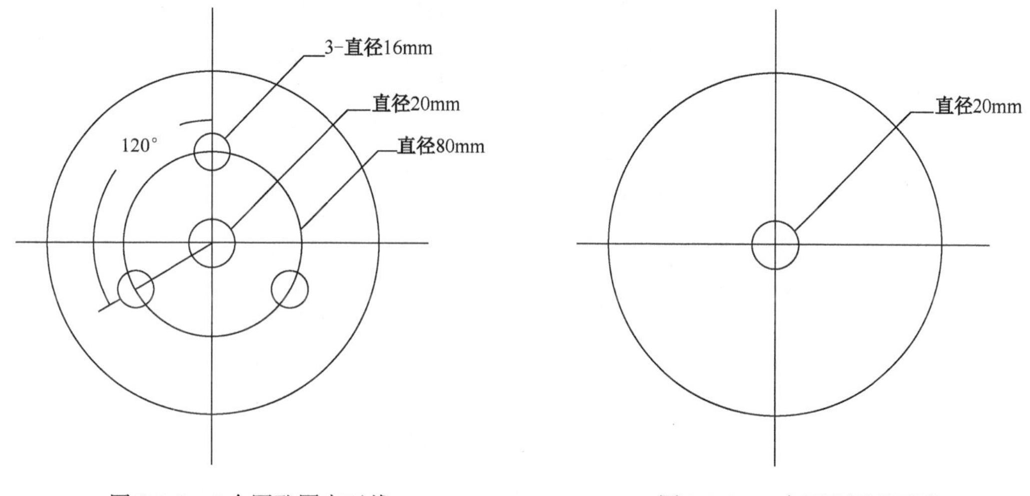

图 9-1-8　4 个圆孔固定天线　　图 9-1-9　1 个圆孔固定天线

（2）吸顶天线固定。针对吸顶天线，在天花板上钻孔后，只需要将天线固定到天花板上。如图 9-1-10 和图 9-1-11 所示。

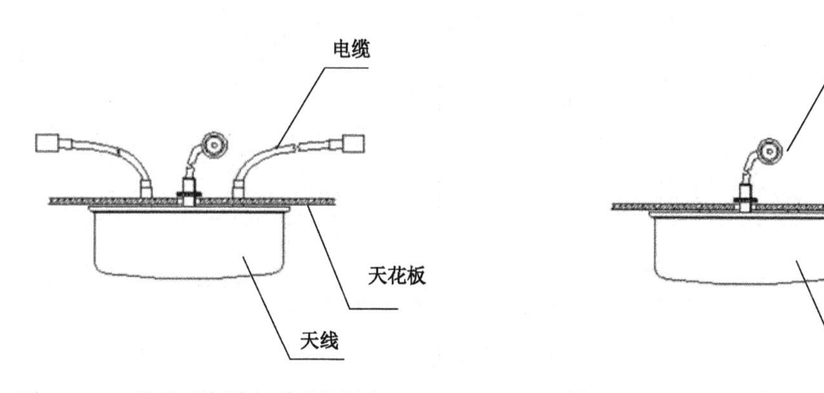

图 9-1-10　吸顶天线固定到天花板上（1）　　图 9-1-11　吸顶天线固定到天花板上（2）

需要注意的是，0 室内吸顶天线必须牢固地安装在建筑物天花板下，如图 9-1-12 所示。

（3）连接线缆。天线安装完成后，将天线的线缆连接到 AP 设备上，针对有两根天线的部分型号的 AP 设备，在线缆上标注支持的频率（5.8GHz 或 2.4GHz），根据标注的频率接到相应的 AP 设备射频口。将天线的线缆连接到 AP 设备上，连接过程如图 9-1-13 和图 9-1-14 所示。

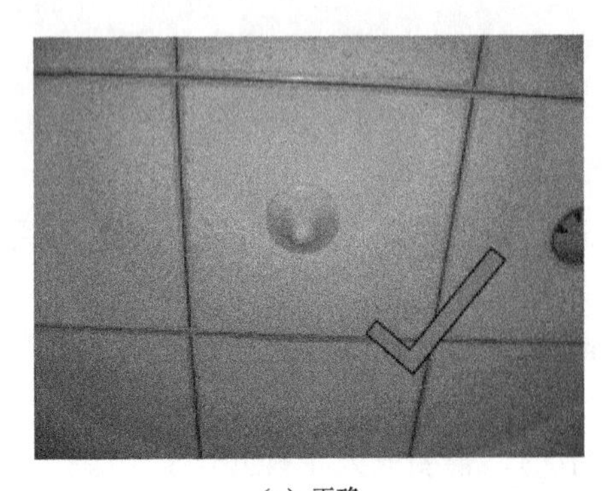

（a）正确

（b）不正确

图 9-1-12　室内吸顶天线安装

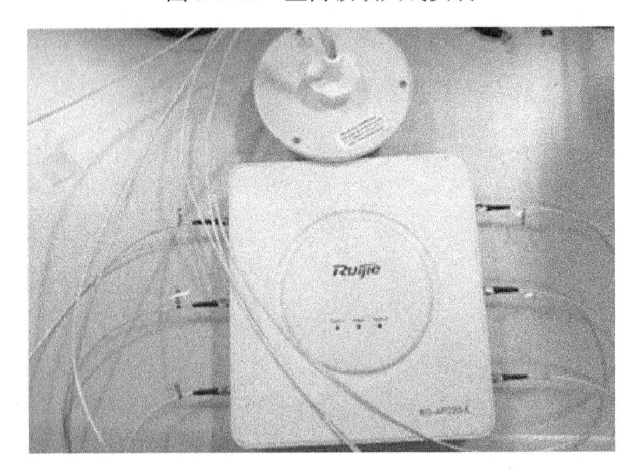

图 9-1-13　连接线缆（1）

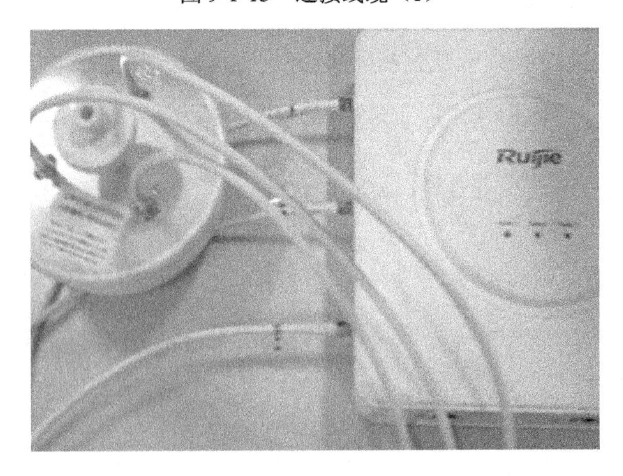

图 9-1-14　连接线缆（2）

注意：有些厂商生产的部分型号的 AP 设备，由于没有天线，不需要进行天线安装。

9.1.3　放装室外 AP 安装施工指导

1. 放装室外 AP 设备上架固定

（1）放装室外 AP 设备上架时，需要将 AP 设备固定架安装到主机的后面，并锁紧固定架上的螺丝，如图 9-1-15 所示。

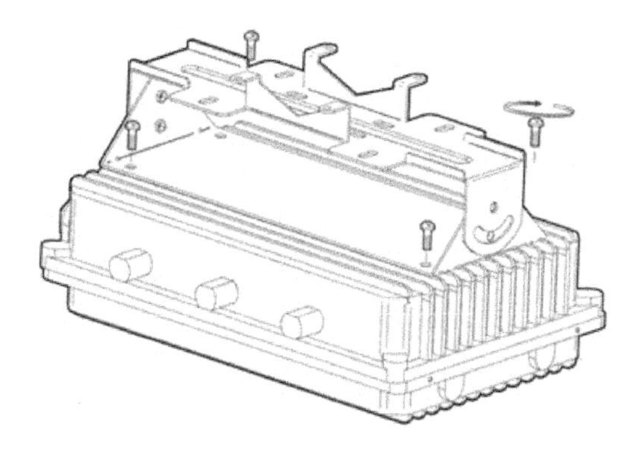

图 9-1-15　放装室外 AP 设备上架固定

（2）将主机安装于抱杆上，可以选择平行放置或垂直放置，如图 9-1-16 所示。

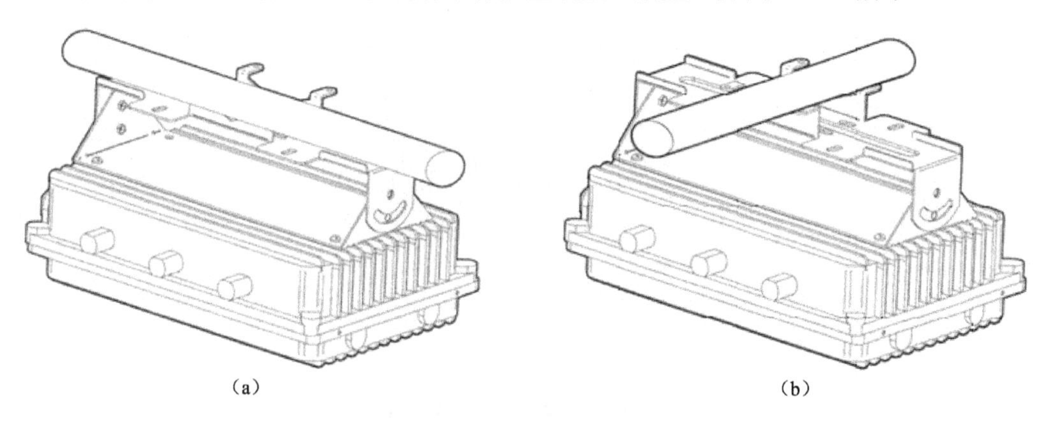

（a）　　　　（b）

图 9-1-16　主机安装于抱杆上

（3）固定架上有 2 组固定孔。根据放置方式的不同，将铁环安装在不同的固定孔内，并将 AP 设备固定在抱杆上，如图 9-1-17 所示。

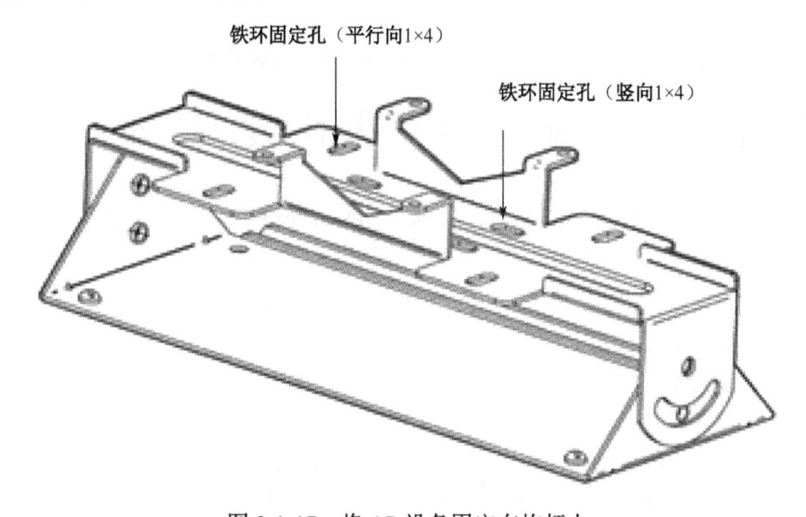

图 9-1-17　将 AP 设备固定在抱杆上

① 安装架上的固定孔，如图 9-1-18 所示。

② 使用螺丝固定铁环固定，如图 9-1-19 所示。

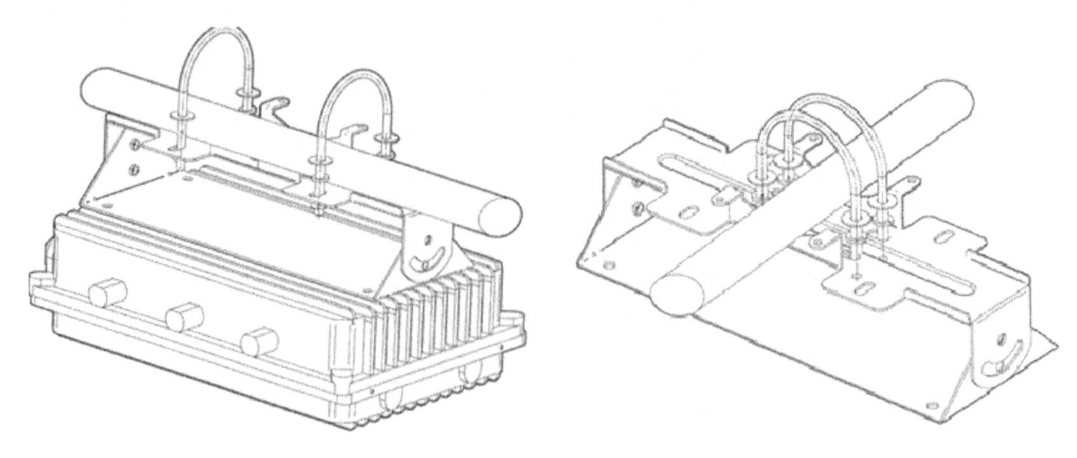

图 9-1-18 安装架上的固定孔

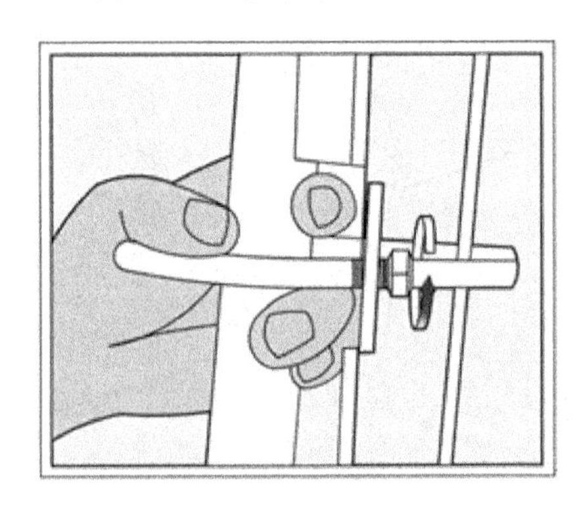

图 9-1-19 螺丝固定铁环固定

2. 天线安装

室外天线的安装包括定向室外天线和全向室外天线。

1）安装定向室外天线

（1）确保定向室外天线在避雷针的保护之下，如果附近没有避雷针，需要在抱杆顶端安装避雷针。

（2）将抱杆安装在楼顶，可以固定在墙壁上，也可以直接安装在水泥墩上，注意保证抱杆与地面垂直。

（3）做好抱杆的接地措施，具体可以采用 40mm×4mm 的扁钢，将抱杆与防雷地网相连，需要确保扁钢与防雷地网的连接处没有生锈。

（4）根据定向室外天线的安装说明，将定向室外天线的安装支架安装到抱杆上并调节好角度。安装定向室外天线的示意图，如图 9-1-20 所示。

2）安装全向室外天线

安装全向室外天线需要注意以下事项。

（1）安装全向室外天线时，一般不允许直接在抱杆上焊接避雷针（全向室外天线体的水平方向 1m 范围内不允许有金属体存在），而是在两根全向室外天线抱杆中间位置单独设置一根避雷针，避雷针的高度要使全向室外天线顶端处在其防护角之内。

（2）在抱杆上安装全向室外天线后，需保证抱杆顶端与天线下部的抱箍部分平齐。

（3）安装完成后天线高度需满足信号覆盖需求，并且天线顶端，须处于避雷针 45° 防雷保护角之内。安装全向室外天线的示意图，如图 9-1-21 所示。

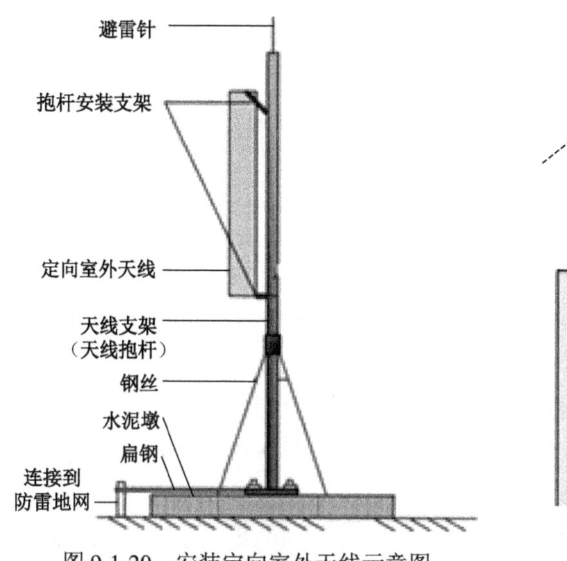

图 9-1-20　安装定向室外天线示意图

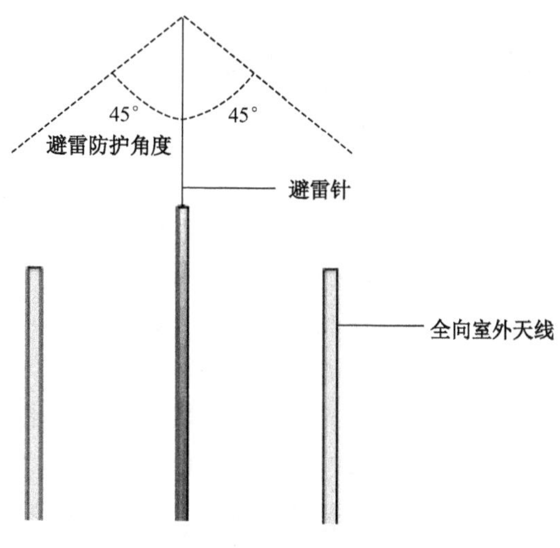

图 9-1-21　安装全向室外天线示意图

注意：不同 AP 设备的天线禁止背靠背安装，应将天线上下安装，并且间隔大于 2m。安装示意图如图 9-1-22 所示。

（a）正确

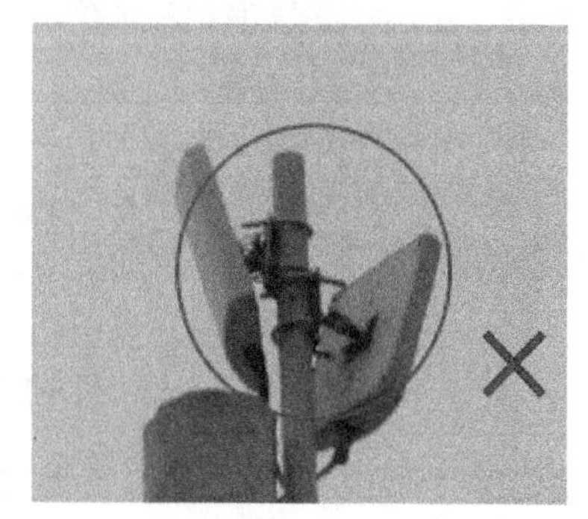

（b）不正确

图 9-1-22　不同 AP 设备的天线安装示意图

3. 线缆安装

安装完成天线后，需要完成线缆和 AP 设备的连接，通常连接如图 9-1-23 所示。

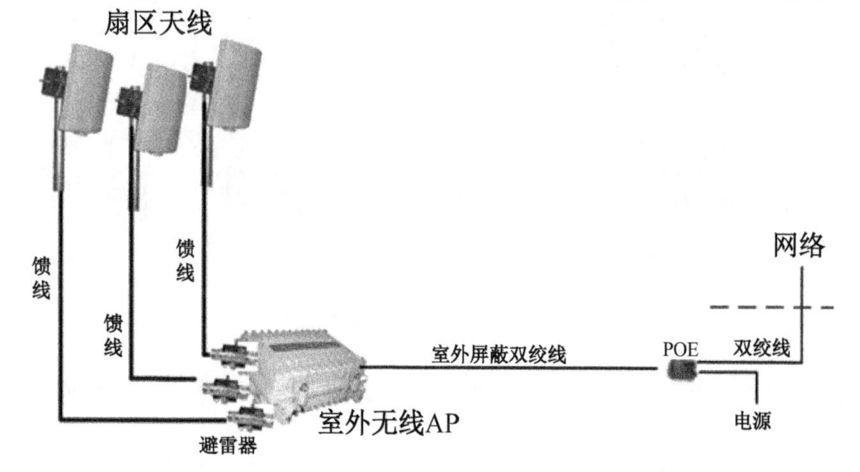

图 9-1-23　线缆和 AP 设备的连接

需要注意的是，针对 MIMO 类型的天线，一个天线就有 2 个 N 型接口，建议天线和 AP 设备上下两个 N 型接口对接并将 AP 天线参数配置为 5。

4. AP 防水处理

室外放装 AP 设备上架安装完成后，需要进行关键节点的防水处理。通常需要进行防水处理的节点位置包括天线、馈线和避雷器。

按照如下操作流程，可以完成防水操作。

（1）用胶带缠绕第一层。在室外放装 AP 设备上，找到需要进行防水处理的关键节点，用自下向上半缠绕的方法缠绕。

缠绕的方法是：先包好第一层胶带，再在包好的胶带上进行半缠绕。

半缠绕的方式是：第二圈压住第一圈的一半，依次类推……如图 9-1-24 所示。

(a)

(b)

图 9-1-24　用胶带缠绕第一层

（2）用胶泥缠绕第二层。使用胶带完成关键节点的半缠绕后，需要再用胶泥进行缠绕。

用胶泥缠绕第二层的方法是：先用胶泥包住第一层的胶带，胶泥两头长于胶带，依次类推……如图 9-1-25 所示。

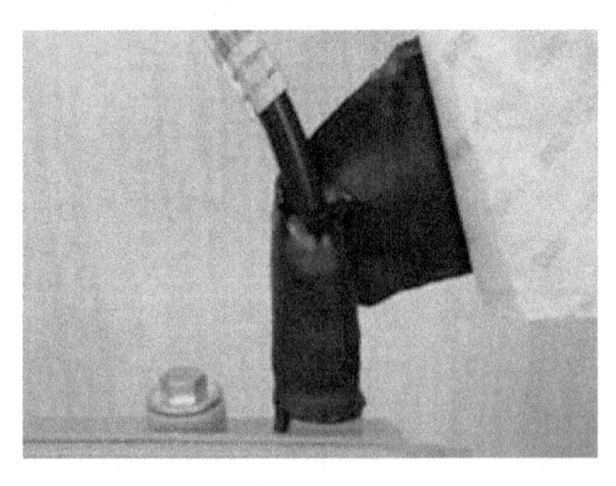

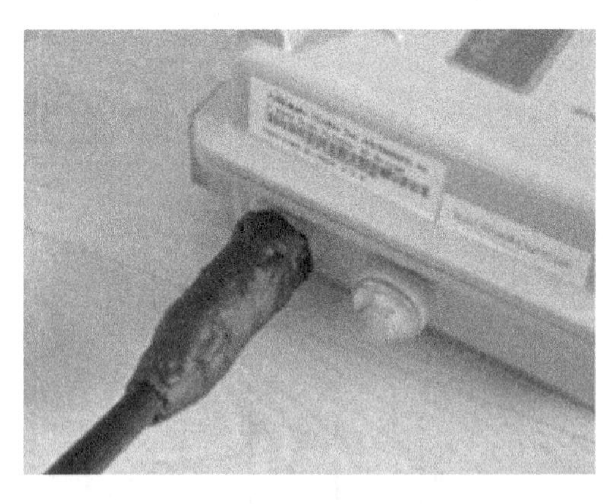

图 9-1-25　用胶泥缠绕第二层

（3）用胶带缠绕第三层。用胶带包住胶泥，胶带两头长度超过胶泥。胶带需要多缠一些，拉紧，如图 9-1-26 所示。

如图 9-1-27 所示的场景是未做好防水措施实例，会造成关键设备的进水、生锈。

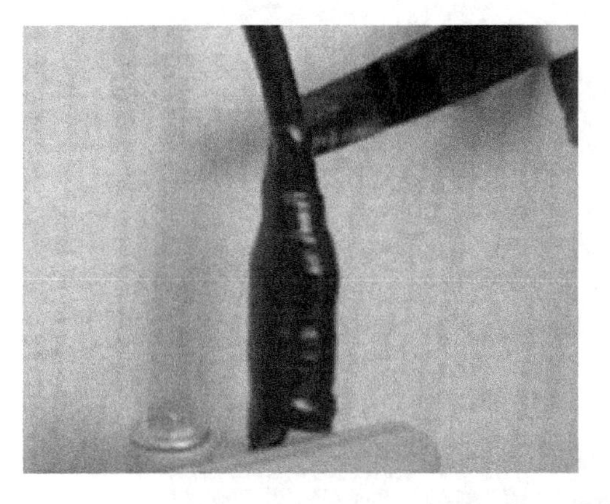

图 9-1-26　用胶带缠绕第三层

（a）

（b）

图 9-1-27　未做好防水措施实例

9.2　无线局域网设备安装检查

9.2.1　无线局域网设备安装基础信息检查

1. 检查 AC/AP 设备的软件版本

登录 AC 设备，在 AC 设备上使用“show version”命令查看 AC 设备的版本，使用“show version all”命令查看 AP 设备的版本。

```
AC# show version
……
AP# show version all
……
```

确认 AC/AP 设备版本是否一致，如图 9-2-1 所示。如果版本不一致，将可能导致无线用户无法关联、认证失败等问题，需要进行版本升级。升级 AC/AP 设备版本的步骤参考 AC/AP 设备配置单元，或者查看相关设备的产品说明书。

2. 检查 AP 设备在线数目是否和实际一致

登录 AC 设备，在 AC 设备上使用“show ap-config summary”命令，可以查看到 AP 设备的在线数量，如图 9-2-2 所示。

```
AC-1#show version
System description      : Ruijie 10G Wireless Switch(WS5708) By Ruijie Networks.
System start time       : 2013-02-21 9:7:59
System uptime           : 0:6:15:6
System hardware version : 1.01
System software version : RGOS 10.4(1b17), Release(150199)
System boot version     : 10.4.128107
System serial number    : 8652DHC460004
AC-1#show version all
AP(ap220-e)'s version:
  Product ID            : AP220-E
  System uptime         : 0:3:56:24
  Hardware version      : 1.00
  Software version      : RGOS 10.4(1b17), Release(150199)
  Serial number         : 2865DP6070371
  MAC address           : 001a.a94e.d529
```

图 9-2-1　确认 AC/AP 设备是否一致

```
WS5708#show ap-config summary
========= show ap status =========
Radio: E = enabled, D = disabled, N = Not exist
       Current Sta number
       Channel: * = Global
       Power Level = Percent

Online AP number: 1
Offline AP number: 0

AP Name                                    IP Address      Mac Address     Radio 1
------------------------------------------ --------------- --------------- --------
ap220-e                                    172.16.1.2      001a.a94e.d529  E   0
```

图 9-2-2　检查 AP 在线数目是否和实际一致

如果数量和实际上线 AP 设备不一致，则需要排查 AP 设备掉线的原因。了解 AP 设备类故障中的“AP capwap”隧道无法建立问题。

3. 检查 AP 设备是否被正确命名

登录 AC 设备，在 AC 设备上使用“show ap-config summary”命令，可以查看到 AP 设备的命名信息，如图 9-2-3 所示。

```
WS5708#show ap-config summary
========= show ap status =========
Radio: E = enabled, D = disabled, N = Not exist
       Current Sta number
       Channel: * = Global
       Power Level = Percent

Online AP number: 1
Offline AP number: 0

AP Name                                    IP Address      Mac Address     Radio 1
------------------------------------------ --------------- --------------- --------
ap220-e                                    172.16.1.2      001a.a94e.d529  E   0
```

图 9-2-3　检查 AP 设备是否被正确命名

默认情况下，无线 AP 设备的默认名称为该设备的 MAC 地址信息，因此不方便配置和管理。如果 AP 未被正确命名，则需要进行重命名。

修改 AP 设备名称的参考配置如下：

```
AC-1(config)#ap-config 001a.a94e.d529
AC-1(config-ap)#ap-name ap220-e
```

4. 检查 AP 信道是否和规划一致

登录 AC 设备，在 AC 设备上使用“show ap-config summary”命令，可以查看到 AP 设备的工作信道，如图 9-2-4 所示。

如果查询到的 AP 信道和规划不一致，则需要进行调整。

在 AC 设备上，查询 AP 信道的参考配置如下：

```
AC-1(config)#ap-config ap220-e
```

```
AC-1(config-ap)#channel 1 radio 1
```

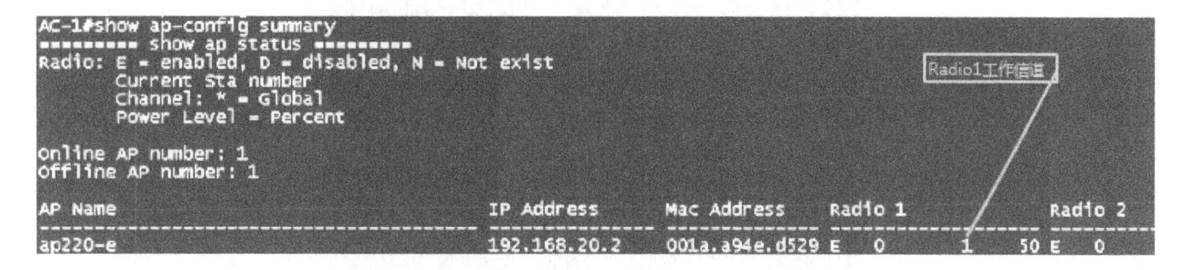

图 9-2-4 检查 AP 信道是否和规划一致

5. 检查交换机及 AC 是否进行 VLAN 修剪

在 AC 设备和其连接的核心交换机上，通过使用“show interfaces switchport”命令，查看 AC 设备和连接的交换机设备的物理接口是否被修剪，以优化无线局域网的通信流量，保障无线局域网的安全，如图 9-2-5 所示。

```
AC-1#show interfaces switchport
Interface                          Switchport Mode      Access Native Protected VLAN lists
---------------------------------- ---------- --------- ------ ------ --------- ----------
GigabitEthernet 0/1                enabled    TRUNK     1      1      Disabled  10,20,30
GigabitEthernet 0/2                enabled    ACCESS    1      1      Disabled  ALL
GigabitEthernet 0/3                enabled    ACCESS    1      1      Disabled  ALL
GigabitEthernet 0/4                enabled    ACCESS    1      1      Disabled  ALL
GigabitEthernet 0/5                enabled    ACCESS    1      1      Disabled  ALL
GigabitEthernet 0/6                enabled    ACCESS    1      1      Disabled  ALL
GigabitEthernet 0/7                enabled    ACCESS    1      1      Disabled  ALL
GigabitEthernet 0/8                disabled                            Disabled
CAPWAP-Tunnel 1                    enabled    TRUNK     1      1      Disabled  10,20
```

图 9-2-5 检查交换机及 AC 是否进行 VIAN 修剪

如果连接的交换机设备和 AC 设备没有进行 VLAN 修剪，则需要进行调整、优化。

配置交换机设备和 AC 设备进行 VLAN 修剪的参考配置如下：

```
    AC-1(config)#interface gigabitEthernet 0/1
    AC-1(config-if-GigabitEthernet 0/1)#switchport mode trunk
    AC-1(config-if-GigabitEthernet 0/1)#switchport trunk allowed vlan remove
1-9,11-19,21-29,31-4094
                                   ! 只放通 VLAN 10、VLAN 20、VLAN 30
```

6. 检查 CPU 利用率

登录 AC 设备，在 AC 设备上通过使用“show cpu”命令可以查看 AC 设备的 CPU 利用率，通常以 5min 的 CPU 利用率为准，如图 9-2-6 所示。

不同型号的 AC 设备空载时候的 CPU 利用率会有所不同，AC 设备空载时只要 CPU 利用率在 80%以内，均不会影响设备正常工作。

7. 检查内存利用率

登录 AC 设备，在 AC 设备上通过使用“show memory”命令，查看 AC 设备的内存利用率，如图 9-2-7 所示。

不同型号的 AC 设备空载的时候，内存利用率有所不同。AC 设备空载时只要内存利用率在 80%以内，均不会影响设备正常工作。

```
AC-1#show cpu
=========================================
      CPU Using Rate Information
CPU utilization in five seconds: 10%  5秒钟CPU利用率
CPU utilization in one minute   : 9%  1分钟CPU利用率
CPU utilization in five minutes: 9%   5分钟CPU利用率
  NO    5Sec    1Min    5Min    Process
  0     9%      9%      9%      LISR INT
  1     0%      0%      0%      HISR INT
  2     0%      0%      0%      ktimer
  3     0%      0%      0%      atimer
  4     0%      0%      0%      printk_task
  5     0%      0%      0%      waitqueue_process
  6     0%      0%      0%      tasklet_task
  7     0%      0%      0%      kevents
  8     0%      0%      0%      snmpd
  9     0%      0%      0%      snmp_trapd
  10    0%      0%      0%      rsna sm
  11    0%      0%      0%      mtdblock
  12    0%      0%      0%      gc_task
  13    0%      0%      0%      Context
  14    0%      0%      0%      kswapd
  15    0%      0%      0%      bdflush
  16    0%      0%      0%      kupdate
  17    0%      0%      0%      buffcopy
```

图 9-2-6 检查 CPU 利用率

```
AC-1#show memory
Buddy System info ( Active: 192, inactive: 169, free: 216313 ) :
  Zone : DMA
    watermarks : min 619, low 2476, high 3714
    watermarks : min 2410, low 4267, high 5505
    watermarks : min 0, low 0, high 0
    Totalpages : 37173(148692KB), freepages : 24043(96172KB)
  Zone : Normal
    watermarks : min 1000, low 4000, high 6000
    watermarks : min 0, low 0, high 0
    Totalpages : 458732(1834928KB), freepages : 192270(769080KB)
System Memory Statistic:
  Total Objects : 166406, Objects Using size 894323KB.
  System Total Memory : 2048MB, Current Free Memory : 866799KB
  Used Rate : 59%
slabinfo - (statistics)
```

图 9-2-7 检查内存利用率

8. 检查 AC 时间是否和实际一致

登录 AC 设备，在 AC 设备上通过使用“show clock”命令，确认 AC 设备的时间是否准确，如图 9-2-8 所示。

```
WS5708#show clock
14:27:07 UTC Wed, Feb 27, 2013
WS5708#
```

图 9-2-8 检查 AC 时间是否和实际一致

如果 AC 设备时间不准确，则需要登录 AC 设备，通过如下命令进行调整：

```
WS5708#clock set 17:48:00 2 27 2013      ! 2013年2月27日17时48分
```

9.2.2 无线局域网设备安装后射频环境检查

1. 检查信号是否满足覆盖

在离 AP 最远的覆盖位置，使用 WirelessMon 无线局域网的测试软件，进行无线信号扫描和测试，无线信号强度必须大于等于信号强度指标+10dB，才能有效地保障无线局域网内设备的有效通信，检测的结果如图 9-2-9 所示。

如果无法达到这个值，可能会影响用户使用体验，需要进行功率调整或进行 AP 设备部署方案的调整。针对不同厂商的设备，调整的方式各有不同，如锐捷的设备，调整 AP 设备的位置或使用智分部署方案。

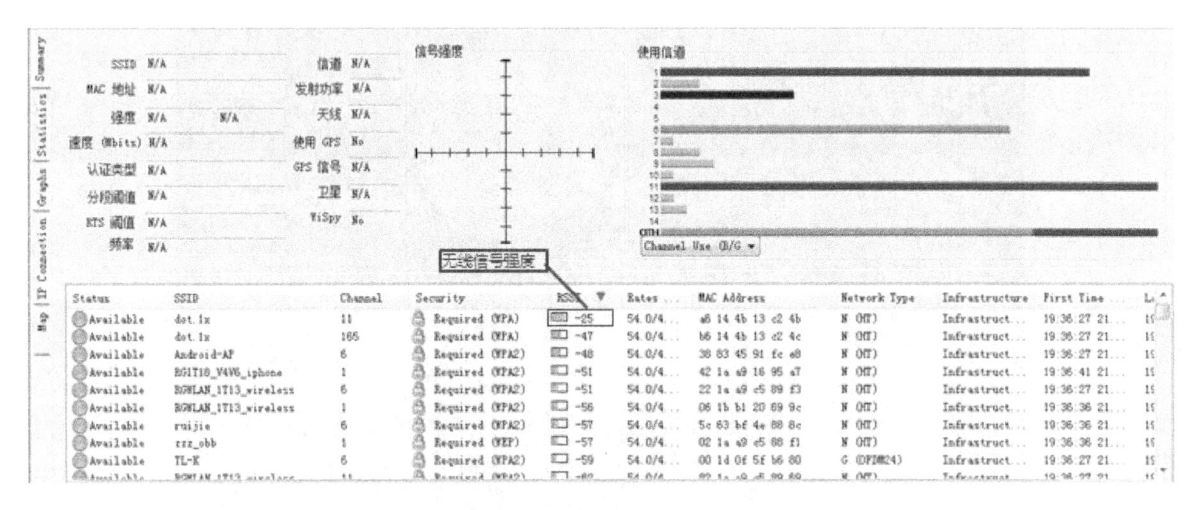

图 9-2-9　检测信号覆盖结果

2. 检查是否有私设无线热点

在建设完成的无线局域网中，使用无线测试软件 WirelessMon 进行无线信号的扫描，查看网络中是否有私设无线热点，检测的结果如图 9-2-10 所示。

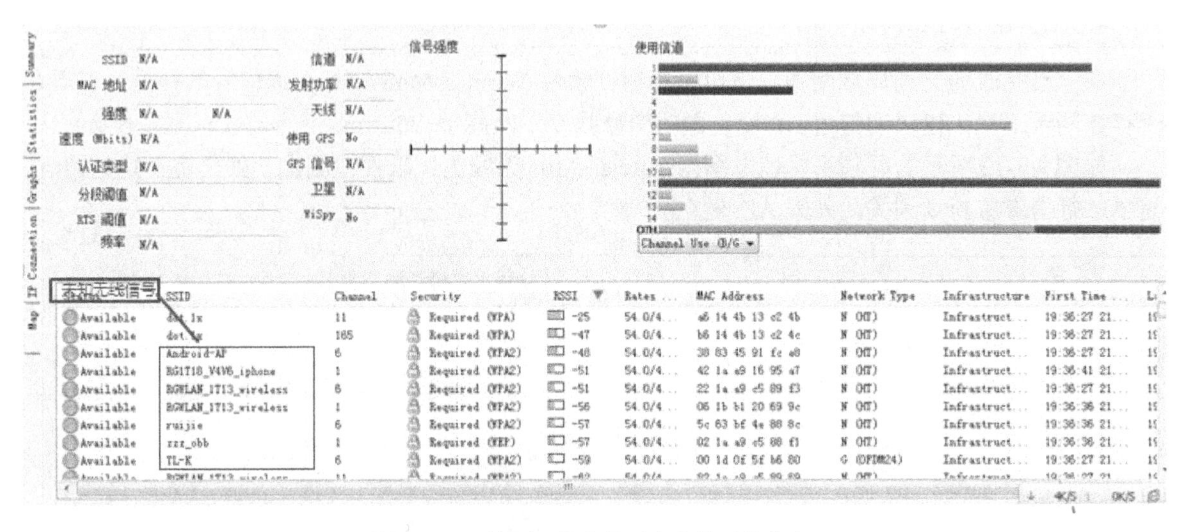

图 9-2-10　检测网络中是否有私设无线热点

在无线网络环境中，如果存在私设无线热点的情况，建议和客户协商将其关闭，如果不能关闭也要将信道岔开，避免冲突。

3. 检查是否有外来干扰源

在建设完成的无线局域网中，除了来自 WLAN 的干扰源，还需要特别关注是否有其他非 WLAN 的干扰源，如微波炉、医疗器械、通信基站等，需要进行实地勘察。

也可以登录到 AP，在 AP 设备上通过使用“show dot11wireless 1/0”命令来确认低噪信息。正常情况下，低噪需要小于-87dBm。

如图 9-2-11 所示，显示的测试外来干扰源中低噪已经偏高，遇到这种情况需要排除干扰源，如关闭或转移干扰源。

```
Ruijie>show dot11 wireless 1/0
WLAN ID : 0
Network Name (SSID): <NULL>
    Interface................... Dot11radio 1/0(intfcb 0xacaf400, wlan 0xacab000)
    vlan (group) id.............1
    Mac Address................. 001b.b120.68ce
    Operation Mode.............. Access Point
    802.11 State................ Associated
    Beacon Period............... 100
    RTS Threshold............... 2347
    Fragement Threshold......... 2346
    Radio Mode.................. 11b
    Channel..................... 2412(1)
    Noise Floor................. -78 dBm
    Channel width............... 20Mhz
    Maximum Regulatory Tx Power.. 30 dBm
    Tx power limit.............. 18.5 dBm
    Actual Tx Power ............ 17 dBm(Fixed)
    Current Tx Power Level...... 50%
    Protection Mode............. 0(2-CTS/S, 1-RTS/CTS)
    A-MPDU Max Length........... 0
    Subframe Max Length......... 0
    A-MSDU Max Length........... 0
Tx/Rx Chain:
    Current Tx Antenna.......... 1
    Default Antenna............. 1
    Tx Chain Mask............... 0x5
    Num of Antenna Tx........... 2
    Rx Chain Mask............... 0x7
    Num of Antenna Rx........... 3
    Rx Chain Det Ref RSSI....... 0
    Rx Chain Det RSSI Thresh 5GHz 35
    Rx Chain Det RSSI Thresh 2GHz 35
    Rx Chain Det RSSI Delta 5GHz. 30
    Rx Chain Det RSSI Delta 2GHz  30
```

图 9-2-11　测试外来干扰中低噪偏高

4. 检查是否存在同频干扰

在建设完成的无线局域网中，使用无线测试软件 WirelessMon 进行无线信号的扫描，查看是否存在同频干扰。建议同信道 AP 设备之间信号强度不能高于-75dBm。

如图 9-2-12 所示的同频干扰信息图为 WirelessMon 无线测试软件检测出一处严重干扰的情况，需要进行信道重新规划关闭外来 AP 设备。

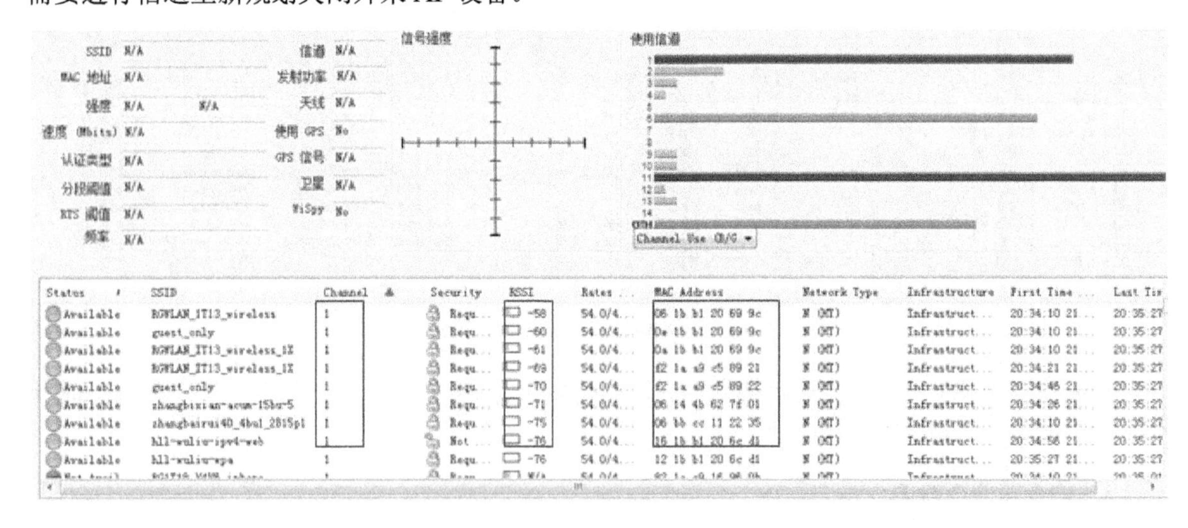

图 9-2-12　同频干扰信息图

需要注意的是，如果是同一台 AP 设备发出多个信号，会产生干扰。登录到 AP 设备上通过使用“show dot11 mbssid”命令进行名称查询，确认信号是否由同一台 AP 设备发出。

如图 9-2-13 所示信息为登录到 AP 设备上，查询到的同一个射频卡发出多个信号。

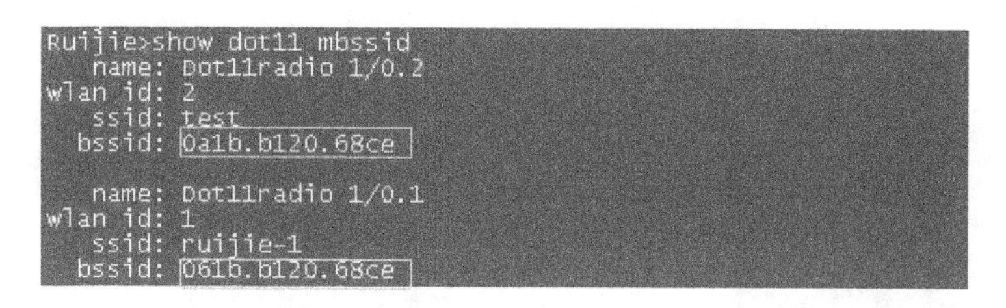

图 9-2-13　同一个射频卡发出多个信号

9.2.3　无线局域网设备安装后检查

1. 检查 AP 天线位置是否最佳

在 AP 设备的天线附近 30cm 及在 AP 设备覆盖区域内，不能有金属材质物体。

如图 9-2-14 所示的是 AP 设备的天线，不宜安装在铁皮柜子旁边，避免信号覆盖出现死角。如果遇到这种情况，需要调整 AP 设备的天线位置。

图 9-2-14　AP 设备的天线不宜安装的位置

2. 检查 AP 设备指示灯是否正常

在建设完成的无线局域网中，对 AP 设备供电之后。如果设备正常，上盖的 Status 灯会先显示绿灯闪烁，过 30s 左右，变为绿灯常亮。

AP 设备供电之后的上盖上，显示的工作信号灯在 2.4GHz 的 Radio 灯将会显示绿色，而工作在 5.8GHz 的 Radio 灯将会显示黄色。将千兆以太网连接到 AP 设备的以太网接口上会有灯亮或闪烁（1000MB 为绿色，100MB/10MB 为黄色，只 link 为绿色常亮，数据传输为闪烁）。

3. 检查室外 AP 设备是否有做防水措施

在建设完成的无线局域网中，针对安装完成的室外放装 AP 设备，需要做好防水措施，如图 9-2-15 所示，需要对天线和 AP 设备进行使用胶带和胶泥进行缠绕。

(a)

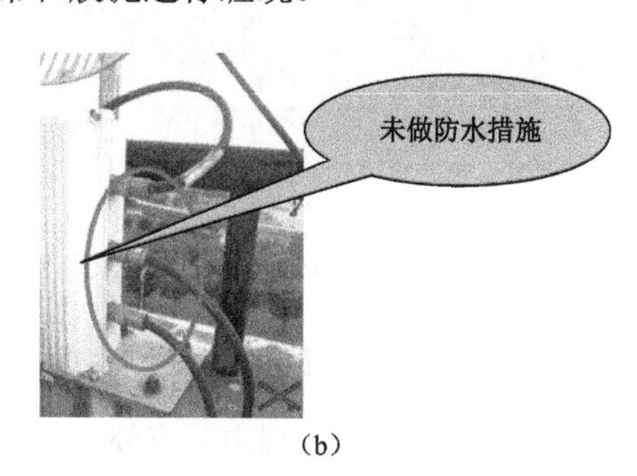

(b)

图 9-2-15　检查室外 AP 设备是否做好防水措施

如图 9-2-16 所示，安装完成的天线的接口，防水塞没有进行封堵。

如图 9-2-17 所示，安装完成的以太网接线的出线孔，没有用防水塞进行封堵。

关于室外放装 AP 设备防水措施参考室外 AP 设备安装指导。

(a)

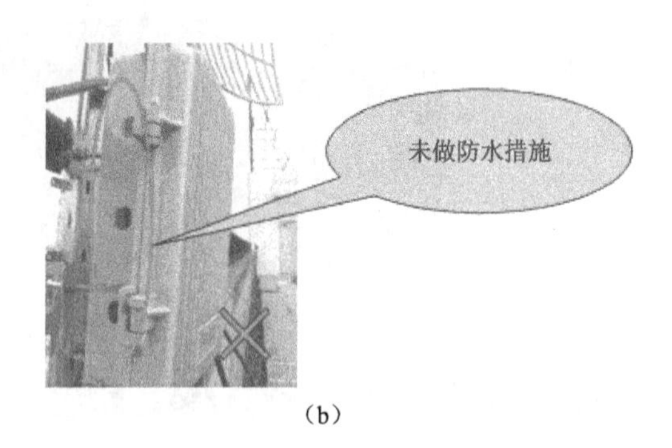

(b)

图 9-2-16 安装完成的天线接口未做防水措施

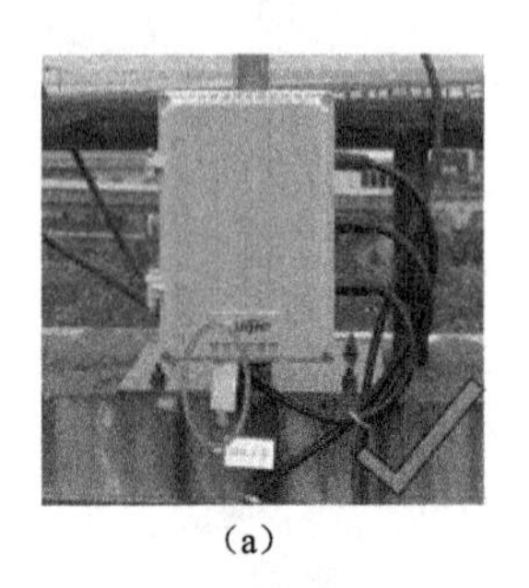

(a)

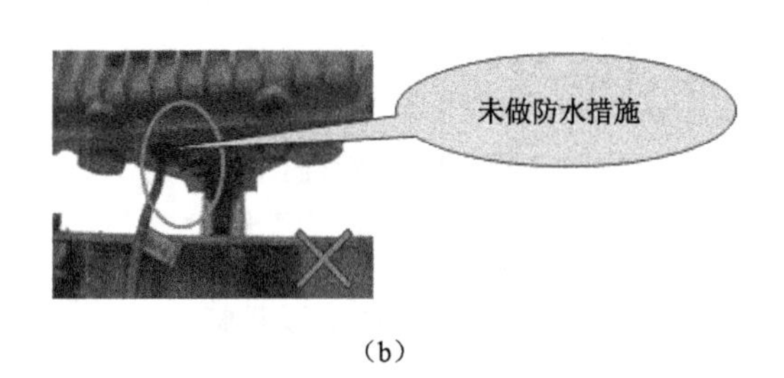

(b)

图 9-2-17 安装完成的以太网接线的出线孔未做防水措施

4. 检查室外天线安装

在无线局域网安装、组建过程中，不同型号的 AP 设备的天线，禁止采用背靠背安装，应将天线从上到下安装，并且间隔大于 2m，如图 9-2-18 所示。

(a)

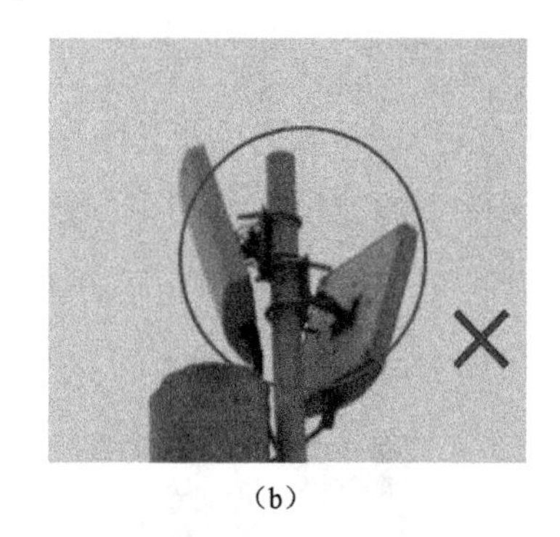

(b)

图 9-2-18 室外天线应从上到下安装并间隔 2m

5. 检查室外是否进行防雷措施

在建设完成的无线局域网中，室外天线必须安装天馈避雷器。天线支架安装位置高于楼顶或在空旷处可以安装避雷针，避雷针长度符合避雷要求并接地；如在建筑物屋檐下或外墙低矮处时，天线支架不必安装避雷，如图 9-2-19 所示。

6. 检查室内吸顶天线安装

在建设完成的无线局域网中，室内吸顶天线必须牢固地安装在建筑物天花板下，安装位置符合设计方案，安装方法参考室内 AP 设备的放装，如图 9-2-20 所示。

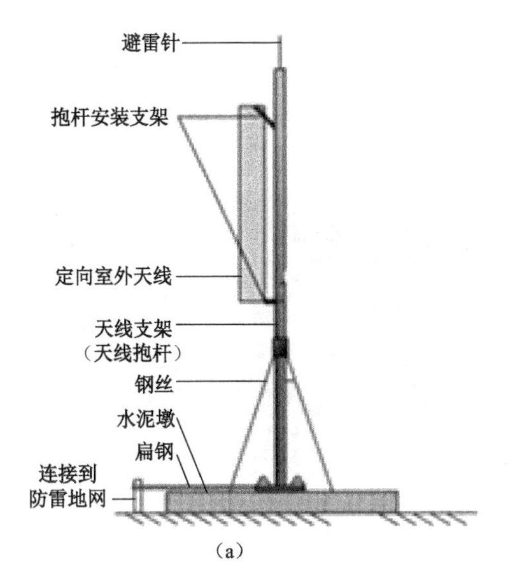

（a）

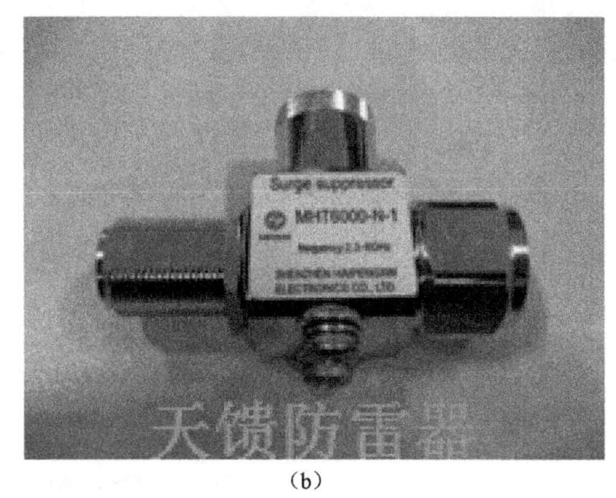

（b）

图 9-2-19　天馈避雷器及避雷针的安装

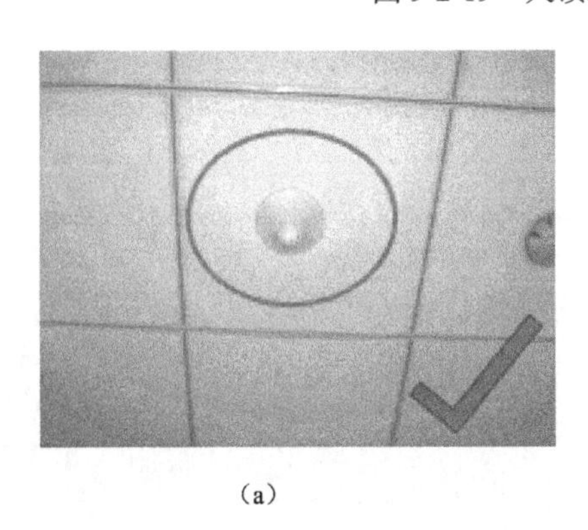

（a）

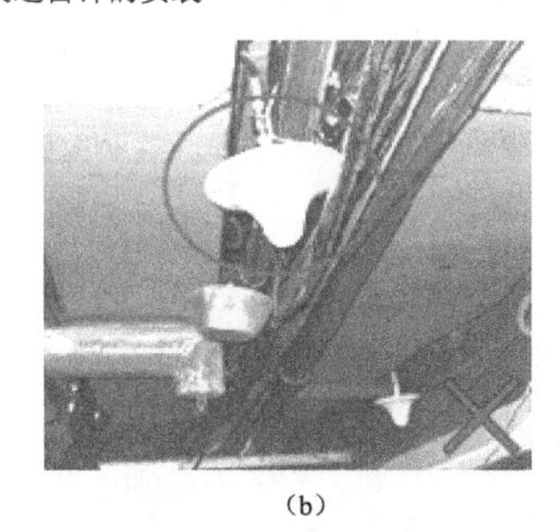

（b）

图 9-2-20　室内吸顶天线的安装

7. 检查 AP 网线是否打标签

在建设完成的无线局域网中，连接 AP 设备的网线上的标签，可以为后续网络维护及故障排查带来很大的便利，由于 AP 数量可能很多，因此需要为每台 AP 设备连接的网线打上标签，如图 9-2-21 所示。

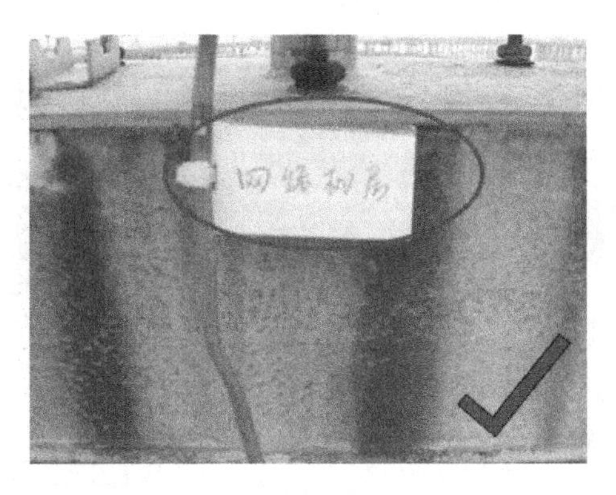

图 9-2-21　为每台 AP 设备连接的网线打上标签

8. 检查室内 AP 底座钢钉是否完全钉入

在无线 AP 设备安装过程中，如果 AP 设备的底座钢钉未完全钉入墙体，安装时，就会顶住设备背部，因此需要将 AP 底座钢钉完全钉入，如图 9-2-22 所示。

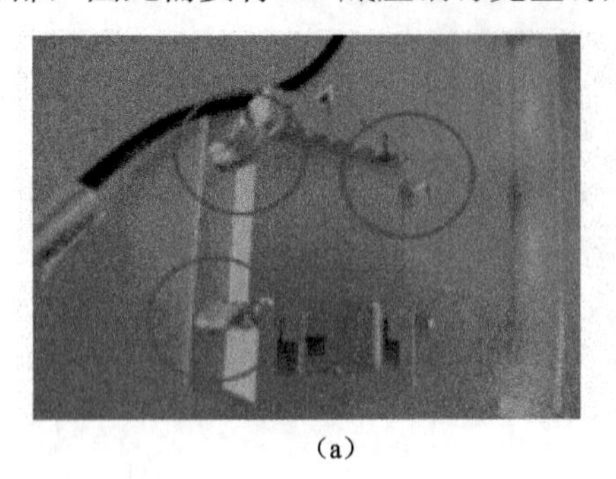

(a)

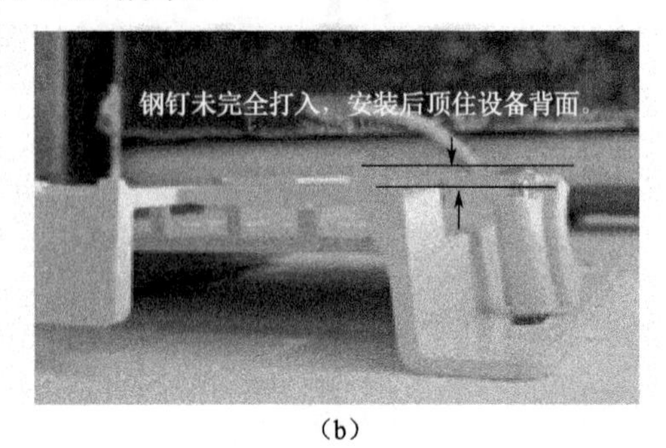

(b)

图 9-2-22 检查室内 AP 底座钢钉是否完全钉入

9. 检查室内 AP 卡扣是否扣好

在室内无线 AP 设备安装过程中，需要检查 AP 卡扣是否扣好，保证设备安全正确地安装，如图 9-2-23 所示。

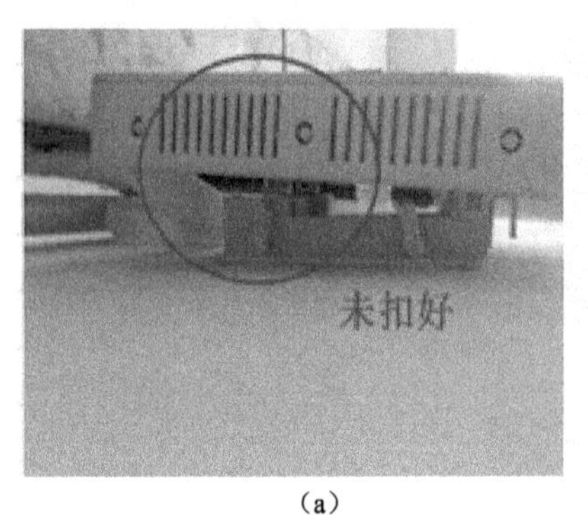

(a)

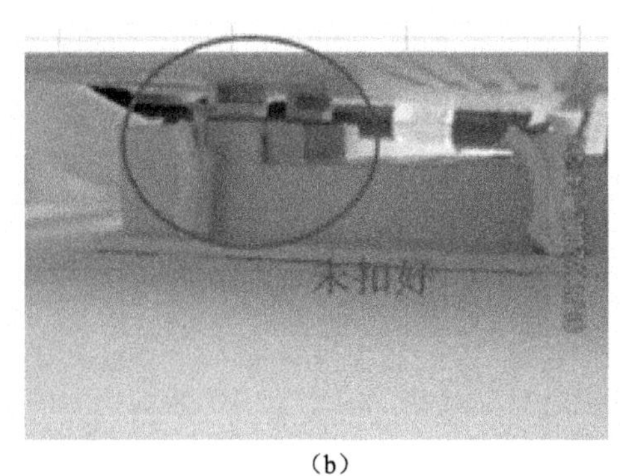

(b)

图 9-2-23 检查室内 AP 卡扣是否扣好

10. 检查无线供电安装是否符合规范

在建设完成的无线局域网中，还需要检查无线供电安装是否符合规范，保障无线局域网的稳定运行，如图 9-2-24 所示。

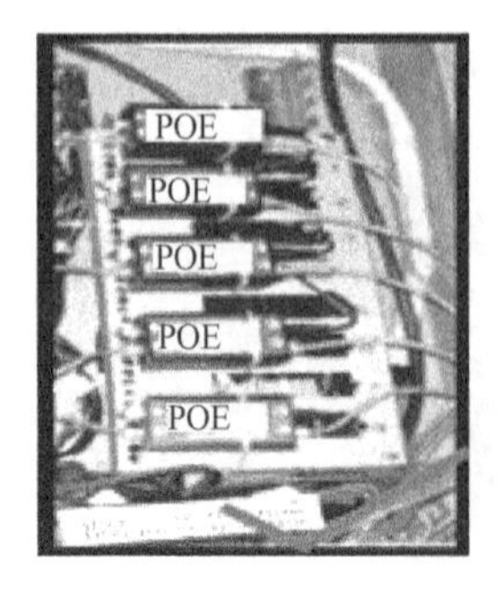

(a)

(b)

图 9-2-24 检查无线供电安装是否符合规范

项目 10　实施无线局域网地勘、工勘

10.1　实施无线局域网地勘

10.1.1　无线地勘的概述及地勘准备

无线工程地勘是指在无线局域网规划和构建之前，需要对无线局域网的现场环境进行工程地质勘察工作。无线地勘的目的是，通过各种勘察手段和方法，调查研究和分析评价建筑场地和地基的工程地质条件，为后期的无线局域网的设计和施工提供所需的无线环境的地质勘察资料。

1. 无线地勘的意义

在无线局域网建设之前，通过实施无线地勘工作，主要解决无线局域网后期组建过程中的以下工作内容。

（1）无线项目中 AP 设备数量、选型从何而来？

（2）交给用户的技术方案、测试报告从何而来？

（3）设计方案通过什么依据来准确地执行？

完善无线地勘工作，主要解决了后期无线的以下问题。

首先，为设备选型提供准确依据，通过现场的无线地勘，确定设备型号及数量，以及放桩的地点。

其次，为技术方案设计提供准确依据，为后期设计合理的网络结构及技术方案提供依据。

最后，无线地勘为工程实施提供准确依据，通过现场无线地勘，确定设备具体安装位置，为后期工程实施提供依据。

2. 地勘准备

无线地勘是 WLAN 组网中必不可少的环节，直接决定组网方案的可行性及实际性能，并且也为后期的方案设计及工程实施，提供了原始参考依据。

在实际实施过程中，无线地勘通过以下几个步骤完成。

（1）客户需求，收集及分析。与客户沟通、引导客户、熟悉客户的环境及了解客户对无线网络环境建设的真实的需求，来设计完成产品、方案和技术等内容。

（2）进行 WLAN 设备功能及性能测试或演示。主要包括测试设备选型、测试方案编写、测试环境需求（需由客户提供）、现场测试及演示等内容。

（3）无线工程勘测。本阶段主要完成实测信号覆盖效果、接入点设备选型、天馈系统设备选型、安装及部署方式等工作内容。

（4）WLAN 方案设计。WLAN 方案设计阶段，主要完成 WLAN 组网架构、拓扑设计、IP 地址规划，以及信道的规划与设计工作内容。

3. 地勘收集信息

在无线地勘过程中，需要收集准备施工的内容包括以下几方面。

（1）获取并熟悉覆盖区域平面图。

① 室内项目可要求业主提供平面图。

② 室外项目还可通过“Google Earth”或“E 都市”获取。

（2）初步了解用户接入需求。

① 用户接入速率（覆盖效果）要求。

② 用户的无线应用类型（无线终端类型）。

（3）初步了解用户现有网络情况。用户现有网络（包括有线和无线）应用及组网情况。

（4）确定用户方项目接口人。取得项目接口人的联系方式，包括电话（最好是手机号）、邮箱，还可获取 QQ、MSN 等联系方式。

（5）勘测工具准备。主要包括无线终端（手提电脑、无线网卡、PDA、Wi-Fi Phone）、AP 及（或）AC、数码相机、长距离测距尺、各种增益天线（可选）、各种长度及类型的馈线（可选）、后备电源（包括 PoE 电源）、无线分析平台（可选）。

（6）勘测软件准备。主要包括信号测试软件（WirelessMon）、流量测试软件（NetIQ Chariot）、无线路测软件（AirMagnet Survey）和无线抓包软件（WildPackets AiroPeek）。

4. 干扰信息地勘

了解无线信号穿透损耗估测，在衡量墙壁等对于 AP 信号的穿透损耗时，需考虑 AP 信号的入射角度：一面 0.5m 厚的墙壁，当 AP 信号和覆盖区域之间直线连接呈 45° 角入射时，相当于 1m 厚的墙壁；在 2° 角时相当于超过 14m 厚的墙壁。所以要获取更好的接受效果，应尽量使 AP 信号能够垂直穿过（90° ）墙壁或天花板。

其中，影响无线信号传播的障碍物如表 10-1-1 所示。

表 10-1-1　影响无线信号传播的障碍物

障碍物	衰减程度	例子
开阔地	无	演讲厅、操场
木制品	少	内墙、办公室隔断、门、地板
石膏	少	内墙（新的石膏比老的石膏对无线信号的影响大）
合成材料	少	办公室隔断
石棉	少	天花板
玻璃	少	没有色彩的窗户
金属色彩的玻璃	少	带有色彩的窗户
人的身体	中等	人群
水	中等	潮湿的木头、玻璃缸、有机体
砖块	中等	内墙、外墙、地面
大理石	中等	内墙、外墙、地面
陶瓷制品	高	陶瓷瓦片、天花板、地面
混凝土	高	地面、外墙、承重梁
镀银	非常高	镜子
金属	非常高	办公桌、办公隔断、电梯、文件柜、通风设备

10.1.2　无线地勘的方法

无线地勘的目的是通过各种勘察手段和方法，调查研究和分析评价建筑场地和地基的工程地质条件，为后期的无线局域网的设计和施工，提供所需的无线环境的地质勘察资料。

在实施无线地勘过程时，无线地勘应用需求须确认。

1. 客户端的分布及密度

必须通过实际走访的方式确认客户端的分布及密度，不能想当然。

2. 应用类型

常见的应用流量如表 10-1-2 所示，特殊应用需要具体分析，未知应用应该在勘测阶段将流量等信息确认清楚。

表 10-1-2　常见的应用流量表

应 用 名 称	单个客户流量
网页流量（新浪等）	512Kbps（流畅，5s 能打开）
网络游戏（网页游戏）	40Kbps
网络游戏（3D 网游、CS、穿越火线）	80Kbps～130Kbps
在线音乐（普通音乐）	300Kbps
P2P 相关应用（下载）	320Kbps
P2P 流媒体（PPLIVE、PPStream）	200Kbps
视频分享（优酷、土豆、酷 6）	250Kbps
视频服务（标清）	1Mbps
视频服务（高清）	2Mbps 以上

3. 勘测过程

无线地勘的勘测过程是建立在充分准备基础上进行的，需要勘测技术人员到客户现场，对目标覆盖场景进行细分，针对需要安装的设备，进行高效、细致、有针对性地测试，以方便选择需要勘测的区域进行 AP 设备安装。

此外，在无线地勘的勘测过程中，还需要使用 WirelessMon、AiroPeek 等软件测试信号强度及周边信道使用情况，通过测试吞吐量（NetIQ Chariot）来判断链路稳定程度，并辅助模拟多 AP 覆盖效果（AirMagnet Survey PRO），记录测试点位置及相关测试数据，完成无线地勘的勘测过程。

4. 掌握勘测过程—室内覆盖

在进行室内无线地勘的勘测过程中，需要掌握以下的内容。

（1）穿透性的地勘。

① 对于钢筋混凝土墙不建议隔墙覆盖。

② 对于普通砖墙，建议 AP 设备覆盖不超过 2 堵墙的穿射。

③ 对于玻璃墙，建议 AP 设备覆盖不超过 4 堵墙的穿射。

④ 对于木质墙体，建议 AP 设备覆盖不超过 6 堵墙的穿射。

⑤ 对于单独覆盖隔间较多的场所，建议将 AP 设备放于隔间门口的吊顶处。

（2）安装位置地勘。独立布放的 AP 设备的位置最好高一些，以便在较高地方向下辐射，减少障碍物的阻挡，尽量减少信号盲区 。

（3）吸顶天线布置。吸顶天线连接距离不要过长。

在进行室内勘测过程中，进行覆盖测试时，需要注意的事项主要有以下几方面。

① 在勘点的时候将平面图画下来，保证设计的准确性。

② 勘点时要注意测试选点是否已经有 WLAN 覆盖。

③ 个别重点保障区域需要考虑性能容量问题，如会议室、报告厅、教室。

④ 网线馈线走向，需要隐蔽、美观，能否保证 24 小时供电。

⑤ AP 设备放置要考虑安全性，尽量将 AP 设备放置于用户不能接触到的地方。以防 AP 设备异常损坏或丢失的情况发生。

⑥ 垂直范围内 AP 设备的合理规划，包括错开不同楼层间的 AP 设备规划。

5. 室内覆盖的设计方案及测试

在进行室内单台 AP 设备覆盖时，可以采用的设计方案如图 10-1-1 所示。

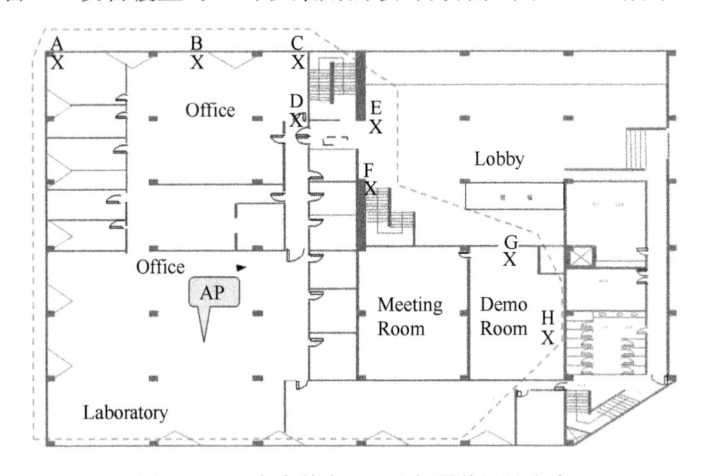

图 10-1-1　室内单台 AP 设备覆盖设计方案

针对室内无线地勘的测试过程，在如图 10-1-2 所示的实施方案中，测试点 2 与 AP 的距离比测试点 1 更远，但整体网络质量相当，可知墙体对无线网络影响较大；各测试点 ping 基本无变化；边缘场强在经过几堵砖墙后达到临界值（技术要求为-75dBm）。

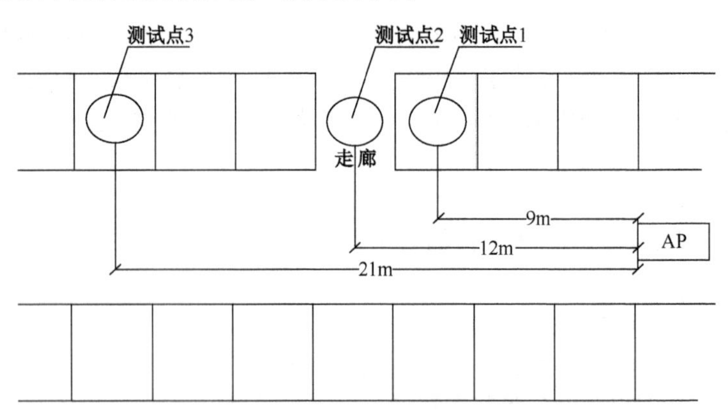

图 10-1-2　室内无线地勘测试过程的实施方案

6. 室内覆盖类型划分

室内覆盖通常按照以下类型划分。

（1）按区域大小划分。WLAN 室内覆盖区域，按区域半径分为大于 AP 设备覆盖半径区域和小于 AP 设备覆盖半径区域。

（2）按用户密度分。WLAN 室内覆盖的区域，按接入用户数量分为高密度用户区域、低密度用户区域。

室内覆盖用户密度如表 10-1-3 所示。

表 10-1-3　室内覆盖用户密度

距　离	小于 30（低密度用户覆盖）	大于 30（高密度用户覆盖）
小于 50 米	家庭、酒吧、咖啡厅、小型会议室	多媒体教室、阅览室、自习室
大于 50 米	酒店、综合办公场所、写字楼	礼堂、体育馆、学术报告厅

（1）在进行小区域、低密度无线覆盖时，需要注意以下几点。

① 此类场所面积较小，没有大的遮挡物，接入用户数量少，一般只需单个 AP 设备即可覆盖。

② 此类场所一般包括酒吧、咖啡厅、小会议室、居民家庭等。

③ 对于居民家庭，需根据房屋布局来综合考虑 AP 设备的布点，以兼顾室内各房间的信号。

（2）在小区域、高密度无线覆盖时，需要注意以下几点。

① 此类场所面积较小，没有大的遮挡物，同时接入用户数量大，需配置多个 AP 设备以满足多用户同时接入的带宽要求。

② 此类场所一般包括多媒体教室、阅览室、自习室等。

③ 对于此类无线部署方案，需考虑采用蜂窝覆盖技术来规划多个 AP 设备的信道。

（3）在进行其他类型无线覆盖时，需要注意以下几点。

① 对于大区域、低密度无线覆盖，可以把整个大区域依据一定的原则（如隔断、房间、墙壁等）分隔成多个小区域，然后依据小区域、低密度覆盖原则进行规划即可，但各区域间需考虑 AP 设备之间的信道隔离和功率调整。

② 对于大区域、高密度无线覆盖，可参考小区域、高密度覆盖规则，但需从整体考虑并严格按照蜂窝覆盖技术来进行信道规划，同时在施工过程中还需要根据现场情况进行功率调整，避免 AP 设备之间的干扰。

10.1.3　无线地勘风险评估

无线地勘的目的是通过各种勘察手段和方法，调查研究和分析评价建筑场地和地基的工程地质条件，为后期的无线局域网的设计和施工提供所需的无线环境的地质勘察资料。

无线地勘的风险评估主要表现在以下几方面。

1. 覆盖风险

覆盖风险主要是在设备部署后，信号强度可能无法满足客户应用。覆盖风险 100%会导致客户抱怨，所以必须在地勘阶段全部解决，建议的覆盖信号强度如表 10-1-4 所示。

表 10-1-4　建议的覆盖信号强度

客户类型	信号强度指标	说明
运营商用户		
教育行业用户	-75dBm	虽然有手机用户，-75dBm 的信号强度无法保证手机用户正常上网，但由于主要是娱乐应用，而且拿手机的人也不会固定在信号最差的位置上网，因此信号强度指标可以不用太高。不过在学校要保证教学设备的接收信号强度>-70dBm
政府金融行业用户	-70dBm	高端商务人士多，应用会更加重要
医疗行业用户	-65dBm	应用及其重要，而且 STA 种类多，覆盖一定要保证好

无法用经验判断的情况下，需要实测信号强度，确认是否有覆盖风险。

覆盖风险的主要案例如下所示。

某大学宿舍，由于AP设备安装在天花板上，而天花板离房间门太高，信号无法穿透到房间，导致房间内的信号强度低于-70dBm，因此所有学生都只能到走廊上网。

解决办法：将AP设备使用壁挂天线安装在墙壁上，这样宿舍信号强度高于-65dBm，学生上网就正常了。如图10-1-3所示的示意图中可以看到，壁挂安装后，信号能够直射到房间内，而在天花板安装时，信号只能反射到房间内或者穿透门上方的钢筋混凝土墙，带来极大损耗。

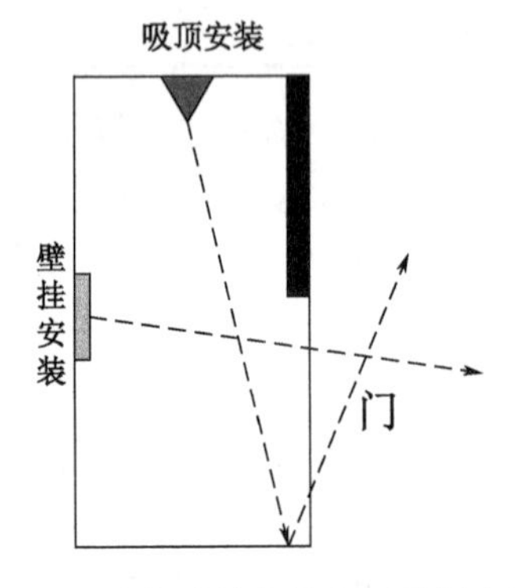

图 10-1-3　AP 设备壁挂安装和天花板安装示意图

2. 未知STA风险

未知STA风险是指客户使用的重要STA，是厂商施工工程中未知的设备，如一些医用的PDA，导致无法判断其性能，进而无法判断覆盖信号强度门限。目前已知STA推荐的覆盖信号强度指标，如表10-1-5所示。

表 10-1-5　STA 推荐的覆盖信号强度指标

客户端类型	信号强度指标
笔记本电脑用户或者非关键应用的手机用户	-75dBm
重要的笔记本电脑用户，少量手机用户	-70dBm
关键应用的手机用户或 PDA 用户	-65dBm

但如果承载客户的关键应用的手机或PDA，并非常见的手机或PDA，那么必须实测，如果-65dBm的信号强度不能满足客户应用需求，那么信号强度指标应该提到-60dBm。

未知STA风险的主要案例如下所示。

某医院使用一小公司自研的PDA，一开始使用-65dBm作为信号强度指标覆盖，结果发现PDA不能正常工作。经过测试，该款PDA只有在-55dBm的信号强度下才能正常工作。最终，通过增加AP设备，改变部署方案的手段，将覆盖信号强度提高到-55dBm，该款PDA工作才正常。

3. 带点数风险

带点数风险主要评估AP携带STA的客户端数量是否超过要求。通常有以下两种情况。

（1）AP设备的覆盖范围的内带点数，超过AP上限，而且有应用需求，根据应用需求的变化，带点数上限也是有变化的。

（2）单个无障碍的房间内的用户数，超过802.11n能够携带的最高用户数上限，但由于并发率无法统计，因此只能给出最佳方案。

带点数风险的主要案例如下所示。

某学校安装在教室的AP，1台AP覆盖6个教室，信号强度满足要求，但很多用户自动关联AP，使AP设备的带点数超过64个，这时想上网的新用户就无法关联了。

最终通过增加AP数量，保证每台AP管理的教室数不超过3个，使所有人都能上网。

4. 射频环境风险

射频环境风险为方案之外的同频设备或不同频大功率设备带来的干扰，前面已经有过介绍，在地勘阶段必须确认。普通的室内勘测，只需要确认微波炉和房间外是否有大型的基站设备即可。

射频环境风险的主要案例如下所示。

XX运营商客户在XX地市的室外部署无线网，要将AP安装在基站旁边，结果导致干扰严重。

解决方案：将AP设备和运营商基站采用垂直空间隔离的方式，降低干扰，最终AP设备安装在5m高度，基站在1m高度，解决了现场的干扰。

5. 未知应用风险

客户的某些应用，其流量不能确定，或者客户的需求不能满足该应用的实现，称为应用风险。与流量有关的风险必须在地勘阶段确认。

未知应用风险的主要案例如下所示。

高清摄像头监控视频回传的应用。单个摄像头的速率可以达到8Mbps以上。而且用户不同，速率也不同。

6. 同频干扰风险

在无线局域网环境中，产生同频干扰的原因有以下两方面。

（1）WLAN采用半双工通信机制，同一个区域内，只能一个设备发包。

（2）WLAN设备使用冲突检测与退避机制，来应对无线环境中的干扰，避免由于同频信号重叠导致无法解调。

所以，当AP设备工作的频段中有其他设备进行工作时，就会产生同频干扰。在没有隐藏节点的情况下，AP设备之间的同频干扰会导致双方都因为退避而各损失一部分流量，由于理论上不会导致丢包重传，因此产生同频干扰的AP设备其总流量基本不变（即理想情况下几台AP设备互相同频干扰，损失后剩余的总流量加起来基本等于一台没有干扰的AP设备）

AP设备被非WLAN设备干扰时，会导致AP设备丢包重传，因为干扰设备不遵守冲突检测退避机制，其中最常见且影响较大的非WLAN设备为微波炉。

在一台AP设备处检测到的另一个同频AP设备的信号强度高于-75dBm，即可认为这两台AP设备互相同频干扰，同频干扰通常很难避免，会导致流量下降，但不代表不能满足用户需求，所以在用户数量与流量都不高的情况下，完全可以允许同频干扰的存在。

未知应用风险的主要案例如下所示。

某政府部门大楼，楼内AP设备采用很豪华的回字形的部署，如图10-1-4所示，走廊都在楼内侧，导致7层楼的40多台AP全部在互相干扰。而且客户要求很高，限速值很高，为3Mbps，所以只要有一、两个人在一个信道进行满速率的下载，就会导致某些客户的STA经常出现少量丢包，无法满足客户的使用需求。

这是一台单AP，带点数很少，但是会造成同频干扰风险的案例。主要是同频AP太多（每条信道13个左右），以及客户要求高，无法通过限速减少干扰几率等几方面原因造成的。

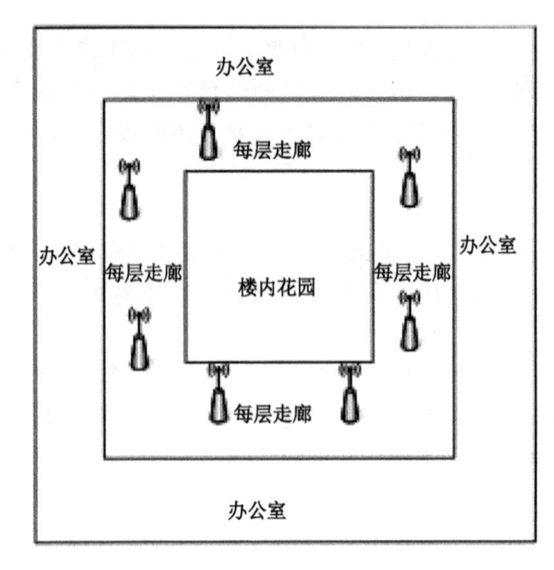

图 10-1-4　AP 设备采用回字形部署

7. 隐藏节点风险

隐藏节点原理同样是由于 WLAN 系统中的冲突检测与退避机制造成的。冲突检测与退避机制的基础就是两个数据发送端必须能互相“听”到，也就是在对方的覆盖范围之内，其网络场景如图 10-1-5 所示。

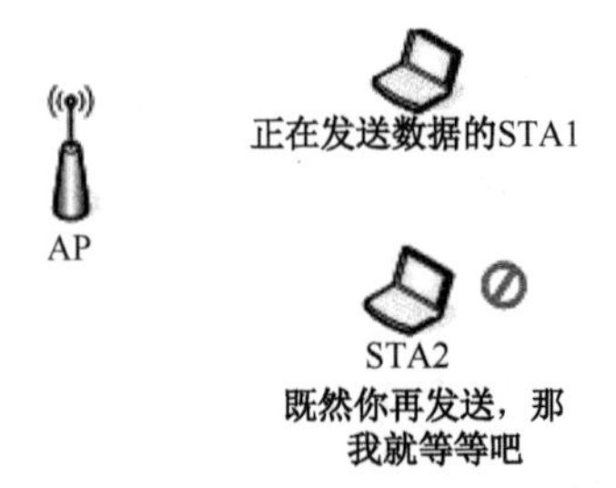

图 10-1-5　两个数据发送端互相“听”到的网络场景

当两个数据发送端互相“听”不到的时候，这两个数据发送端就成为了隐藏节点，如图 10-1-6 所示的是其工作时的网络场景。

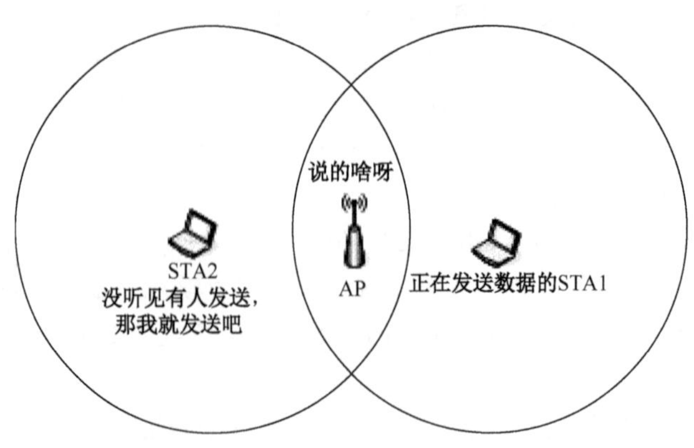

图 10-1-6　两个数据发送端互相“听”不到的网络场景

10.1.4 地勘信息收集和准备

1. 无线地勘信息收集手段

无线地勘信息收集和准备的目的是了解部署环境及应用需求，为部署方案的制定提供依据。无线地勘信息收集和手段包括两方面内容。

（1）客户资料收集。很多信息必须通过客户进行收集，包括建筑图纸、特殊应用说明，可以向客户索要相关介绍文档与资料。

另外，对于一些典型应用，在客户需求不明确的地方，应该提供范例给客户参考，将客户的部署需求收集的尽可能明确，如 STA 的分布区域。避免部署规划与客户需求区域不符。

这些资料的收集完成就可以制定出部署方案的指标。

（2）现场勘测。在部署现场，通过各种勘测工具，收集包括射频、环境、人员流动、施工与管理等信息。对不能进行现场勘测的地区，应该整理出疑点，通过客户收集相关的资料。现场勘测的目的是为了收集影响部署方案指标的因素。

现场勘测的方法请参见《WLAN 工勘指导》。

2. 信息说明

（1）建筑图纸。所有覆盖区域的建筑图纸，包括实际尺寸、墙体结构厚度、房间分布及房间作用等，越详细越好。

对于不能提供图纸的客户，在实地勘测中需要画出草图，同样是越详细越好，如果时间有限，至少要保证草图的完整。尤其是比较大型的部署，需要草图来避免制定部署方案时遗漏某些部署区域。

（2）客户端分布区域。通过客户了解所有客户端的分布区域，作为分布区域时无线部署的重要参考，由于客户本身可能并不完全了解部署环境中的所有区域，因此需要整理出一份分布区域表格，提供给客户参考，标出所有需要覆盖的区域，同时根据客户需求，对部署区域提出建议。

表格的来源可以是同样应用的范例，也可以是建筑图纸或实地勘测中整理的草图。表 10-1-6 所示的信息为医院典型应用的分布区域表格。

表 10-1-6 医院典型应用的分布区域表格

常见区域	是否需要覆盖	注意事项	评估
病房	是	不能断网	重症监护病房不能安装 AP，且墙壁为金属，能否覆盖需要测试
走廊	是	需要漫游，不能断网	
厕所	否		根据病人定位应用，建议覆盖厕所
手术室	是	由于防尘要求，AP 不能安装在手术室内	
电梯	否		根据病人定位应用，建议覆盖电梯
室外	是	需要漫游，不能断网	
药房	是	需要漫游，不能断网	
医疗设备房（包括 X 光机等检验设备所在科室及注射、透析等治疗设备所在科室）	是	不能断网	放射性设备科室由于墙壁含铅，不能施工，不能覆盖
其他设备房（包括电力间、网络房等）	否		

续表

常见区域	是否需要覆盖	注意事项	评估
门诊	是	需要漫游，不能断网	
挂号处	是	需要漫游，不能断网	
医生/护士办公室	是	需要漫游，不能断网	
医生/护士休息室（茶水间）	是	需要漫游，不能断网	

（3）客户典型应用。对客户的典型应用进行分析，确认客户的个数，并确定单个客户所需流量，客户数和流量是制定部署方案的重要指标。

表 10-1-7 所示是的各种典型应用的客户数与流量分析。

表 10-1-7　各典型应用的客户数与流量分析

部署环境	应用方式	单个 AP 设备同时使用最大客户数量	单个客户流量	漫游需求
学生宿舍部署（覆盖 4 寝室，每寝室 4 人）	网页浏览	16 个	20KB	无须漫游
	网络游戏	16 个	100KB	无须漫游
	视频服务	16 个	150KB	无须漫游
医院应用	无线查房系统	12 个	20KB	需要漫游
	重症监控系统	12 个	30KB	需要漫游
	定位手环系统	未知	200Kbps	需要漫游
移动服务运营商	手机上网	20 个	200Kbps	需要漫游

对于客户的特殊应用，需要收集客户使用的特殊的 STA 的信息，如医院应用中的心脏监护仪及定位手环，需要了解这些特殊 STA 的信号接收能力，通常来说，双天线比单天线好，外置天线比内置天线好，长天线比短天线好。

例如，笔记本电脑无线网卡的内置双天线比 USB 网卡的内置单天线在多径的情况下，接收效果好 10dB 左右，比手机天线的接收效果好 20dB 左右。STA 的种类决定了部署时信号强度的指标。

（4）射频环境。使用 Spectrum Analyzer 或 routeros wireless 的 snpoor 工具检测周围环境的频率使用情况，工具使用方法待补充。

如果部署区域本身就有 2.4GHz 或者 5.8GHz 信号的频段存在，必须评估这些干扰信号对部署的影响。

① 墙体、门窗、物品。对部署现场的墙体、门窗、物品进行勘察，对可能影响部署的墙体、门窗、物品需要进行记录，最好能在设计图上标注。

② 典型的墙体物品和相对应的信号强度的衰减值如表 10-1-8 所示。

表 10-1-8　墙体物品及相对应的信号强度的衰减值

墙体物品	衰减值（dB）	墙体物品	衰减值（dB）
地板	30	学生宿舍室窗户（10mm）	3
承重墙	20～40	人体	3
砖墙	10	空旷走廊	30/50m
金属门	6	室外高处	30/200m

③ 可变环境因素。可变环境因素在室内主要是人员流动（包括上网人员的流动），在室外主要是植物的生长。这些对信号质量的影响不是恒定的，但必须考虑，通常这些因素会影响 AP 或天线的部署位置。

（5）施工与管理。由于 2.4GHz 频段会受到很多其他设备的干扰，如蓝牙、微波炉，或者其他同频段的 AP 设备的干扰，因此对部署范围内的管理显得非常重要，在流量较大的场合，需要制定管理规定，禁止干扰设备的使用。

上面已经提到了墙体、门窗、物品对无线信号的衰减影响，所以在部署困难的时候可以提出施工需求，如增加门窗、搬走镜子等方法来改善信号覆盖的能力。同理，在同频干扰较大的情况下，可以考虑增加铁门等方式，降低两边AP设备的互相干扰。

施工与管理的因素实际上是在目前勘测的基础上对现有环境的一种改善，当然，施工与管理的需求需要经过客户同意。

10.2　实施无线局域网工勘

10.2.1　无线工勘基础知识

无线工勘过程，主要包括实地走访、工具扫描及工具测试三个部分。

在第一次工勘的过程中，进行实地走访与工具扫描，目的是为确认客户需求及现场信息收集。

在第二次工勘的过程中，为了完成风险点验证需要进行工具测试，其中测试包括覆盖测试、性能测试、同频干扰测试、隐藏节点测试。

1. 实地走访

实地走访是勘测中的重要一环，在第一次工勘就需要完成，目的是进入用户的使用现场收集各种信息，为准确的方案设计提供依据。

（1）验证用户需求：由于客户不一定懂的WLAN，因此提出的需求不一定准确，为了保证设计出来的网络实用，必须通过走访调查深入挖掘客户的需求，包括用户的上网区域、上网人数、STA终端类型和典型应用等。

（2）确认与完善建筑图纸，不能指望客户提供给你的建筑图纸是全面的，必须实地跑一遍，或者当场与楼内的物业等工作人员确认。

（3）调查覆盖区域内的门、窗、大件金属物体，以及可能会流动的人员或树木等不确定因素。

实地走访时最好能由客户陪同，或者请客户提供证明，不然可能很多地方都难以进入，影响勘测效果，如医院的一些重要科室。

2. 扫描工具

架设WLAN网络之前需要对架设区域的射频情况有一定了解，影响射频环境的常见因素有以下三种。

（1）运营商的AP设备，这种AP设备现在到处都是，但通常流量很小，对网络的影响比较小，这种AP设备使用Network stumbler或wirelessmon的Snpoor工具就可以扫描出来。

（2）私自架设的AP设备，这种AP设备由于用途不明，不能判断其流量大小，因此有可能会对网络造成大的影响，如果要判断这种AP设备的使用情况及流量大小，就要使用Airmagnet analyzer工具去测试，或者通过走访的方式询问该AP设备的管理者，如果这种AP流量较大时，需要作为风险点考虑。

（3）非WLAN射频干扰，2.4GHz频段为共用频段，很多民用的设备都工作在这个频段内，这些设备在工作过程中或多或少会对网络有所影响，由于这些信号并非WLAN信号，WLAN分析工具是分析不出来的，需要使用Airmagnet Spectrum之类的工具进行扫描。

3. 扫描工具介绍

主要的扫描工具包括 Wirelessmon、Airmagnet analyzer、Airmagnet Spectrum Expert、Chariot。

4. 覆盖测试

如果怀疑覆盖有风险时，或者不能确定哪种 AP 设备的放置点位更好时，需要进行覆盖测试。

（1）测试人员：2 人。

（2）测试工具：wirelessmon 或 Network stumbler 这种能够测试信号强度的工具即可。

（3）完好 AP 设备 1 台，部署使用的天线。

（4）携带测试软件 PC 1 台。

（5）梯子、天线的固定工具、电源、配置线等辅助工具。为了用电方便，最好使用 POE 电源，携带长网线（室外可能需要 50m 以上）供电。

5. 覆盖测试步骤

（1）将 AP 设备设置成“胖”AP 模式，确认发出了 SSID，并确认配置功率为最大。

（2）同事 A 将 AP 设备或天线放置于方案中设计的点——必须放置在最终施工的点位，此处可能需要梯子，由于不能真的打孔固定，这时可能需要同事 A 托举着 AP 设备。

（3）校准使用 PC，因为 PC 的接收能力有差异，所以先要同事 B 使用携带测试软件的 PC 在 AP 设备下方测试 AP 的信号强度，通常 AP 设备下方的 PC 测量的信号强度范围为-21～-31dBm，均值为-25dBm 左右，如果测试 PC 的接收能力偏弱，那么就要在最后的测试值中进行校正，如 AP 设备下方测试的平均值为-35dBm，那么校正值为 10dBm，在最后的风险点的测试结果中需要加上 10dBm，最终值才能反应正常 PC 测试的信号强度。

（4）走到方案设计中怀疑的风险点，在风险点的位置测试 AP 设备的信号强度，并根据步骤（3）测试的值进行校正，得出最后结果。

（5）将最后结果与设计方案的信号强度指标进行对比，高于指标则没有风险，低于指标则有风险，必须改进设计方案。

（6）如果需要对比几台 AP 点位哪个覆盖更好，则由同事 A 修改 AP 的点，进行测试，然后对比几台 AP 点位的测试结果。

（7）记录效果最好的 AP 点位，最好有照片，保证施工时能准确施工。

6. 覆盖性能测试

如果网络性能可能成为设计风险时，需要进行性能测试。

（1）测试人员。视测试环境的复杂程度决定，如果是室内简单的环境，2 个人就可以了，如果是室外或网桥结构，可能需要 3 个甚至更多测试人员。

（2）测试工具如下。

① chariot 软件。

② 完好 AP 设备 1 台（网桥结构则 2 台），部署使用的天线。

③ 携带测试软件 PC 2 台。

④ 梯子、天线的固定工具、电源、配置线等辅助工具。为了用电方便，最好使用 POE 电源，携带长网线（室外可能需要 50m 以上）供电。

（2）测试步骤如下。

① 将 AP 设备设置为“胖”AP 模式，确认功率为最大。

② 同事 A 将 AP 设备或天线架设到设计方案中的点位，如果是网桥结构，需要两边都将天线固定，可能需要托举调整天线的角度。

③ 关联测试 AP 与 PC，或者连接两个测试 AP，确认两台测试 AP 能够通信。

④ 使用 Chariot 软件进行流量测试。

⑤ 改变 AP 的点位，或者天线的方向，找到流量测试的最大值。

⑥ 记录最大值，记录 AP 的点位或天线的方向，保证施工时能够准确施工。

7. 同频干扰测试

设计方案时怀疑某些 AP 设备之间会同频干扰，而且这种同频干扰会导致网络性能无法满足客户需求，如果降低功率又怕覆盖不够，这时需要进行同频干扰测试，确认 AP 的点位及 AP 的信号强度。

（1）测试人员。视测试的环境决定，通常需要 3 个人。

（2）所需的测试工具如下。

① wirelessmon 或 Network stumbler 这种能够测试信号强度的工具。

② 完好 AP 设备 2 台，部署使用的天线。

③ 携带测试软件的 PC 1 台。

④ 梯子、天线的固定工具、电源、配置线等辅助工具。为了用电方便，最好使用 POE 电源，携带长网线（室外可能需要 50m 以上）供电。

（3）测试步骤如下。

① 将两台 AP 设备设置为“胖”AP 模式，两台 AP 设备的 SSID 不相同，确认功率为最大。

② 同事 A 与同事 B 分别将 AP1 与 AP2 架设到设计方案中的风险点位。

③ 同事 C 在 AP1 下测试 AP2 的信号强度高于-75dBm，认为两台 AP 设备之间会互相干扰，如果低于-75dBm，则没有同频干扰。

④ 如果存在同频干扰，尝试修改 AP 的点位或 AP 的功率来避免同频干扰。

⑤ 如果同频干扰被消除，评估 AP 修改点位或功率后能否保证覆盖。同事 C 到覆盖的风险点测试 AP 设备的信号强度，满足设计要求才能够采用该方案避免同频干扰，如果不满足则不能采用该方案。

⑥ 如果同频干扰能够消除并满足覆盖要求，那么记录 AP 的点位及 AP 设备设置的功率，保证施工时能够准确施工。

⑦ 如果同频干扰与覆盖只能满足其中一个，评估客户能够接受哪种设计方案，如果客户都不能接受，说明该设计方案不可行。

8. 隐藏节点测试

由于隐藏节点只和 STA 有关，因此只需要评估部署区域内的 STA 是否能够互相“听”到既可，如果覆盖区域内有两个 STA 隔了 2 堵墙，或者空旷距离隔了 200m，即可认为这两个 STA 互为隐藏节点。

由于大部分的设计中，隐藏节点肯定存在，因此隐藏节点的测试主要是为了测试隐藏节点的冲突几率。而且必须在实际的网络中测试，因此该测试只适用于小规模部署的评估，实际的地勘中比较少见。

测试方法为 1 个测试人员使用 Airmagnet analyzer 的隐藏节点测试功能读出隐藏节点的冲突几率，通常不应高于 10%。如果隐藏节点个数太多或冲突几率高，考虑使用限速与禁迅雷 BT 等方式减弱隐藏节点的危害。

隐藏节点的冲突几率在“Airmagnet Analyzer”上的显示如图 10-2-1 所示。

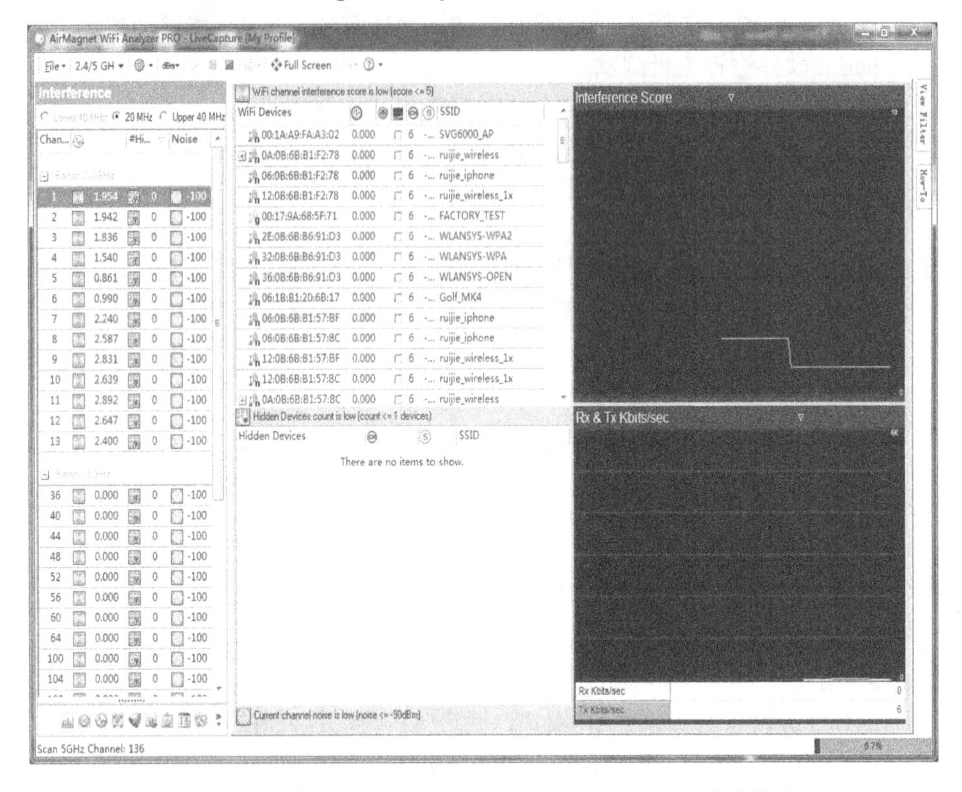

图 10-2-1　隐藏节点的冲突几率在“Airmagnet Analyzer”上的显示

10.2.2　WLAN 标准室外勘测方案

放装 AP 是通过网线直接安装在覆盖区域，具有安装维护相对容易等优点。

放装型 AP 用于与室内分布系统合路输出较分布型 AP 大，最大有到 2W 的，这种 AP 靠室内分布的天线覆盖，通常一个 2W 的 AP 可以覆盖好几层写字楼。

1. 适用场合介绍

本文介绍的放装型部署方案，基本适用于所有的部署环境，但由于自身的局限性，尽量不建议在宿舍网环境中使用。

放装型的网络部署在 WLAN 网络中被广泛采用，主要有以下优点。

（1）设计与施工简单。

（2）配件少，在物料采购、售后服务方面更加简单。

（3）在信号衰减较小的区域，成本比智分型部署方案低。

通用型方案，所有场合都可以使用，包括且不局限于下面的场合：教学楼、图书馆、室内体育馆、行政办公楼、培训中心、居民小区、医院、食堂等。

放装型方案也有一定的局限性，后面会介绍放装型方案与智分型方案优缺点的对比。

2. 放装型与智分型覆盖方案对比

很多时候两种方案都可以使用，放装型通常具有成本和施工难度上的优势，所以在行业用户中更受欢迎，但某些场合放装型覆盖成本太高时，必须使用智分型的覆盖方案。

例如，一些墙壁很厚、门窗也不适合信号穿透的场合，在这种情况下，1 台 AP 覆盖的范围太小，可能只有一个房间，使用放装型需要在每个房间放 1 台 AP，这样成本就远远超出智分型系统了。还有很多无窗、铁门的宿舍和办公室，这种情况使用放装型覆盖无法达到很好的效果，必须使用智分型方案覆盖。

3．方案性能与风险

（1）放装型 AP 的性能。大开间部署放装型 AP：常见于大会议室、阶梯教室、礼堂、食堂、体育馆等环境，这种环境障碍物少，基本没有隐藏节点，所以带点数与流量比较高，如图 10-2-2 所示。

图 10-2-2　大开间部署放装型 AP

（2）走廊部署放装型 AP。由于施工的原因，大部分客户都会要求将 AP 安装在走廊上，常见于宿舍、办公楼、住院楼、教学楼等。在这种情况下，通常会有隐藏节点的问题，导致一部分有效带宽被浪费，如图 10-2-3 所示。

图 10-2-3　走廊部署放装型 AP

（3）性能描述。1 个 Radio 携带 20 个 STA，限速 512Kbps，可以进行各种应用，不管是 PPS、还是网页视频，网络游戏，与有线的效果均无差别。穿越火线类等对延时要求很高的游戏也非常流畅，延时在 20ms 以内。

（4）优化措施。为了达到上面的网络效果，必须进行下列优化措施。

① 限速，限制每个用户的流量，减少隐藏节点的影响。

② 开启速率集报文，提高信道的利用率。

③ 开启探测响应门限，不允许低功率 STA 接入 AP。

此外，性能还跟下列因数有关。

① 同频干扰 AP 的数量。

② 带点数。

③ 隐藏节点的比例。

（5）射频干扰的占空比。在地勘阶段，可以确定同频干扰 AP 的数量、隐藏节点的比例，以及射频干扰的占空比，而带点数往往只能得到总用户数，可以根据客户需求或经验得到一个并发率，但这个并发率有时并不准确，为了规避风险，应该将 WLAN 网络的真实能力传递给客户，所以只能根据能确定的因数，推导出一台 AP 大概能带多少个用户，然后让客户确认，由客户决定是否能够接受。

4. 设计方法及物料简介

在放装型部署中，客户对美观的要求是很高的，所以经常采用吸顶天线，这种天线外表看起来就像一个小圆盘，适合在有吊顶的环境中使用。

（1）吸顶天线。通常吸顶天线有两种，一种配合 AP220-E 使用，有 6 个 SMA 接头，3 个工作在 2.4GHz 频段，3 个工作在 5GHz 频段，如 TQJ-24-58MOC×6，如图 10-2-4 所示。另一种配合 AP220-SE 使用，有 3 个 SMA 接头，可以支持 2.4GHz 与 5GHz，如图 10-2-5 所示。

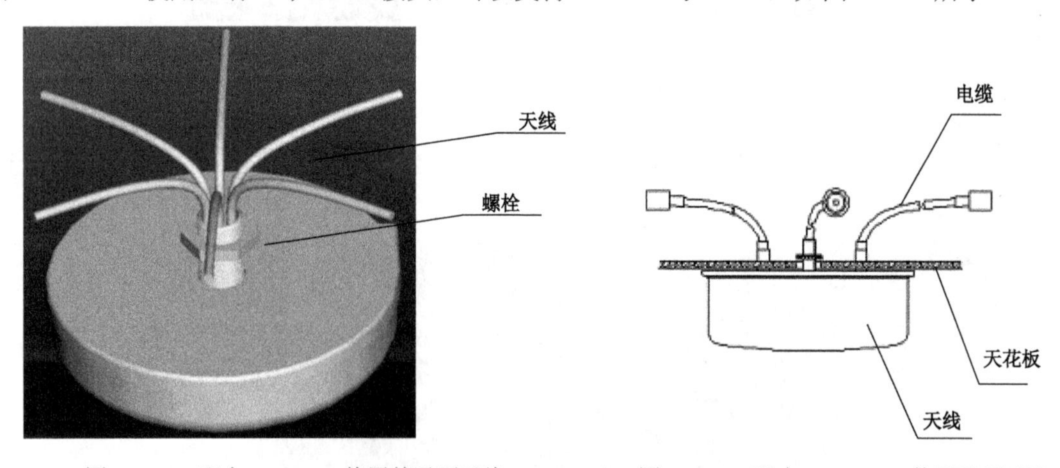

图 10-2-4　配合 AP220-E 使用的吸顶天线　　　图 10-2-5　配合 AP220-SE 使用吸顶天线

（2）壁挂 MIMO 天线。在很多场合，没有吊顶，天花板非常高，AP 安装在天花板上无法做到良好地覆盖，这时就需要使用壁挂天线，如图 10-2-6（b）所示，吸顶安装的天线发射的信号需要通过反射才能进入室内，而壁挂安装的天线可以直接进入室内。为了达到 MIMO 效果，需要使用 MIMO 天线，如图 10-2-6 所示。

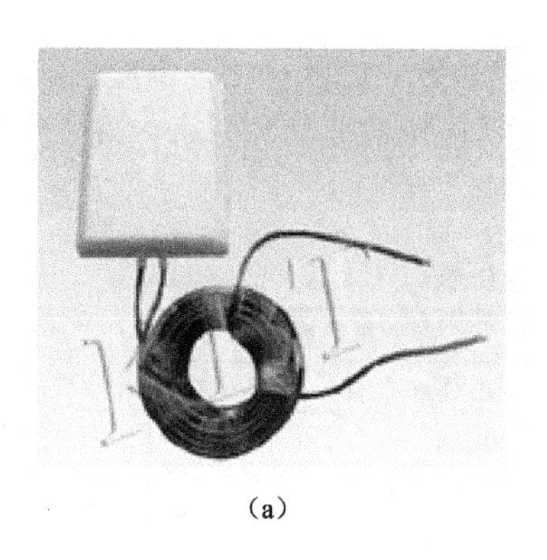

（a）

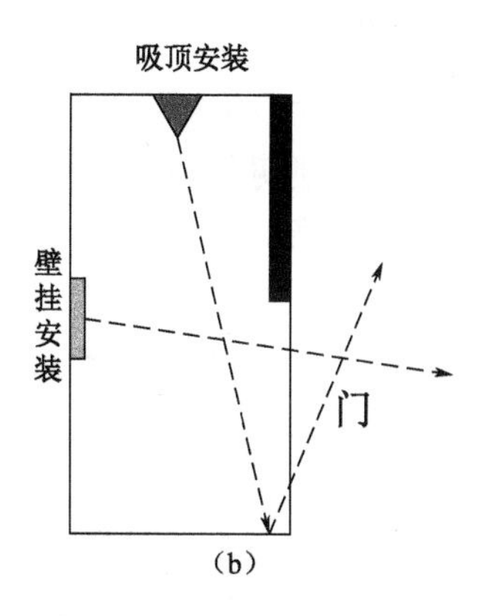

（b）

图 10-2-6　壁挂 MIMO 天线及示意图

（3）内置天线型。常见的内置天线的 AP 设备类型，如图 10-2-7 和图 10-2-8 所示。

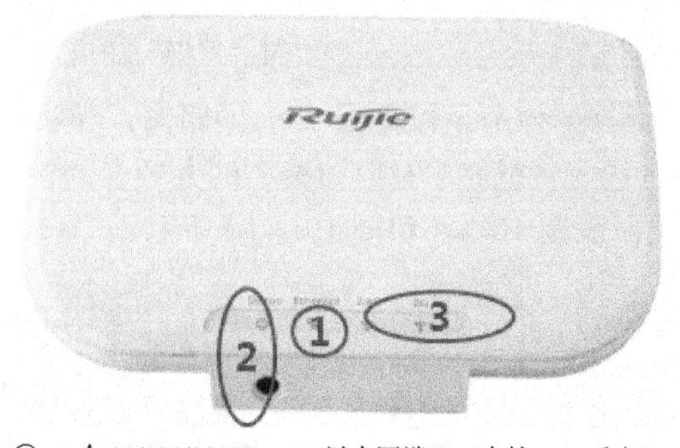

① 一个 10/100/1000Base-T 以太网端口（支持 PoE 受电）
② 支持本地供电，DC 48V
③ 双路双频内置天线

图 10-2-7　内置天线的 AP 设备（1）

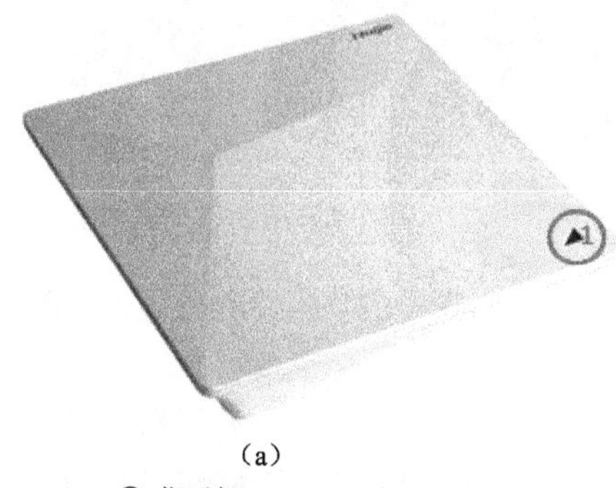

（a）

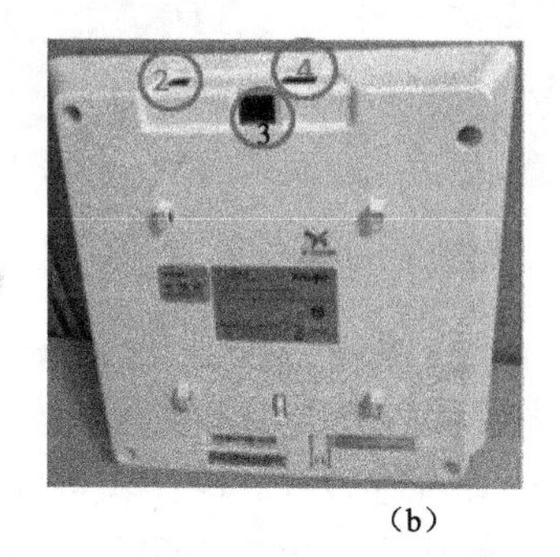

（b）

① 指示灯
② 48V 外置供电接口
③ 一个 10/100/1000Base-T 自适应以太网端口（LAN/PoE）
④ Console 口

图 10-2-8　内置天线 AP 设备（2）

放装型部署方案的物料统计比较简单，对于单台 AP 设备来说总共包括 AP、AP+吸顶天线、AP+壁挂天线 3 种模式。所以在物料统计中，只需要记录 AP 数量及天线数量即可。

5. *应用需求确认*

（1）客户端的分布及密度。必须通过实际走访的方式确认客户端的分布及密度，不能想当然。

（2）应用类型。常见的应用流量如表 10-2-1 所示，特殊应用需要具体分析。未知应用应该在勘测阶段将流量等信息确认清楚。

表 10-2-1 常见应用流量表

应 用 名 称	单个客户流量
网页流量（新浪等）	512Kbps（流畅，5s 能打开）
网络游戏（网页游戏）	40Kbps
网络游戏（3D 网游、CS、穿越火线）	80Kbps～130Kbps
在线音乐（普通音乐）	300Kbps
P2P 相关应用（下载）	320Kbps
P2P 流媒体（PPLIVE、PPStream）	200Kbps
视频分享（优酷、土豆、酷 6）	250Kbps
视频服务（标清）	1Mbps
视频服务（高清）	2Mbps 以上

① 无阻碍的房间内部署：AP 的信号足以覆盖 70m 的距离，如大会议室、食堂、阶梯教室、体育场馆等，覆盖通常只需要 1 台 AP 就够了，但如果上网人数多的话，就增加 AP 的数量以保证每个 Radio 的接入不超过 30 人，如图 10-2-9 和图 10-2-10 所示。

图 10-2-9 无阻碍房间内部署（1）

图 10-2-10 无阻碍房间内部署（2）

② 走廊型的部署：关键是找到 AP 设备之间的距离，同时必须考虑 AP 覆盖的单边房间个数。常见的走廊型部署，如办公楼、住院楼、教学楼、宿舍等。

为了方便设计者进行设计，设计者可以根据测试获得的门窗类型数据来确定覆盖距离。确定距离后，具体点位还需考虑覆盖房间的重要性，如果可能，最好将 AP 设备放到领导办公室门口。

（3）信道与功率设置问题。

由于自动信道与功率调整在很多部署环境都难以达到最优的效果，因此建议手动设置。信道与功率设置时遵循以下几个原则。

① 相邻 AP 设备的信道尽量错开。

② 上下楼层位置相同的 AP 信道尽量错开。

③ 功率设置要求在满足覆盖的同时尽量降低发射功率，避免同频干扰，同频干扰的门限为

-75dBm。

解决方法：在设计阶段就必须将信道与功率的设置通过地勘评估出结果，这样才能确定方案中的同频干扰的大小，才能正确地评估出网络应有的性能。

设计图通常是平面的，所以施工人员往往并不能通过设计图得到准确的安装位置，如天花板上与吊顶上的点可能在设计图上是一个点，但覆盖效果差异非常大。设计人员在施工前应该与施工人员实地确认，核对所有的施工点位。

注意：所有复杂环境和有不确定因素的环境均以实测结果为准。

10.2.3　无线 WLAN 工勘实施及注意事项

1. 无线 WLAN 工勘规范总体概述

无线局域网 WLAN 产品在现场工勘中，按照厂商的统一服务品牌要求，规范施工工程师在工程施工中的要求，在现场工勘操作中需符合本规范。

布置无线网络和有线网络有着明显的区别。

有线网络关注网络的拓扑结构，实施工程时只需要将各种网络设备连接起来，调试通过就算完成了大部分的工作。这些网络设备大部分都安装在机房内，可以统一管理。而对于无线网络来说，大部分设备安装在不同的地方，有室内的，也有室外的。

除了将各种网络设备连接起来进行调试以外，这些网络设备放在什么地方，安装工艺如何，对于最后无线网络的使用效果有着决定性作用。

2. 无线 WLAN 现场工勘的定义

在无线局域网部署前，并不能明确地知道设备的部署数量，只有在对覆盖地点进行勘测和指标计算后，才能确定出 AP 设备、天线及其他器件的型号和数量。同时通过勘测和指标计算，才能确定 AP 设备布放的位置、天线的方位角等工程设计参数，作为工程安装的指导资料。

3. 现场工勘前的准备

WLAN 工程设计人员在接到网规任务书后，首先应仔细阅读《无线网络现场工勘规范》，制定网规实施计划。

1）准备步骤

（1）携带工具（硬件）。

① 无线网卡。携带外置无线网卡（如 Netgear WAG511）或内置无线网卡（如 Intel 2915 a/b/g、intel 3945/a/b/g）。推荐使用能够和无线抓包软件 WildPackets AiroPeek 兼容的无线网卡。建议客户实际使用到的无线客户端，如 PDA、WiFi Phone 等。

② AP 及无线交换机，视项目推荐型号而定。

③ 卡片型数码照相机。

④ 长距离测距尺。

⑤ 各类增益天线。

（2）携带工具（软件）。

① 流量测试软件（NetIQ Chariot v5.4）。

② 信号测试软件（NetStumbler）。

③ 无线分析软件（AirMagnet Laptop Analyzer）。

④ 无线路测软件（AirMagnet_Surveyor）。

（3）测试方法。无线客户端连接到 AP 设备后，使用 ping 功能，通过延时和客户的具体需求来确定 AP 设备的有效覆盖范围。

无线客户端连接到 AP 设备后，使用 Chariot 软件进行流量测试，可根据客户的具体需求来确定 AP 设备的有效覆盖范围。请注意，此时的流量测试应该一端为无线客户端，另一端为有线客户端，而不应该两端都为无线客户端（VOIP 项目测试除外）。

使用 NetStumbler 测试 RSSI、SNR 等参数。 使用专业的场强仪对无线环境进行评估。

（4）现场工勘计划包括网规预计天数、网规内容、每天网规任务安排、用户方提供人员数、用户方提供工程车及其他保障条件等，未尽事宜，根据实际情况安排计划。

（5）用户方提供的保障条件。根据商务人员提供的信息到达客户现场与用户沟通，就现场工勘条件和工勘计划与用户方主要技术负责人及相关技术人员共同协商，明确以下信息。

① 确定覆盖区域，并明确覆盖要求。

② 熟悉覆盖区域的平面图。

③ 了解现有网络组网情况。

④ 派随同人员负责协调现场情况。

⑤ 协调覆盖区域的物业管理人员随同网规，并对设备的安装位置、供电方式等作出明确的答复。

⑥ 相关随同人员的电话号码及姓名等。

4. 现场工勘规范

1）安全注意事项

（1）当进行室外覆盖效果测试时，一般情况下，需要将 220V 的交流电引到测试 AP 设备所在的室外位置。在引电过程中，需要注意用电安全。

（2）进行测试时，如果需要将 AP 设备放置到较高的位置上，需要注意登高安全。

（3）进行测试时，如果需要将 AP 设备放置到天花板上，在拆装天花板时，注意不要损坏天花板及天花板上面的线路或掉片，避免眼睛被掉落的异物损伤。

2）现场工勘内容

（1）工勘过程中测绘覆盖区域的地形图、寻找合适的安装位置、计算所需天线的指标并决定型号、评估覆盖效果、汇总设备型号和数量、防雷和接地方式，以及与用户方沟通供电方式、带宽要求等。

（2）工勘输出结果包括 AP、天线及其他无线系统应用器件的型号、数量，提供给商务人员作为商务报价的基础数据。

（3）工勘输出结果包括 AP、天线及其他无线系统应用器件的安装位置和安装参数，是无线系统工程的设计资料，提供给工程安装人员作为工程实施的初步依据。

5. 工程文档规范

现场工勘文档提交给商务人员、技术支持中心，工程管理部的现场工勘文档主要内容包括以下几方面。

（1）工勘区域特征说明。

（2）工勘区域平面图。

（3）工勘区域内覆盖单元划分说明。

（4）无线系统规划图。

（5）各覆盖单元的覆盖说明。

（6）组网图。

（7）AP 位置及连接信息说明。

（8）设备及材料汇总表。

（9）工勘网络规划备忘录。

6. 无线 WLAN 工勘注意事项

（1）在无线局域网 WLAN 工前勘测时，首先应该考虑的是使 AP 设备与网卡之间无线信号的有效交互，因此无线信号覆盖范围是 AP 选点首要考虑的因素。其次是接入用户的有效带宽，为了保证各用户具有一定的带宽，需要将每台 AP 设备下同时接入的用户控制在一定数量，通常一台 AP 推荐接入用户数为 20 左右。

（2）在进行天线选择时，需尽量考虑到信号分布的均匀，对于重点区域和信号碰撞点，需要考虑调整天线方位角和下倾角。

（3）AP 天线安装的位置应确保天线主波束方向正对覆盖目标区域，保证良好地覆盖效果。

（4）相同频点的 AP 天线的覆盖方向尽可能错开，避免同频干扰。

（5）即使无线信号能通过门、窗直射穿透，纵向最多也只能覆盖 2～3 个房间。

（6）被覆盖的区域应该尽可能靠近 AP 天线，被覆盖区域与 AP 天线尽可能直视。

（7）由于负责工勘的工程师，是需要对实际施工的工程师负责。也就是说，负责工勘的工程师在工勘的时候，需要为负责施工的工程师做一些考虑，主要考虑的问题如下。

① 安装 AP 的理想位置是否能够进行实际施工。

② 安装 AP 后是否破坏客户的室内外装潢。

③ AP 安装位置是否有合适的供电设备。

④ AP 安装位置与上联网络设备距离是否在 100m 以内。

⑤ AP 在此处的安装工艺应该是什么样的。

10.2.4　WLAN 工勘的流程和工勘要求

1. 工勘的工作任务和职责

无线 WLAN 工勘的工作任务和职责主要有以下几点。

（1）制定项目勘察计划并及时提交上方（或第三方）及办事处、代理。

（2）无线 WLAN 工勘项目的系统组网，工勘项目每个监控点接入方式、传输路由、资源。

（3）工勘项目的现场勘察并与用户确认监控点的监控方案、安装方式、光电缆敷设路由、供电点等安装条件。

（4）根据确认的工勘报告，核对监控设备及合同配置的错误，建议市场人员增减设备，统计工程所需的立竿、支架、线材、管材、辅材等材料。

（5）已签定的合同，需要落实合同工程界面是否可执行；未签定合同的项目要协助完善合同工程界面。

（6）监控中心监控设备的位置确定，设备间的连线路由确定，电源条件的确认。

（7）填写勘察报告，与用户确认工勘报告。

（8）编写设计说明，负责图纸设计，指导绘图人员出施工图；绘制系统组网图，填写勘察报告，形成完整的设计文档。

2. 工勘的流程

无线 WLAN 的工勘工作的流程主要分为以下两个阶段。

（1）工勘项目的前期审核阶段，如图 10-2-11 所示。

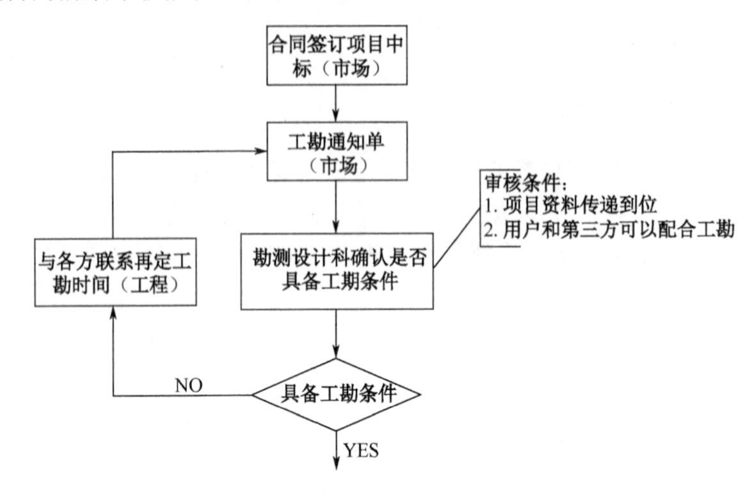

图 10-2-11　工勘项目的前期审核阶段

（2）工勘项目的中期工程师实施阶段，如图 10-2-12 所示。

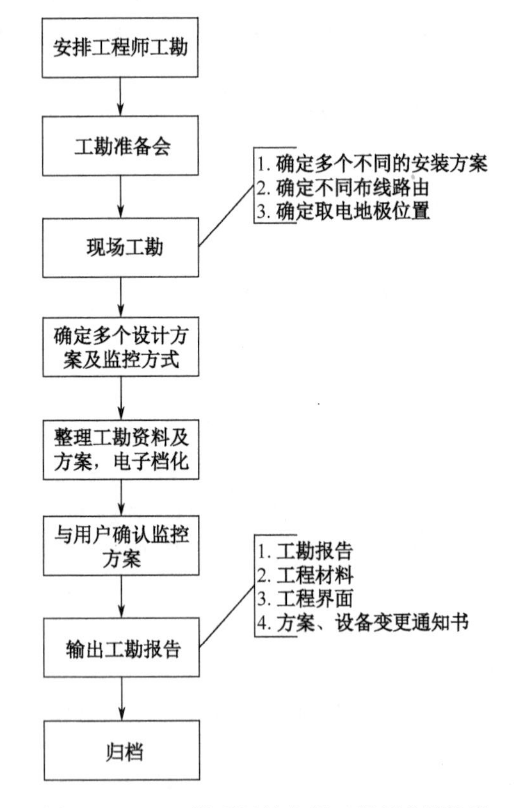

图 10-2-12　工勘项目的中期工程师实施阶段

3. 工勘准备工作

（1）工勘人员接到工程部的工勘任务安排正式通知后，必须对工勘工作进行准备和熟悉。需收集和熟悉项目技术方案和设备配置，预设工勘问题，准备工具。

（2）获取项目资料信息。主要的项目信息有：标书、投标书、技术方案、框架配置、目的地的地理、气候年雷暴雷雨雪天雾天、环境情况、合同的工程界面，工程界面不同工勘时考虑到工程条件就不一样。

（3）工具准备。工勘人员必需的工具包括数码相机、卷尺、项目目的地的城市地图、望远镜、彩笔、计算器、GPS、红外测距仪。

（4）工勘计划进度要求，相关用户合作方联系方式。

初步制定工勘的进度表和工勘安排计划。

根据项目的技术方案、工程界面、设备配置等资料预设工勘问题，工勘时进行针对性地勘察确认。

收集用户及第三方联系人的通信方式，利于后期有效地开展工勘。

（5）熟悉系统的技术方案、组网和工程界面。技术方案和标书对系统的组网和功能要求有比较明确的阐述，熟悉技术方案和组网，可以有针对性地进行勘察，不同的组网和工程界面对应的工勘内容和工勘详细程度不一样。

（6）熟悉项目中配置的集成设备。收集和熟悉项目所配置设备的产品使用说明书、安装说明书。系统中集成不同的设备，设备的供电、安装环境要求、安装方式、性能参数都是工勘时要考虑的问题，要考虑设备是否适合现场安装条件和运行环境，或者现场应提供什么样的安装条件。

（7）工勘准备会或协调会。工勘前的协调会是工勘前召开的包括用户及下属分公司、监理、代理、设计单位、销售处等各方一起参加的工程勘察协调会，主要内容包括项目交底、明确工勘内容、制定工勘计划进度、各方人员车辆的界面、各方任务和协调义务。

工勘人员在协调会上提出对技术方案、组网和界面、工勘协调等方面需要用户协助处理的问题。

4. 现场工勘和方案初步设计

（1）地理区域草图描绘。草图描绘的主要内容包括指向标（指北标，东西南北向标示）、街道（公路）名、河湖路桥沟位置、周边山体建筑、城区街道的树木绿化、报亭警亭、广告灯箱、障碍物、电信（移动）和城市管道缆井的布置（对走线和安装方案的选择非常重要）、方案的位置、安装位置周边建筑、灯杆箱、路牌树木等障碍物的高度。

（2）草图描绘尺寸要求。平面图要求有主要建筑物（设施）间的距离尺寸，作为方案选定时镜头、监控目标、线材使用的参考，单位：米。

备注：草图下简要注明：各个安装方案的位置，接地点，接地点设计（方式，路面开多深、宽，走线尺寸，安装设备表，材料表，钢管多少）。

（3）监控点现场的图片。通用要求现场图片包括现场监控区域和周边的总图，尽量的采用短焦或广角镜头拍摄，摄像机等前端设备安装位置的中远视图照片和局部照片，主要是明确确切的摄像机和立竿安装点和地面的质地（裸土、水泥路面、柏油、瓷砖等）。

选取了安装位置后，要有从安装位置往不同方向的监控区域的视图，供方案选定时参考。 附近可能存在同样敏感的监控区域（在安防上需要关注的区域），也需要拍照。

提示：治安监控的敏感区域：政府机关大门前道路区域，人流较多的广场、商业区（广场）、步行街，夜市、酒吧街，街区道路转盘路口、码头，休闲公园等。

（4）安装位置选择原则。首先保证监控区域和监控视野，考虑白天光照和晚上照明的因素，摄像机安装尽量不逆光。考虑光纤、电缆走线方便，取电及电源线缆布线施工简单的安装点，如离电缆井或架空线很近，易于安装，没有边坡地，离开排水沟口，不易发生内涝的高地，少坡路，少涉及市政道路、绿化，描述出该安装位置可监视的区域，监视现场一天的光照度变化和夜间提供光照度的能力、光照的描述（逆光、背光对摄像机的影响）。

易于安装地极接地体。地极宜安装在泥土和潮湿阴凉点，绿化带、花圃（池）、草地、水沟边、边坡地，道路街道边没有铺水泥、瓷砖的空地，同时有利于施工协调。摄像机宜安装在监视目标附近不易受外界损伤的地方，安装位置不应影响现场设备运行和人员正常活动。安装的高度，室内宜距地面 2.5～5m；室外应距地面 3.5～10m，不得低于 3.5m。

工勘时在草图上需要标注安装方案和不同安装方案的安装位置、立竿高度、监控区域，可能取电的房屋、设施，安装位置的地面地基描述（水泥、柏油、地砖、大理石、绿化带、沙土路面）、接地体安装点等。

（5）走线路由勘察。线路设计基本要求主要包括以下几方面。

① 路由应短捷、安全可靠、施工维护方便。

② 应避开恶劣环境条件和易使管线损伤的地段。

③ 与其他管线等障碍物不宜交叉跨越。

当线路敷设经过建筑物时，可采用沿墙敷设方式，室外传输线路的敷设应符合下列要求：当采用通信管道（含隧道、槽道）敷设时，不宜与通信电缆共管孔。

当电缆与其他线路共沟（隧道）敷设时，其最小间距应符合如表 10-2-2 所示的规定。

表 10-2-2　电缆与其他线路共敷设时的最小间距

种　类	最小间距（m）
220V 交流供电线	0.5
通讯电缆	0.1

当采用架空电缆与其他线路共杆架设时，其两线间最小垂直间距应符合表 10-2-3 所示的规定。

表 10-2-3　架空电缆与其他线路共杆架设时的最小垂直间距

种　类	最小间距（m）
1～10kV 电力线	2.5
1kV 以下电力线	1.5
广播线	1.0
通信线	0.6

5. 工勘资料整理、方案审核确认

（1）对现场勘察的原始资料、草图、各点监控方案统计，勘察照片按区域、按监控点归类，命名，以方便编辑、工勘归档。其中：

文件夹命名：XXX 监控点勘察照片。

照片名称：XXX 监控点总图、XXX 监控区域、XXX 安装点、XXX 安装点北向监视区域（命名方式、标准要重新定义、力维标准）。

（2）平面图描绘。将现场工勘的平面位置草图以 CAD、VISO 等作图工具绘出作为工勘监控点安装方案内容。平面图与草图内容一样（平面图的要求、平面图模板说明、监控图例均采用国标）。

（3）图片方案编写。编写为幻灯片格式，每个监控点一个文件。

文件内图片包括：监控点及周边区域的总图、敏感区域、安装点位置、安装点往不同方向的监控区域。

每个图片上明确标注方案编号、立竿或摄像机的安装位置、高度（竿高）、监视的区域、备注工程难度（走线取电接地位置协调等）、方案文字、监视区域简述、安装方案比较（区域、工程难度）。

（4）组网图、系统图（图的要求、设备名称、型号、安装位置、IP 地址）。根据标书和技术方案的系统组网要求和工勘确定的网络资源、监控点、接入点分布，重新绘制组网图、系统图。

根据组网图和各监控中心的分布、功能服务器的分布，提出传输资源和带宽要求。

系统图要求表达各监控点的设备的接入方式，视频信号、控制信号的流向；传输的每个转接点设备，系统图能明确看到信号的流向和转换、换向，信号形式（介质）的变化；接入点监控中心的详细设备分布。简单、规模小的系统，组网图和系统图可以绘制在同一个图。

详细的组网图和系统图可以核对监控中心设备、组网设备是否配置合理、数量准确，所提供传输资源是否充分。

（5）监控点安装方案的确认。现场勘察，工勘资料整理和监控安装方案编写基本完成后，需要与用户或第三方对每个点的安装方案、安装方式进行进一步的确认，有分歧的监控点要重新现场勘察设计方案。

对监控点安装方案确认后，进行完整的工程勘察的总结，整理输出完整的工勘报告。

（6）重新细化工程界面。合同附件的工程服务界面需要细化和进一步明确的地方。

工勘后，系统的组网、传输资源及方式、工程和施工、安装条件等已基本清晰，合同中签订的工程界面或产品标准工程界面，在该项目中可能存在歧义、模糊、争议、混淆的地方都需要重新修改。

需要在工勘报告中，以备忘录的方式记录明晰，未正式签订合同的项目，需要协助市场人员完善工程界面。

（7）工程勘察总结。勘察和方案确定后，应整理输出工勘报告文档，包括工勘报告书、工程界面（合同前工勘）、安装方案、监控点安装信息统计表、工程材料表、技术方案与设备变更说明。

工勘报告文档主要包括制定新的模板、规范输出的格式和输出的文档、报告书、监控点安装信息统计表、安装方案、工程材料表、技术方案和设备变更说明。

（8）工勘审核。工程勘察后组网变动、配置变更建议、工程界面需要市场部的项目经理和工程部沟通确认，传真或邮件回复方式确认。

（9）工勘报告确认。整理后的工勘报告书，工程界面（合同前工勘），安装方案、监控点安装统计表需要用户签字确认，技术方案与设备变更说明传递到市场人员，由市场人员处理。

（10）工勘资料归档。工勘完成后，工勘资料必须归档。由工程部负责对工勘工程师返回资料的归档包括电子档、纸面文档归档登记。

电子归档按文件夹归类：原始资料（如方案、框架配置、项目资料、通讯录等）、工勘资料（如工勘完成后的全套资料）、工勘照片（如没有编辑的所有初始图片）。

纸面文档归档：签字确认的工勘报告、工勘草图归档，按照工勘资料/省份/项目名称+年月划分/（需要明确归档要求和文档编号办法）的顺序。

举报电话：（010）88254396；（010）88258888
传　　真：（010）88254397
E-mail：　dbqq@phei.com.cn
通信地址：北京市万寿路173信箱
　　　　　电子工业出版社总编办公室
邮　　编：100036